Studienbücher Chemie

Herausgegeben von
Jürgen Heck
Burkhard König
Roland Winter

Die Studienbücher der Reihe Chemie sollen in Form einzelner Bausteine grundlegende und weiterführende Themen aus allen Gebieten der Chemie umfassen. Sie streben nicht die Breite eines Lehrbuchs oder einer umfangreichen Monographie an, sondern sollen den Studierenden der Chemie – durch ihren Praxisbezug aber auch den bereits im Berufsleben stehenden Chemiker – kompakt und dennoch kompetent in aktuelle und sich in rascher Entwicklung befindende Gebiete der Chemie einführen. Die Bücher sind zum Gebrauch neben der Vorlesung, aber auch anstelle von Vorlesungen geeignet. Es wird angestrebt, im Laufe der Zeit alle Bereiche der Chemie in derartigen Texten vorzustellen. Die Reihe richtet sich auch an Studierende anderer Naturwissenschaften, die an einer exemplarischen Darstellung der Chemie interessiert sind.

Werner Massa

Kristallstrukturbestimmung

8., überarbeitete Auflage

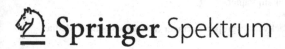

Werner Massa
Universität Marburg
Marburg, Deutschland

Die Reihe Studienbücher für Chemie wurde bis 2013 herausgegeben von:

Prof. Dr. Christoph Elschenbroich, Universität Marburg
Prof. Dr. Friedrich Hensel, Universität Marburg
Prof. Dr. Henning Hopf, Universität Braunschweig

ISBN 978-3-658-09411-9   ISBN 978-3-658-09412-6 (eBook)
DOI 10.1007/978-3-658-09412-6

Die Deutsche Nationalbibliothek verzeichnet diese Publikation in der Deutschen Nationalbibliografie;
detaillierte bibliografische Daten sind im Internet über http://dnb.d-nb.de abrufbar.

Springer Spektrum
© Springer Fachmedien Wiesbaden 1994, 1996, 2002, 2005, 2006, 2009, 2011, 2015
Springer Fachmedien Wiesbaden ist Teil der Fachverlagsgruppe Springer Science+Business Media
(www.springer.com)

Vorwort zur 8. Auflage

Die Methode der Kristallstrukturbestimmung durch Röntgenbeugung an Einkristallen, auch Röntgenstrukturanalyse genannt, ist soeben 100 Jahre alt geworden. Sie ist inzwischen dank ihrer hohen Aussagekraft und Genauigkeit eines der wichtigsten Werkzeuge in der chemischen Forschung geworden. Ihre Anwendung gehört in der anorganischen wie der organischen Chemie, in der Biochemie, in den Materialwissenschaften und in der Mineralogie zu den Standardmethoden. Kaum ein wissenschaftlicher Artikel über wichtige neue Substanzen kommt ohne den Beleg durch eine Röntgenstrukturanalyse zur Veröffentlichung.

Zur Zeit der ersten Auflage dieses Buches 1994 waren Vierkreis-Diffraktometer Stand der Technik bei der Vermessung von Einkristallen, die Rechner waren langsam. Eine Strukturbestimmung dauerte mehrere Tage bis Wochen. Heute haben immer leistungsfähigere Flächendetektoren die Zählrohre ersetzt, die Rechenzeiten sind fast vernachlässigbar geworden. Zur Zeit setzen sich neue Mikro-Fokus-Röntgenquellen immer mehr durch, die mit Leistungen von 50–80 W brillantere Strahlung erzeugen als die klassischen Röntgengengeneratoren mit mehreren Kilowatt Leistung. Dadurch ist es mittlerweile möglich, in günstigen Fällen eine Kristallstruktur in wenigen Stunden zu bestimmen. Das hat dazu geführt, dass in diesen letzten zwanzig Jahren mehr als fünf mal so viele Strukturen bestimmt wurden als in den ersten achtzig Jahren seit der Begründung der Röntgenbeugung durch Max v. Laue. Insgesamt sind heute die Kristallstrukturen von etwa einer Million Verbindungen veröffentlicht.

Die Anwendung der Methode findet heute überwiegend in den Chemischen Fachbereichen statt. Viele Studenten sind gehalten, im Rahmen ihrer Diplom- oder Doktorarbeiten Kristallstrukturbestimmungen zur Charakterisierung ihrer Verbindungen entweder selbst einzusetzen oder zumindest ihre Ergebnisse kompetent zu verwerten. Tatsächlich ist es dank immer raffinierterer Programmsysteme immer leichter möglich, die vielen und komplizierten Stufen einer Röntgenstrukturanalyse auch ohne vertiefte kristallographische Kenntnisse zu meistern. Da die Methode jedoch indirekt, über ein Strukturmodell, zum Ziel kommt, birgt eine Anwendung als „black-box"-Methode erhebliche Fehlerrisiken. Es liegt am Ende in der alleinigen Verantwortung des Anwenders, zu entscheiden, ob das erarbeitete Strukturmodell tatsächlich das einzige und das optimale ist, das mit den gemessenen Daten vereinbar ist. Inzwischen ist auch ein Diffraktometersystem auf dem

Markt, das verspricht, 80 % der Strukturen vollautomatisch zu lösen. Von den verbleibenden 20 % wird ein Teil ohne Ergebnis bleiben, für einen anderen Teil jedoch werden fehlerhafte „Pseudolösungen" ausgegeben werden, die es zu erkennen gilt. Das vorliegende Buch richtet sich deshalb vorwiegend an fortgeschrittene Studenten der Chemie oder benachbarter Fächer, die einen Blick in den schwarzen Kasten tun wollen, bevor sie selbst auf diesem Gebiet tätig werden, oder die sich über Grundlagen, Leistungsfähigkeit und Risiken der Methode informieren wollen, wenn sie deren Ergebnisse verwenden wollen.

Da erfahrungsgemäß die Bereitschaft, ein Buch wirklich zu lesen, umgekehrt proportional zur Seitenzahl ist, wurde versucht, die Behandlung der methodischen Grundlagen möglichst kurz und anschaulich zu halten. Es erscheint wichtiger, daß ein Chemiker bei einer Rechnung das Grundprinzip und die Voraussetzungen für ihre sinnvolle Anwendung verstanden hat, als daß er in der Lage ist, den ohnehin von Programmen erledigten mathematischen Formalismus im Einzelnen nachzuvollziehen. Für die aktuelle Auflage wurde auf die Behandlung der inzwischen ausgestorbenen Filmmethoden und auch der kaum mehr benutzten Messtechniken mit Vierkreis-Diffraktometern verzichtet. Dafür wurden die Methoden der Auswertung und Interpretation von Flächendetektor-Messungen ausgeweitet. Am besten für das Verständnis der Methode ist es natürlich, sie selbst anzuwenden. Deshalb wurden Datensätze und Beispieldateien zusammen mit erläuternden Kommentaren im Internet hinterlegt. Sie können von den Lesern für eigene Rechnungen verwendet werden, wenn sie eines der gängigen Programmsysteme für Kristallstrukturanalysen installiert haben.

Besonderes Augenmerk wurde auf diejenigen Aspekte gelegt, die für die Qualität einer Strukturbestimmung von Bedeutung sind. Dazu gehört die Erörterung einer Reihe von verbreiteten Fehlermöglichkeiten und der Erkennung und Behandlung von Fehlordnungserscheinungen oder Verzwillingungen. Auch auf dem Gebiet der Röntgenstrukturanalyse ist die Fachliteratur überwiegend englischsprachig. Wichtige Fachausdrücke sind deshalb in Klammern auch auf englisch angegeben.

Allen Kollegen, die durch Anregungen und kritische Hinweise geholfen haben, Fehler oder Unklarheiten in früheren Auflagen zu beheben, sei herzlich gedankt.

Werner Massa   Marburg, Februar 2015

Häufig verwendete Symbole

a, b, c	Gitterkonstanten
α, β, γ	Winkel in Elementarzelle
a, b, c, n, d	Symmetriesymbole für Gleitspiegelebenen
a^*, b^*, c^*	reziproke Gitterkonstanten
Å	Angstrøm (10^{-10} m)
B	Debye-Waller-Faktor
d	Netzebenenabstand
d^*	Streuvektor im reziproken Raum
Δ	Gangunterschied bei Interferenz
$\Delta f', \Delta f''$	Beiträge der anomalen Streuung
E	Normalisierter Strukturfaktor
ϵ	Extinktionskoeffizient
f	Atomformfaktor
F_c	berechneter Strukturfaktor
F_o	beobachteter Strukturfaktor
FOM	‚Figure of Merit‘
hkl	Miller-Indices
I	Reflexintensität
L	Lorentzfaktor
λ	Wellenlänge
M_r	Molmasse
μ	Absorptionskoeffizient
μ/ρ	Massenschwächungskoeffizient
n	Beugungsordnung *oder* Symbol für Diagonalgleitspiegelebene
P	Polarisationsfaktor
Φ	Phasenwinkel von Strukturfaktoren
R	konventioneller R-Wert (Zuverlässigkeitsfaktor, mit F_o-Daten berechnet)
wR	gewogener R-Wert (mit F_o-Daten berechnet)
wR_2	gewogener R-Wert (mit F_o^2-Daten berechnet)
S_H	Vorzeichen eines Strukturfaktors
σ	Standardabweichung

TDS	Thermisch diffuse Streuung
w	Gewicht eines Strukturfaktors
x, y, z	Atomkoordinaten
Z	Zahl der Formeleinheiten pro Elementarzelle

Inhaltsverzeichnis

Einleitung 1

Aufklärung einer Kristallstruktur bedeutet, die genaue räumliche Anordnung aller Atome einer kristallinen chemischen Verbindung zu bestimmen. Aus dieser Kenntnis lassen sich dann wesentliche Informationen ableiten wie genaue Bindungslängen und Winkel. Nicht nur die genaue dreidimensionale Gestalt und Symmetrie von Molekülen bzw. Baugruppen wird sichtbar, sondern auch deren Packung im Festkörper. Außerdem erhält man implizit Kenntnis über die stöchiometrische Zusammensetzung und die Dichte des Kristalls.

Da die interatomaren Abstände im Bereich von ca. 100–300 pm oder 1–3 Å[1] liegen, sind sie nicht mehr lichtmikroskopischer Untersuchung (Lichtwellenlänge λ ca. 300–700 nm) zugänglich (Abb. 1.1). Wie Max v. Laue 1912 erkannte, ist jedoch wegen des dreidimensional geordneten gitterartigen Aufbaus von Kristallen Interferenz zu erwarten, wenn man Strahlung mit einer Wellenlänge in der Größenordnung der Atomabstände verwendet, also z. B. Röntgenstrahlung mit üblicherweise $\lambda = 50$–230 pm. Den Vorgang, bei

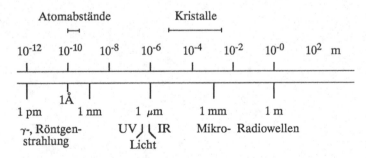

Abb. 1.1 Dimensionen in Kristallen im Vergleich mit den Wellenlängen elektromagnetischer Strahlung

---

[1] Å-Einheiten (1 Å = 100 pm) werden im angelsächsischen Sprachraum und in allen kristallographischen Programmen verwendet. Obwohl in der SI-Norm an sich nicht vorgesehen, sind sie in der Kristallographie auch in Europa zulässig.

© Springer Fachmedien Wiesbaden 2015
W. Massa, *Kristallstrukturbestimmung*, Studienbücher Chemie,
DOI 10.1007/978-3-658-09412-6_1

dem diese Strahlung – ohne Änderung der Wellenlänge – am Kristallgitter durch Interferenz zu zahlreichen in verschiedenen Raumrichtungen beobachtbaren Reflexen abgelenkt wird, nennt man *Röntgenbeugung*. Die Methode, diese Reflexe zu vermessen und aus deren räumlicher Anordnung und Intensität auf die Geometrie der Atomanordnung in der Kristallstruktur zu schließen, wird *Röntgenstrukturanalyse* genannt. Im folgenden Kapitel soll zunächst die Beschreibung der Gittereigenschaften von Kristallen behandelt werden, die Voraussetzung für das Auftreten von Interferenzerscheinungen sind.

Kristallgitter

2

2.1 Das Translationsgitter

Von Kristallen spricht man, wenn die atomaren Bausteine eines festen Stoffes eine Fernordnung in allen drei Raumrichtungen aufweisen. Es genügt dann zur Beschreibung des Aufbaus eines Kristalls die Kenntnis des kleinsten sich wiederholenden „Motivs", das zur Charakterisierung der Struktur genügt, sowie die Länge und Richtung der drei Vektoren, die dessen Aneinanderreihung im Raum beschreiben (Abb. 2.1). Das „Motiv" kann ein Molekül sein wie in Abb. 2.1 oder eine Baugruppe einer vernetzten Struktur, meistens sind es mehrere solcher Einheiten, die durch Symmetrieoperationen ineinander zu überführen sind (z. B. Abb. 2.2). Die drei Vektoren a, b, c, die die *Translation* des Motivs in drei Raumrichtungen beschreiben, nennt man *Basisvektoren*. Durch deren Aneinanderreihen im Raum wird das sogenannte *Translationsgitter* (‚lattice‘) aufgespannt. Jeder Punkt im Translationsgitter lässt sich durch einen Vektor r beschreiben,

$$r = n_1 a + n_2 b + n_3 c \qquad (2.1)$$

wobei n_1, n_2 und n_3 ganze Zahlen sind. Es ist wichtig, sich zu vergegenwärtigen, dass das Translationsgitter ein abstraktes mathematisches Gebilde ist, dessen Nullpunkt prinzipiell beliebig in einer konkreten Kristallstruktur gewählt werden kann. Legt man ihn z. B. in ein bestimmtes Atom, so weiß man, dass an jedem Punkt des Translationsgitters genau dasselbe Atom in genau derselben Umgebung wiederkehren muss. Man kann den Ursprung natürlich auch in eine Lücke der Struktur legen. Man kann die Translation als Symmetrieoperation sehen, da der Zustand nach deren Anwendung vom Ausgangszustand nicht unterscheidbar ist.

Unglücklicherweise hat sich auch eine andere, sprachliche Verwendung des Begriffs Gitter eingebürgert: der nicht korrekte Begriff „Kochsalzgitter" meint an sich eine Struktur vom Kochsalz-Typ.

© Springer Fachmedien Wiesbaden 2015
W. Massa, *Kristallstrukturbestimmung*, Studienbücher Chemie,
DOI 10.1007/978-3-658-09412-6_2

Abb. 2.1 Ausschnitt aus einer einfachen Molekülstruktur mit eingezeichneten Basisvektoren (dritter Vektor senkrecht zur Zeichenebene)

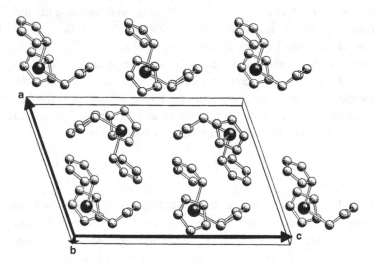

Abb. 2.2 Komplexere Struktur mit Motiv aus 4 unterschiedlich orientierten Molekülen von $(C_5H_5)_3Sb$. Translation in der b-Richtung nicht gezeichnet

2.1.1 Die Elementarzelle

Die kleinste Masche des Translationsgitters nennt man auch die *Elementarzelle* (,unit cell'), die durch die *Gitterkonstanten* (,lattice constants') a, b, c (die Beträge der Basis-

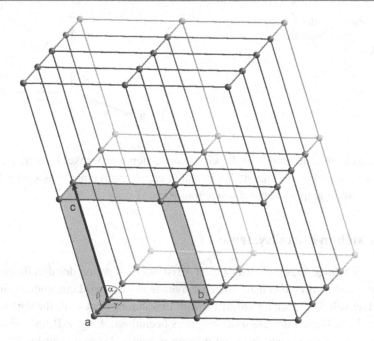

Abb. 2.3 Ausschnitt aus einem Translationsgitter

vektoren) und die drei zwischen den Basisvektoren aufgespannten *Winkel* α, β, γ charakterisiert wird. Dabei ist α der Winkel zwischen den Basisvektoren b und c, β zwischen a und c und γ zwischen a und b (Abb. 2.3).

Die Größe der Gitterkonstanten liegt bei „normalen" anorganischen oder organischen Strukturen, auf deren Bestimmung sich dieses Buch beschränkt, zwischen etwa 300 und 5000 pm, bei Proteinstrukturen u. ä. können sie bis zu mehreren 10 000 pm betragen. Um eine Kristallstruktur zu bestimmen, genügt es, den Inhalt dieser Elementarzelle zu ermitteln, also Art und räumliche Lage aller darin befindlichen Atome. Dies sind meist zwischen einem und einigen tausend Atomen.

2.1.2 Atomparameter

Zur Beschreibung der räumlichen Lage eines Atoms benutzt man vorteilhafterweise das durch die Basisvektoren aufgespannte *kristallographische Achsensystem*, das also auch schiefwinklig sein kann, und spricht dann von der a-, b- oder c-Achse. Man benützt darin die Gitterkonstanten als Einheiten und gibt die Atomlagen durch die *Atomparameter* (,*fractional (atomic) coordinates'*) x, y, z an, die Bruchteile der Gitterkonstanten darstellen (Abb. 2.4). Für die Koordinaten eines Atoms im Zentrum der Elementarzelle wird z. B. kurz $(\frac{1}{2}, \frac{1}{2}, \frac{1}{2})$ geschrieben. Will man eine Struktur auf Grund von publizierten Atompara-

Abb. 2.4 Angabe der Atomparameter x, y, z in Einheiten der Basisvektoren

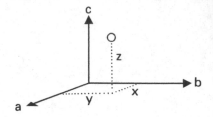

metern zeichnen, so muss man also die Gitterkonstanten und Winkel kennen. Dann kann man für jedes Atom die „absoluten" Koordinaten xa, yb, zc in einem passenden Maßstab entlang der kristallographischen Achsen abtragen.

2.1.3 Die sieben Kristallsysteme

Eine weitere wichtige Eigenschaft fast aller Kristalle ist – neben der dreidimensionalen Periodizität – das Auftreten von zusätzlicher *Symmetrie*. Sie wird eingehender in Kap. 6 behandelt, hier soll sie jedoch im Vorgriff soweit Erwähnung finden, als ihr Vorhandensein natürlich auch die Gestalt des Translationsgitters beeinflusst. Liegt z. B. im Kristall senkrecht zur *b*-Achse eine Spiegelebene, so müssen *a*- und *c*-Achse zwangsläufig innerhalb dieser Ebene liegen, also rechtwinklig zur *b*-Achse stehen. Liegt entlang der *c*-Achse eine dreizählige Drehachse, so muss der Winkel γ zwischen *a*- und *b*-Achse 120° sein. Untersucht man alle unterscheidbaren Symmetriemöglichkeiten für Translationsgitter, so kann man sie in sieben Klassen einteilen, die *7 Kristallsysteme* (Tab. 2.1). Sie unterscheiden sich durch die Restriktionen in ihrer „*Metrik*", den Abmessungen des Translationsgitters, die durch die Symmetrieelemente gefordert werden.

Konventionen Um eine einheitliche und eindeutige Beschreibung von Kristallstrukturen zu gewährleisten, hat man sich auf gewisse Regeln geeinigt, nach denen man die Achsen der Elementarzellen benennt: Generell werden die Achsen „rechtshändig" aufgestellt. Zeigt *a* nach vorne, *b* nach rechts, so muss *c* nach oben zeigen. Wenn man Daumen, Zeige- und Mittelfinger der rechten Hand spreizt, wie ein Kellner, der auf diesen drei Fingern ein Tablett

Tab. 2.1 Die sieben Kristallsysteme und die Restriktionen in ihrer Metrik. Zur Winkeldefinition vgl. Abb. 2.4

Restriktionen in	Gitterkonstanten	Winkeln
Triklin	Keine	Keine
Monoklin	Keine	$\alpha = \gamma = 90°$
Orthorhombisch	Keine	$\alpha = \beta = \gamma = 90°$
Tetragonal	$a = b$	$\alpha = \beta = \gamma = 90°$
Trigonal, hexagonal	$a = b$	$\alpha = \beta = 90°, \gamma = 120°$
Kubisch	$a = b = c$	$\alpha = \beta = \gamma = 90°$

hält, und vom Daumen angefangen die Achsen a, b, c zuordnet, so zeigen die Finger die Richtungen eines rechtshändigen Achsensystems an. Während im *triklinen* Kristallsystem keine Restriktionen bezüglich der Achsen und Winkel gelten, tritt im *monoklinen* eine ausgezeichnete Richtung auf, nämlich die Achse, die senkrecht auf den beiden anderen steht. Heute wird üblicherweise die b-Achse dieser Richtung zugeordnet, so dass der freie monokline Winkel β heißt (2. Aufstellung, ‚2nd setting'); a- und c-Achse werden so gewählt, dass β stets $> 90°$ ist. Früher wurde oft auch die c-Achse entsprechend zugeordnet (1. Aufstellung, monokliner Winkel γ, ‚1st setting'). Die c-Achse wird stets als ausgezeichnete Richtung im *trigonalen*, *hexagonalen* und *tetragonalen* Kristallsystem benutzt.

Hat man die Elementarzelle eines unbekannten Kristalls experimentell bestimmt, so gibt also die Metrik einen Hinweis auf das Kristallsystem. Entscheidend ist jedoch stets das Vorliegen der entsprechenden Symmetrieelemente, worüber oft erst in einem späteren Stadium der Strukturbestimmung entschieden werden kann. Dass die Restriktionen in der Metrik im Rahmen der experimentellen Fehler erfüllt sind, ist *notwendige Voraussetzung*, jedoch *nicht hinreichende Bedingung* für die Zuteilung zu einem bestimmten Kristallsystem. So findet man häufig, z. B. bei den Kryolithen $Na_3M^{III}F_6$, Elementarzellen, bei denen alle Winkel innerhalb weniger zehntel Grad zu $90°$ gemessen werden, die jedoch trotzdem nicht orthorhombisch sind, sondern nur monoklin. Hier sind die β-Winkel zufällig dicht bei $90°$.

2.2   Die 14 Bravais-Gitter

Bei der Besprechung des Translationsgitters wurde davon ausgegangen, dass die kleinstmöglichen Basisvektoren im Kristall angegeben werden. Die kleinste dreidimensionale Masche in diesem Gitter, die Elementarzelle, ist dann die kleinste Volumeneinheit, die repräsentativ für den ganzen Kristall ist. Man nennt dies eine *„primitive Zelle"*. Wie Abb. 2.5 zeigt, gibt es jedoch stets mehrere Möglichkeiten, in einem vorgegebenen Translationsgitter Basisvektoren zu definieren: Alle hier in einer zweidimensionalen Projektion gezeichneten Zellen sind primitiv und haben dasselbe Volumen. Man wird nun zur Beschreibung der Kristallstruktur diejenige Aufstellung wählen, mit der man die Symmetrieeigenschaften am besten beschreiben kann. Das heißt, dass man die Elementarzelle stets so legt, dass sie mit dem Kristallsystem der *höchstmöglichen Symmetrie* vereinbar ist. Meist bedeutet dies, dass man, wenn möglich, orthogonale oder hexagonale Achsen-

Abb. 2.5 Verschiedene primitive Elementarzellen in einem Translationsgitter

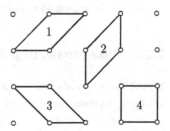

Abb. 2.6 Zentriertes Translationsgitter bei Wahl von Zelle 3

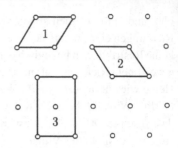

Aufstellungen sucht. Den Nullpunkt wird man dann so wählen, dass er in einem Symmetriezentrum liegt, falls vorhanden. Es gibt nun häufig Symmetrien in Kristallen, bei denen die primitive Elementarzelle in allen Varianten schiefwinklig ist (Abb. 2.6), wo jedoch eine Zelle mit größerem (2, 3, oder 4-fachem) Volumen die Beschreibung in einem höhersymmetrischen Kristallsystem erlaubt. Um die Symmetrieeigenschaften vernünftig beschreiben zu können, ist es in solchen Fällen stets besser, die größeren Zellen zu benutzen, die dann jedoch in ihrem Inneren oder auf ihren Flächenmitten zusätzliche Punkte des Translationsgitters enthalten. Man nennt sie deshalb *zentrierte Zellen* und sagt, sie sind 2-, 3- oder 4-fach primitiv.

Beschreibt man das Translationsgitter mit diesen der Symmetrie angepassten größeren Achsen, so erhält man zusätzlich zu den sieben primitiven Gittern der Kristallsysteme sieben weitere zentrierte Gitter, insgesamt kann man also 14 sogenannte *Bravais-Gitter* unterscheiden. Sie werden durch folgende Symbole gekennzeichnet: P für ein primitives Gitter, A, B, C für *einseitig flächenzentrierte Gitter*, in denen ein zusätzlicher Translationspunkt auf der Mitte der A-Fläche (zwischen b- und c-Achse aufgespannt) bzw. der B- oder C-Fläche sitzt. Dadurch wird das Volumen der primitiven Zelle verdoppelt. Mit F wird die gleichzeitige Zentrierung aller Flächen unter Vervierfachung des Volumens gekennzeichnet (*allseitige Flächenzentrierung*). Verdopplung des Volumens erfolgt bei der *Raumzentrierung (Innenzentrierung) I*, bei der ein zusätzlicher Translationspunkt in der Zellmitte sitzt (fast alle Metalle kristallisieren in einem kubisch-flächenzentrierten oder einem kubisch-raumzentrierten Gitter).

Achtung: Im kubischen CsCl-Typ befindet sich Cs an den Ecken der würfelförmigen Elementarzelle, Cl in der Zellmitte. Die Zelle ist trotzdem kubisch primitiv. Nur wenn dasselbe Atom bzw. Molekül mit identischer Orientierung und Umgebung auftritt, ist Zentrierung gegeben. Anders ausgedrückt muss die Verschiebung des Nullpunkts unseres Achsensystems in den Zentrierungspunkt zu einem von der Ausgangslage ununterscheidbaren Ergebnis führen.

2.2.1 Hexagonale, trigonale und rhomboedrische Systeme

Sowohl *hexagonale* (mit 6-zähligen Symmetrien) als auch *trigonale* Systeme (mit 3-zähligen Symmetrien) lassen sich durch ein *hexagonales Achsensystem* beschreiben ($a = b \neq c, \alpha = \beta = 90°, \gamma = 120°$). Es zeichnet sich durch sechszählige Drehach-

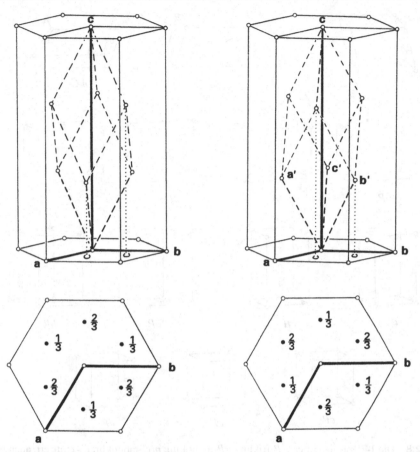

Abb. 2.7 Rhomboedrische Elementarzelle in *obverser* (*links*) und *reverser* (*rechts*) hexagonaler Aufstellung

sen im Translationsgitter entlang der *c*-Achse aus. Deshalb findet man in der Literatur oft das trigonale Kristallsystem nicht als eigene Klasse aufgeführt, so dass man nur 6 Kristallsysteme unterscheidet. Einen Sonderfall im trigonalen System stellen die *rhomboedrischen* Elementarzellen dar: Sucht man die kleinste primitive Zelle auf, so gelten hier die Restriktionen $a = b = c$ und $\alpha = \beta = \gamma \neq 90°$. Man kann sich diese Zellen gut als durch Streckung oder Stauchung eines Würfels entlang einer Raumdiagonalen entstanden vorstellen, wobei der Würfel selbst als Spezialfall eines Rhomboeders mit $\alpha = \beta = \gamma = 90°$ betrachtet werden kann. Die ausgezeichnete Symmetrierichtung, in der die 3-zählige Symmetrieachse liegt, ist die Raumdiagonale. Um diese Symmetrieeigenschaft mathematisch einfach beschreiben zu können, ist es wieder vorteilhaft, zu einer – nun zweifach in den Punkten $\frac{1}{3}, \frac{2}{3}, \frac{2}{3}$ und $\frac{2}{3}, \frac{1}{3}, \frac{1}{3}$ zentrierten – trigonalen Zelle hexagonaler Metrik mit dreifachem Volumen überzugehen, in der nun die *c*-Achse die ausgezeichnete Achse ist (Abb. 2.7). Dies nennt man die *obverse* Aufstellung einer rhom-

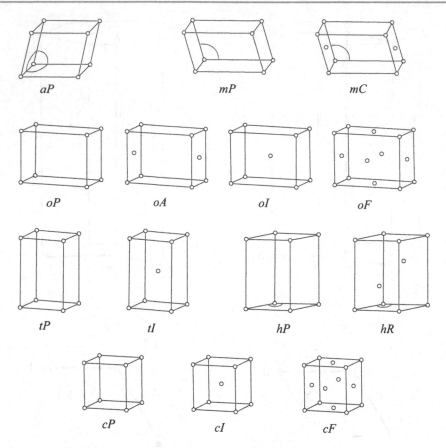

Abb. 2.8 Die 14 Bravais-Gitter. aP triklin; mP monoklin; mC monoklin C-zentriert, auch in mI transformierbar; oP orthorhombisch primitiv; oA orthorhombisch A-zentriert, auch oC üblich; oI orthorhombisch innen-(raum-)zentriert; oF orthorhombisch allseits flächenzentriert; tP tetragonal primitiv; tI tetragonal innen-(raum-)zentriert; hP trigonal oder hexagonal primitiv; hR rhomboedrisch, hexagonal aufgestellt; cP kubisch primitiv; cI kubisch innen-(raum-)zentriert; cF kubisch allseits flächenzentriert

boedrischen Elementarzelle. Sie ist die Standardaufstellung für rhomboedrische Systeme. Eine alternative sog. *reverse* Aufstellung erhält man durch Wahl von um 60° um c gedrehten a- und b-Achsen. Dadurch erfolgt die Zentrierung in den Punkten $\frac{2}{3}, \frac{1}{3}, \frac{2}{3}$ und $\frac{1}{3}, \frac{2}{3}, \frac{1}{3}$. Die *Rhomboeder-Zentrierung* wird durch das Symbol R ausgedrückt.

Alle 14 Bravais-Gitter sind in Abb. 2.8 zusammengestellt und mit ihren sog. Pearson-Symbolen bezeichnet. Man sieht, dass in den verschiedenen Kristallsystemen nur bestimmte Zentrierungen sinnvoll sind.

Eine B-Zentrierung im monoklinen Achsensystem (b als ausgezeichnete Achse) wäre unsinnig, da die primitive Zelle ebenfalls schon monokline Symmetrie hat (Abb. 2.9). Wie Abb. 2.10 veranschaulicht, kann man jede monoklin C-zentrierte Zelle auch raum-

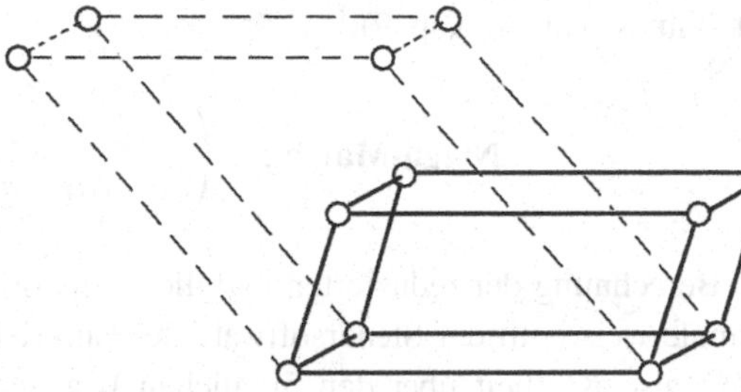

Abb. 2.9 Unnötige monokline *B*-Zentrierung (große Zelle, *gestrichelt*) und richtige primitive *P*-Zelle (*stark gezeichnet*)

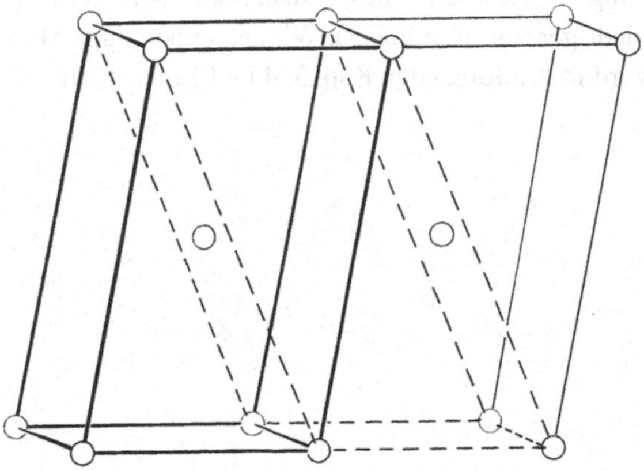

Abb. 2.10 Alternative *C*-Zentrierung (*gestrichelt*) und hier vorzuziehende *I*-Zentrierung (*stark gezeichnet*) im monoklinen Kristallsystem. Blick etwa auf die *a*, *c*-Ebenen

zentriert beschreiben. Es ist empfehlenswert, stets diejenige der beiden gleichberechtigten Aufstellungen zu wählen, die den kleineren monoklinen Winkel β ergibt (aber > 90 %).

2.2.2 Reduzierte Zellen

Um systematisch zu prüfen, ob eine experimentell ermittelte Elementarzelle durch Achsentransformation evtl. in eine „bessere" Zelle höherer Symmetrie umgewandelt werden kann, wurden Algorithmen entwickelt, die für jede Zelle zuerst eine standardisierte sog. reduzierte primitive Zelle ermitteln (Delauney-Reduktion). Diese muss die Bedingungen erfüllen, dass $a \leq b \leq c$ und alle Winkel entweder $\leq 90°$ oder alle $\geq 90°$ sind. Für jeden beliebigen Kristall gibt es genau eine Zelle, die diese Bedingungen erfüllt. Eine nützliche Anwendung der reduzierten Zellen ist daher die Kontrolle, ob eine Struktur bereits in der Literatur bekannt ist. Vergleicht man reduzierte Zellen aus Datenbanken (s. Kap. 13), so findet man äquivalente Elementarzellen, auch wenn sie ursprünglich anders aufgestellt wurden. Solche Tests sind immer nützlich, bevor man aufwändige Intensitätsmessungen (Kap. 7) beginnt. Eine zweite wichtige Anwendung der reduzierten Zellen ist, dass man anhand klarer Kriterien aus ihrer Metrik, die man meist in Form der sog. Niggli-Matrix (Gl. 2.2) darstellt, die mögliche „richtige" konventionelle Elementarzelle ableiten kann

(Int. Tables, Vol. A, Kap. 9).[1]

$$\text{Niggli-Matrix:} \quad \begin{pmatrix} a^2 & b^2 & c^2 \\ bc\cos\alpha & ac\cos\beta & ab\cos\gamma \end{pmatrix} \tag{2.2}$$

Die Berechnung der reduzierten und die Transformation zur konventionellen Zelle wird normalerweise mit der Steuersoftware der Einkristall-Diffraktometer vorgenommen. Sie liefert also Klarheit über den möglichen Bravaistyp unseres Kristalls. Da hier jedoch lediglich die Metrik des Translationsgitters geprüft wird, kann die Symmetrie trotzdem niedriger sein (nie höher). Wie man überhaupt Elementarzellen experimentell bestimmt, wird in den folgenden Kap. 3, 4 und 7 behandelt.

---

[1] Die ‚International Tables for Crystallography' [1–8] gehören zum Rüstzeug jedes Kristallographen. Die aktuelle Ausgabe umfasst die Bände A–G, sowie A1 (siehe it.iucr.org). Wichtig ist vor allem der derzeit in der 5. Auflage lieferbare Band A, der die Kristallsymmetrie, insbesondere die Raumgruppen, behandelt, und zu dem es eine günstige ‚teaching edition' gibt. Der Band C enthält viele nützliche Tabellen, z. B. zu Absorption oder zu Bindungslängen. Band F behandelt die Kristallographie biologischer Makromoleküle. Inzwischen sind auch alle Bände in einer Online-Version zugänglich.

Röntgenbeugung 3

Ein Kristall ist also, wie gezeigt wurde, durch einen dreidimensional periodischen Aufbau charakterisiert, ausgedrückt durch das Translationsgitter. Deshalb sind Interferenzerscheinungen zu erwarten, wenn der Kristall Strahlung ausgesetzt wird mit einer Wellenlänge in der Größenordnung der Gitterabstände. Zunächst soll darauf eingegangen werden, wie man die dazu meist verwendete monochromatische Röntgenstrahlung erzeugt.

3.1 Röntgenstrahlung

Bisher wurden für Röntgenbeugungsuntersuchungen zumeist Röntgengeneratoren mit unter Hochvakuum abgeschmolzenen Röntgenröhren verwendet (Abb. 3.1). Darin wird ein fein fokussierter Elektronenstrahl durch eine angelegte Hochspannung von ca. 30–60 kV auf die Anode gelenkt, eine ebene Platte eines hochreinen Metalls (meist Mo oder Cu, seltener Ag, Fe, Cr etc.), auch „Antikathode" genannt. Da hierbei auf kleinster Fläche, – der typische „Feinfocus" hat einen Brennfleck von 0.4 × 8 oder 12 mm, ein „Normalfocus" 1 × 10 mm, – bis zu 3 kW Wärme frei werden, wird die Anode rückseitig mit Wasser gekühlt. In den obersten Schichten des Metalls wird dabei Röntgenstrahlung durch zwei verschiedene Prozesse freigesetzt: Zum einen wird beim Abbremsen der Elektronen in den elektrischen Feldern der Metallionen die kinetische Energie teilweise in Strahlung umgesetzt, die sog. *„Bremsstrahlung"*. Dieser Strahlungsanteil besitzt, da die Elektronen verschieden stark abgebremst werden, kontinuierliche Energieverteilung, man spricht auch von „weißer" Röntgenstrahlung. Die kürzeste Wellenlänge wird erreicht, wenn die gesamte kinetische Energie der Elektronen verbraucht wird, die ihrerseits nur von der angelegten Hochspannung abhängt.

$$\lambda_{min} = \frac{hc}{eU} \qquad (3.1)$$

© Springer Fachmedien Wiesbaden 2015
W. Massa, *Kristallstrukturbestimmung*, Studienbücher Chemie,
DOI 10.1007/978-3-658-09412-6_3

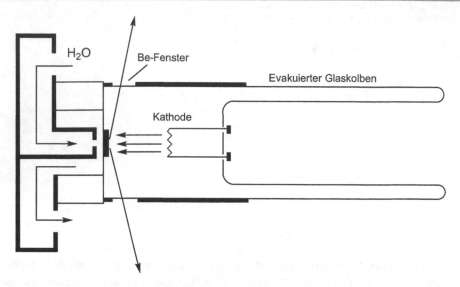

Abb. 3.1 Schematischer Aufbau einer Röntgenröhre

h = Planck'sches Wirkungsquantum,
c = Lichtgeschwindigkeit,
e = Elementarladung,
U = Röhrenspannung;

setzt man U in kV ein, ergibt sich $\lambda_{min} = 1240/U$ [pm].

Dieser Bremsstrahlung überlagert sich die für die Anwendung wichtigere „charakteristische Röntgenstrahlung". Sie entsteht dadurch, dass ein Elektron z. B. aus der K-Schale (Hauptquantenzahl $n = 1$) unter Ionisierung des Atoms herausgeschlagen wird. Der dadurch enstehende instabile Zustand relaxiert sofort durch Sprung eines Elektrons aus einer höheren Schale (z. B. der L-Schale) in die Lücke der K-Schale. Dabei wird Röntgenstrahlung scharf definierter Wellenlänge emittiert, die sich aus der Energiedifferenz beider Niveaus ergibt. Berücksichtigt man die feine Energieaufspaltung in der L-Schale ($n = 2$) durch die Wechselwirkung von Spinmoment und Bahndrehimpuls (l) zum Gesamtdrehimpuls j, die zu den drei Zuständen mit $l = 0$, $j = \frac{1}{2}$; $l = 1$, $j = \frac{1}{2}$ und $l = 1$, $j = \frac{3}{2}$ führt, sowie die Auswahlregel für einen Übergang von der L- zur K-Schale ($\Delta l = \pm 1$), so versteht man, dass ein Dublett mit eng benachbarten Wellenlängen emittiert wird, die K_{α_1}- und K_{α_2}-Strahlung. Dies entspricht der Emission eines Dubletts für die sog. Na-D-Linie im optischen Bereich. Fällt ein Elektron aus der M-Schale auf das K-Niveau zurück, so wird analog die energiereichere K_{β_1}- und K_{β_2}-Strahlung emittiert. Die weiche L-Strahlung, die nach Abgabe eines Elektrons aus der L-Schale entsteht, ist für unsere Zwecke nicht von Bedeutung, ebensowenig wie Strahlung von Sprüngen aus noch höheren Schalen. Die typische spektrale Verteilung einer Röhre mit Mo-Strahlung ist in Abb. 3.2 gezeigt.

Abb. 3.2 Spektrum einer Mo-Röntgenröhre

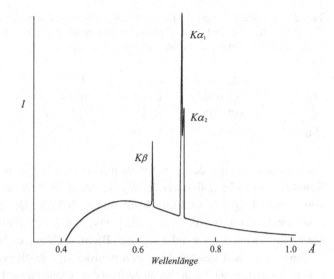

Abb. 3.3 Nutzung einer Röntgenröhre als strichförmige (*vorne*) oder punktförmige Strahlenquelle (*rechts*)

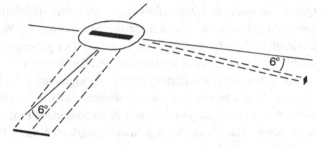

Die Strahlung wird natürlich vom strichförmigen Focus aus in alle Richtungen abgestrahlt. Genutzt wird nur, was durch eines oder zwei der vier seitlichen Röhrenfenster aus Beryllium nach außen gelangt. Benutzt man ein Fenster, das parallel zum Strichfocus steht (Abb. 3.3, vorne), so kann man eine strichförmige Röntgenquelle nutzen, die für hochauflösende Pulveraufnahmen geeignet ist. Benutzt man ein 90° dazu stehendes Fenster (Abb. 3.3, rechts), so sieht man bei üblichem „Take off"-Winkel von 6° zur Fläche der Anode die etwa punktförmige Projektion des Strichfocus, die als intensive Strahlungsquelle für Einkristallaufnahmen genutzt werden kann.

Monochromatisierung Da man für fast alle Beugungsexperimente monochromatische Strahlung benötigt, benutzt man die besonders starke K_α-Strahlung (Tab. 3.1) und versucht die störende Strahlung anderer Wellenlängen, vor allem die K_β-Strahlung, so gut wie möglich zu eliminieren. Eine Methode dafür ist die Filtertechnik: Dabei nutzt man aus, dass Röntgenstrahlung in Metallen besonders stark absorbiert wird (mit der Folge von Röntgenemission, wie oben für Elektronenstrahl-Anregung gezeigt), wenn ihre Energie gerade zur Freisetzung innerer Elektronen ausreicht (Röntgenabsorptionskante). Will man also z. B. Cu-K_β-Strahlung in einem Filter absorbieren, so verwendet man Ni-Folie, da

Tab. 3.1 K_α-Wellenlängen [Å] der wichtigsten Röntgenröhren-Typen (nach Int. Tables for Cryst. C, 3rd Ed., Tab. 4.2.2.1 [4]). Die meist benutzte mittlere $K_{\overline{\alpha}}$-Wellenlänge wurde durch gewichtete Mittelung der im Intensitätsverhältnis von $2:1$ auftretenden K_{α_1}- und $K_{\alpha_2 1}$-Wellenlängen errechnet

	Mo	Cu	Fe
K_{α_1}	0.70932	1.54059	1.93604
K_{α_1}	0.71361	1.54443	1.93997
$K_{\overline{\alpha}}$	0.71075	1.54187	1.93735

die Ionisationsenergie der K-Schale von Ni gerade knapp unterhalb der Energie der K_β-Strahlung, aber oberhalb derer der K_α-Strahlung liegt. Analog nimmt man zur Filterung von Fe-Strahlung Mn- und für Mo-Strahlung Zr-Folie. Bei dieser Methode verliert man zwar relativ wenig Intensität an der erwünschten K_α-Strahlung, jedoch sind immer noch merkliche Anteile an störender K_β- und Bremsstrahlung enthalten.

Eine wesentlich bessere Monochromatisierung erzielt man durch Einkristall-Monochromatoren: hier wird eine bis zu einigen cm^2 große dünne Einkristallplatte aus Graphit, Quarz, Germanium, Lithiumfluorid o. a. in genau definierter Orientierung in den Röntgenstrahl gebracht, so dass nur für die gewünschte K_α-Wellenlänge die Bedingung für konstruktive Interferenz erfüllt ist (s. unten). Der gebeugte Strahl wird dann als „Primärstrahl" für das eigentliche Beugungsexperiment benutzt.

Mit guten, zur Focussierung noch gebogenen und zylindrisch angeschliffenen Quarz- oder Ge-Monochromatoren ist es möglich, bei Cu-Strahlung auch die K_{α_1} und K_{α_2}-Wellenlänge zu trennen. Für die hier interessierenden Einkristall-Untersuchungen ist dies nicht nötig, man verwendet aus Intensitätsgründen meist Graphitmonochromatoren, die das $K_{\alpha_1}/K_{\alpha_2}$-Dublett nicht auflösen.

Drehanoden-Generatoren Deutlich höhere Intensitäten erhält man, wenn man statt der unter Hochvakuum abgeschmolzenen Röhren mit fest montierter Anode ein offenes System verwendet, bei dem der Brennfleck auf einem schnell rotierenden Anodenrad („Drehanode") erzeugt wird. Dadurch kann die Wärme besser abgeführt werden, so dass höhere Leistungen möglich sind. Das Hochvakuum wird durch einen Pumpenstand mit Turbomolekularpumpe erzeugt. Die bis etwa um das sechsfache höhere Intensität muss jedoch mit hohen Kosten und der Wartungsbedürftigkeit dieser Systeme erkauft werden.

Kollimatoren und Röntgenspiegel Aus dem vom Focus ausgehenden breit divergierenden Röntgenlicht wird normalerweise ein quasi-paralleler Strahl ausgeblendet, indem ein Kollimator zwischen Strahlungsquelle und Kristall eingesetzt wird. Das ist ein Metallrohr von typischerweise 10–12 cm Länge, das an beiden Enden Einsätze mit Bohrungen von 0.3, 0.5 oder 0.8 mm Durchmesser enthält. Die Wahl des Kollimators wird nach Kristallgröße getroffen. Je kleiner der Kollimatordurchmesser, desto schärfer gelten die Interferenzbedingungen, desto kleiner wird die Breite, aber desto geringer auch die beobachtbare Intensität der Reflexe. Seit einiger Zeit werden Kapillar-Kollimatoren gebaut, die eine Spezialglas-Kapillare von so glatter innerer Oberfläche und so präzisen Abmessungen enthalten, dass Totalreflexion für Röntgenstrahlung bei Einfallswinkeln im Bereich einiger zehntel Grad auftritt. Dadurch wird ein größerer Winkelbereich der divergierenden Strahlung nutzbar, so dass gegenüber herkömmlichen Kollimatoren bei MoK_α-Strahlung Intensitätsgewinne bis über 100% erzielt werden können. Vor allem bei der langwelligen CuK_α-Strahlung, vorwiegend also an Pulver-Diffraktometern und in der Proteinkristallographie, kommen zunehmend ‚multilayer'-Spiegel zum Einsatz, die zugleich als Monochromator wirken und derzeit bis ca. 8-fachen Intensitätsgewinn am Ort des Kristalls liefern können. Sie sind abwechselnd aus Schichten eines schweren und eines leichten Elements z. B. Nickel und Kohlenstoff aufgebaut. Durch einen Gradienten in den bei wenigen Nanometern liegenden Schichtdicken und eine parabolische Form des Spiegels wird erreicht, dass aus dem divergenten Primärstrahl ein brillanter monochromatischer Parallelstrahl erzeugt wird.

Microfocus-Quellen Eine sich in letzter Zeit immer mehr durchsetzende Generator-Neuentwicklung kombiniert einen elektronisch geregelten punktförmigen Microfocus mit einem solchen Spiegelsystem. Dadurch wird brillante monochromatische Röntgenstrahlung mit so hoher Ausbeute gewonnen, dass z. B. mit einer Generator-Leistung von nur 30–80 W höhere Intensitäten am Ort des Kristalls erzielt werden als auf konventionellem Wege mit Drehanoden-Generatoren, die etwa mit der hundertfachen Leistung betrieben werden. Der effektive Strahldurchmesser ist allerdings auf höchstens ca. 300 µm begrenzt. Inzwischen werden auch Diffraktometersysteme angeboten, die starke Microfocus-Quellen für Cu-Strahlung (für makromolekulare Strukturen) und für Mo-Strahlung (für kleine Molekül- und anorganische Festkörperstrukturen) kombinieren, so dass ohne Nachjustierung des Goniometers und des Kristalls zwischen beiden Messarten gewechselt werden kann.

Metallstrahl-Generatoren Will man mit Microfocus-Technik besonders hohe Strahlintensitäten erreichen, erhebt sich auch hier das Problem der lokalen Wärmeabfuhr. Dies wird in Metallstrahl-Generatoren auf originelle Weise gelöst. Hier wird flüssiges Gallium (Schmelzpunkt 29.8 °C) in einem Kreislauf mit offener Strahlführung umgewälzt und auf diesem Strahl durch einen Elektronenstrahl mit bis zu 200 W Leistung ein sehr feiner Microfocus (70 µm) erzeugt. Da die K_α-Strahlung von Ga eine Wellenlänge von 1.34 Å hat, wenig kürzer als die Cu-K_α-Strahlung (1.54 Å), kann sie in der Proteinkristallographie eingesetzt werden. Bei sehr kleinen Kristallen sollen so Daten mit vergleichbarer Qualität gesammelt werden können, wie mit Synchrotron-Strahlung (s. unten).

Für eine ausführlichere Darstellung zur Erzeugung und Monochromatisierung von Röntgenstrahlung sei auf aktuelle Literatur, z. B. [9], verwiesen.

Synchrotronstrahlung Statt der charakteristischen Strahlung konventioneller Röntgenröhren oder von Microfocus-Quellen kann man auch die in Teilchenbeschleunigern als Nebenprodukt abfallende Röntgenstrahlung, die sog. Synchrotronstrahlung verwenden. Sie weist einige wichtige Vorteile auf:

- hohe Intensität bei geringer Divergenz
- durchstimmbare Wellenlänge (vgl. Abschn. 8.2.2)
- hoher Polarisationsgrad.

Kristallographische Untersuchungen damit werden in Europa hauptsächlich im Hamburger HASYLAB am Synchrotron DESY und im ESRF in Grenoble, in den USA am Brookhaven National Laboratory oder an der Cornell University und in Japan in der „Photon Factory" von Tsukuba vorgenommen. Der Haupteinsatz liegt bei der Untersuchung sehr großer Strukturen (Proteinkristallographie) oder sehr kleiner Kristalle, bei hochauflösender Pulverdiffraktometrie sowie bei speziellen Messungen, bei denen der hohe Polarisationsgrad genutzt wird. Näheres ist z. B. aus [10] zu erfahren.

Im Abschn. 7.9 werden schließlich noch die für zeitaufgelöste Beugungsmessungen eingesetzten hochintensiven gepulsten Röntgenquellen erwähnt.

3.2 Interferenz am eindimensionalen Gitter

Als einfachen Modellfall für die Wechselwirkung von Röntgenstrahlung mit dem Kristallgitter, kann man zuerst den eindimensionalen Fall betrachten, den man experimentell z. B. mit dem optischen Strichgitter realisieren kann: Bestrahlt man ein solches Gitter mit *Strichabstand d* mit monochromatischem Licht ähnlicher Wellenlänge λ, so kann man *Interferenzerscheinungen, „Beugung" (,diffraction')* beobachten.

Ihr Zustandekommen kann man sich ableiten, wenn man annimmt, dass von jedem Punkt des Gitters gleichzeitig eine *kugelförmige Streuwelle* derselben Wellenlänge („elastische Streuung") ausgeht. Abhängig vom Betrachtungswinkel θ und dem Punktabstand d entsteht ein *Gangunterschied* Δ zwischen benachbarten Wellen (Abb. 3.4). Wenn der Winkel θ so gewählt wird, dass dieser Gangunterschied $n\lambda$, ein ganzzahliges Vielfaches von λ beträgt, so tritt „positive" oder *„konstruktive" Interferenz* ein, alle

Abb. 3.4 Gangunterschiede Δ bei Beugung am eindimensionalen Gitter

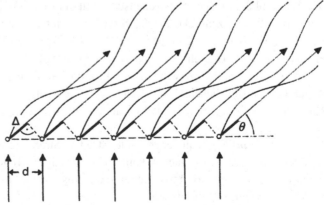

Abb. 3.5 Überlagerung der Streuwellen bei $\lambda/10$ Gangunterschied zwischen benachbarten Streuwellen

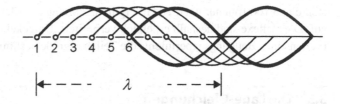

Streuwellen sind „in Phase" und verstärken sich zu einem messbaren *abgebeugten* Strahl; n bezeichnet man als *Beugungsordnung*. Ebenso klar ist der andere Sonderfall, wenn θ so gewählt wird, dass der Gangunterschied $\lambda/2$ beträgt. Dann addieren sich jeweils benachbarte Streuwellen zu null, da sie genau gegenphasig sind, man erhält „*destruktive Interferenz*". Was geschieht, wenn man bei dazwischenliegenden Betrachtungswinkeln θ beliebige Gangunterschiede zwischen diesen Extremen hat, soll ein konkretes Beispiel zeigen, bei dem zwischen benachbarten Streuzentren nur ein kleiner Gangunterschied von $\lambda/10$ auftreten soll (Abb. 3.5).

Nummeriert man die Punkte des Gitters durch, so findet man bei der Addition der vom Punkt 1 und Punkt 2 ausgehenden Wellen eine nur wenig schwächere Amplitude für die resultierende Welle als ohne Gangunterschied. Betrachtet man jedoch die Streuwellen weiter entfernter Gitterpunkte, so sieht man, dass der Gangunterschied zu Welle 1 jeweils um $\lambda/10$ wächst, bis er beim Punkt 6 den Wert $\lambda/2$ erreicht. Die Wellen 1 und 6 „löschen" sich also „aus". Dasselbe gilt natürlich für die Paare 2 und 7, 3 und 8, 4 und 9 usw., so dass insgesamt bei diesem Betrachtungswinkel keine Intensität zu beobachten ist, also ebenfalls destruktive Interferenz stattgefunden hat. Man erkennt, dass die Anzahl der Streuzentren eine wichtige Rolle spielt. Genügen im gezeigten Beispiel 10 Punkte, um bei $\lambda/10$ Gangunterschied destruktive Interferenz zu erreichen, so sind, um dies bei nur $\lambda/100$ Gangunterschied zu erzielen, also dicht beim Winkel für konstruktive Interferenz, mindestens 100 Punkte notwendig. Umgekehrt gesehen kann man bei einem Gitter sehr hoher Punktezahl erwarten, dass nur bei scharf definierten Betrachtungswinkeln θ, bei denen der Gangunterschied recht genau $n\lambda$ beträgt (Beugungsordnung $n = 0, 1, 2, 3 \ldots$), hohe abgebeugte Intensität zu beobachten sein wird, im ganzen Winkelbereich dazwischen jedoch keine Intensität auftritt.

Beim 3-dimensionalen Kristall kann man die Anzahl der Gitterpunkte grob abschätzen, wenn man eine mittlere Größe der Gitterkonstanten von 1000 pm (10^{-9} m) zugrundelegt: Ein für Röntgenbeugungsmessungen geeigneter Kristall sollte normalerweise etwa 0,1–0,5 mm (10^{-4} m) Kantenlänge haben, also liegen ca. 10^5 Elementarzellen entlang einer Kristallkante und ca. 10^{15} Zellen im gesamten Kristallvolumen. Das dreidimensionale Gitter besitzt also 10^{15} Punkte, deshalb kann man sehr scharfe Interferenzbedingungen erwarten: nur an den „erlaubten" Stellen im Raum, an denen für alle Punkte des Gitters Gangunterschiede von $n\lambda$ auftreten, sind *scharfe „Reflexe"* zu erwarten, dazwischen tritt destruktive Interferenz auf.

Im zur Zeit sehr aktuellen Forschungsgebiet der „*Nanochemie*" gilt dies nicht mehr. Kristalline Teilchen mit beispielsweise 20 nm Kantenlänge weisen bei einer Gitterkonstante von 1000 pm nur noch 20 Gitterpunkte entlang der Richtung dieser Gitterkonstante auf. Die Reflexe sind deshalb erheblich verbreitert. Umgekehrt kann man aus den Reflexbreiten eines Beugungsexperiments die Teilchengröße bestimmen.

3.3 Die Laue-Gleichungen

Um die Interferenzbedingungen in einem konkreten dreidimensionalen Kristall verstehen zu können, ist es hilfreich, ihn zuerst gedanklich in lauter „Einatom-Strukturen" zu zerlegen: Für jedes Atom in der Elementarzelle gilt, dass es sich im Raum nach der Gesetzmäßigkeit des Translationsgitters dreidimensional wiederholt. Der ganze Kristall kann also durch so viele ineinandergestellte, leicht gegeneinander versetzte, geometrisch identische Gitter dargestellt werden, wie Atome in der Elementarzelle sind. Um die geometrischen Interferenzbedingungen abzuleiten, genügt es also vorerst, eine „Ein-Atom-Struktur" zu betrachten, die punktförmige Streuzentren nur an den Punkten des Translationsgitters besitzt. Zuerst soll aus dem dreidimensionalen Gitter eine Punktreihe, z. B. entlang der a-Achse herausgegriffen werden (Abb. 3.6).

Der Gangunterschied zwischen den an zwei benachbarten Punkten gestreuten Wellen errechnet sich aus dem Einstrahlwinkel μ und dem Betrachtungswinkel ν nach Gl. 3.2.

$$a \cos \mu_a + a \cos \nu_a = n_1 \lambda \qquad (3.2)$$

Für einen vorgegebenen Einfallswinkel μ gibt es also für jede Beugungsordnung n_1 ($n_1 = 1, 2, 3 \ldots$) einen genau definierten Winkel ν, unter dem gebeugte Strahlung beobachtet werden kann. Da sich die gestreuten Wellen im Raum ausbreiten, gilt diese Bedingung für alle Betrachtungsrichtungen, die auf einem Kegelmantel um die Richtung der Punktreihe mit dem halben Öffnungswinkel ν liegen. Für jedes n gibt es einen Kegel, man erhält ein System koaxialer sog. „*Lauekegel"*.

Abb. 3.6 Streuung an einer Atomreihe: μ = Einfallswinkel, ν = Ausfallswinkel. Konstruktive Interferenz in den Richtungen eines Lauekegels mit 2ν Öffnungswinkel bei Gangunterschied $n\lambda$

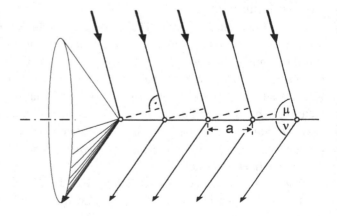

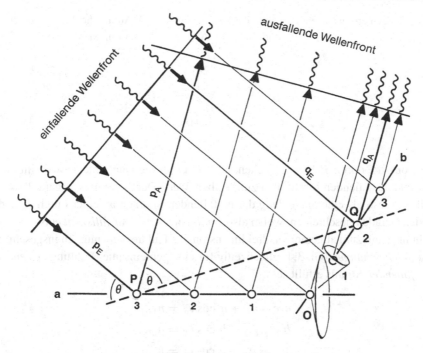

Abb. 3.7 Gleichzeitige Erfüllung zweier Lauebedingungen, z. B. für die 2. Beugungsordnung an der Atomreihe der a-Achse und die 3. Beugungsordnung entlang der b-Achse in der Schnittlinie beider Lauekegel. Beschreibung als Spiegelung an der Geraden PQ

Setzt man nun demselben einfallenden Strahl eine zweite, nicht parallele Atomreihe z. B. in b-Richtung aus, so kann man dafür die analoge Beugungsbedingung (Gl. 3.3) formulieren.

$$b \cos \mu_b + b \cos \nu_b = n_2 \lambda \qquad (3.3)$$

Man bekommt ein zweites System koaxialer Kegel um diese 2. Atomreihe, auf denen die erlaubten Richtungen für daran gebeugte Wellen liegen. Es wird nach dem eingangs Gesagten klar, dass für diesen zweidimensionalen Fall beide Bedingungen *gleichzeitig* erfüllt sein müssen, d. h. nur noch die wenigen Raumrichtungen sind „erlaubt", die *Schnittlinien beider Kegelsysteme* darstellen.

Greift man eine bestimmte Beugungsordnung n_1 der an der Reihe 1 (a-Achse) gestreuten Wellen heraus (Abb. 3.7) und geht die durchnummerierten Punkte entlang dieser Achse durch, so haben sie, bezogen auf den Nullpunkt, die in Tab. 3.2 aufgeführten Gangunterschiede.

Eine analoge Reihe kann man für die Beugungsordnung n_2 bei Reihe 2 (b-Achse) aufstellen. Wählt man nun in Reihe 1 einen Punkt P mit Nummer $x = n_2$ und in Reihe 2 einen Punkt Q mit der Nummer $y = n_1$, so sind für beide die Gangunterschiede gleich ($P: n_2 \cdot n_1 \lambda$; $Q: n_1 \cdot n_2 \lambda$). Für die beiden Teilstrahlen der einfallenden und ausfallenden

Tab. 3.2 Ganunterschiede in Abb. 3.7

Atomreihe 1		Atomreihe 2	
Atom-Nr.	Δ	Atom-Nr.	Δ
1	$n_1\lambda$	1	$n_2\lambda$
2	$2n_1\lambda$	2	$2n_2\lambda$
3	$3n_1\lambda$	3	$3n_2\lambda$
…	…	…	…
x	$xn_1\lambda$	y	$yn_2\lambda$

Wellenfront, die durch P bzw. Q gehen, addieren sich die Gangunterschiede im einfallenden und ausfallenden Strahl also zum selben Wert. Der Beugungsvorgang lässt sich deshalb genauso als eine *Spiegelung* der einfallenden Strahlen an einer durch P und Q gehenden Geraden beschreiben, wobei also *Einfallswinkel = Ausfallswinkel* ist.

Geht man nun zum allgemeinen dreidimensionalen Fall über, so müssen insgesamt drei sog. *Laue-Gleichungen* (Gl. 3.4) gleichzeitig für eine gemeinsame Richtung des *ein- und des ausfallenden* Strahls erfüllt sein,

$$a \cos \mu_a + a \cos \nu_a = n_1\lambda$$
$$b \cos \mu_b + b \cos \nu_b = n_2\lambda \tag{3.4}$$
$$c \cos \mu_c + c \cos \nu_c = n_3\lambda$$

eine sehr anspruchsvolle Bedingung, bei der sich drei Lauekegel in einer gemeinsamen Schnittlinie schneiden müssen. Dies ist so unwahrscheinlich, dass diese Bedingung nur für ganz bestimmte Einfallsrichtungen des Röntgenstrahls zum Kristall erfüllbar ist. Dies ist der Grund, weshalb man bei den später zu besprechenden Einkristall-Diffraktometern stets den Kristall auf mehr oder weniger komplizierte Weise im Raum bewegen muss, um überhaupt Röntgenbeugung beobachten zu können.

Auch im dreidimensionalen Fall ist es genauso möglich, jeden Beugungsvorgang durch eine *Reflexion an einer*, nun durch drei Punkte des Translationsgitters definierten *Ebene* zu beschreiben. Ist diese Reflexion „erlaubt", sind also die Lauebedingungen alle erfüllt, so kann man einen „Reflex" beobachten.

3.4 Netzebenen und *hkl*-Indices

Die Ebenen, an denen eine solche Reflexion stattfindet, nennt man *Netzebenen* und charakterisiert ihre Orientierung im Translationsgitter mit den meist *Miller-Indices* genannten Werten *hkl*. Zu jeder Ebene, die durch Punkte des Translationsgitters geht, gibt es eine Schar paralleler Ebenen, so dass auf jeder Ebenenschar, unabhängig von ihrer Orientierung, stets alle Punkte des Gitters liegen (Abb. 3.8). Man kann die *hkl*-Indices einer Ebene ermitteln, indem man die Ebene herausgreift, die dem Nullpunkt am nächsten liegt, jedoch nicht durch ihn hindurch geht. Sie schneidet die *a*-, *b*- und *c*-Achse der Elementarzelle

Abb. 3.8 Beispiele für Netzebenen (Projektion aus der *c*-Richtung)

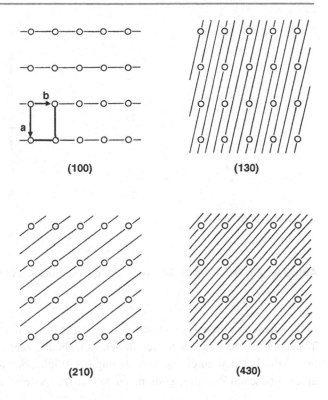

(100)

(130)

(210)

(430)

in Achsenabschnitten $1/h$, $1/k$ und $1/l$, die stets rationale Brüche sind (Abb. 3.9). In 2-dimensionalen Beispiel aus Abb. 3.8 oben rechts teilt z. B. die Ebene aus einer Schar, die durch Punkt 3 (Ausgangspunkt mit Nummer 0) in *a*- und Punkt 1 in *b*-Richtung geht, die *a*-Achse in 1, die *b*-Achse in 3 Teile. Die dem Nullpunkt nächste Ebene hat also Achsenabschnitte von $\frac{1}{h} = \frac{1}{1}$ und $\frac{1}{k} = \frac{1}{3}$. Die Kehrwerte, also immer ganze Zahlen, sind die gesuchten Indices (*hkl*), die somit die Ebene kennzeichnen. Sie geben an, wie oft eine Achse durch die Netzebenenschar unterteilt wird. Ein Index 0 bedeutet einen Achsenabschnitt im Unendlichen, also eine parallel zu einer kristallographischen Achse verlaufende Ebene; die Netzebenen (100), (010), (001) verlaufen z. B. parallel zu den Flächen der Elementarzelle. Der Netzebenenabstand d ist meist am größten bei der Ebenenschar, die in Richtung der größten Gitterkonstanten gestapelt ist. Je höher die Indices sind, desto kleiner werden die Abstände d. In Abb. 3.8 erkennt man, dass bei „niedrig indizierten" Ebenen die Belegung mit Punkten besonders dicht ist. Im realen Kristall bedeutet dies, dass hier Schichten dicht gepackter Atome liegen. Dies sind daher meist auch die Hauptwachstumsflächen von Kristallen. Die makroskopisch sichtbaren Begrenzungsflächen von Kristallen entsprechen deshalb fast immer Netzebenen mit niederen Indices. Kennt man die Richtung der Zellachsen und misst die Raumwinkel der Flächen zu diesen, so kann man über die graphische Bestimmung der Achsenabschnitte die Indices der Flächen ermitteln. Sie werden durch deren in runde Klammern gesetzte Indices (*hkl*) bezeichnet, während die Indices *hkl*

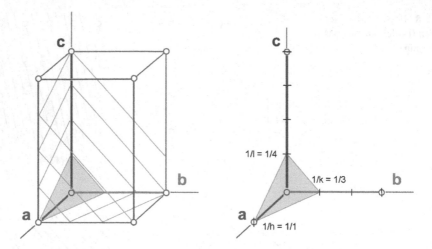

Abb. 3.9   Zur Definition der *hkl*-Werte über die reziproken Achsenabschnitte

ohne Klammern die davon ausgehenden Reflexe bezeichnen. Da sich die Symmetrie des Translationsgitters natürlich auch in den Netzebenen zeigt, lässt sich bei gut ausgebildeten Kristallflächen durch die Vermessung der Winkel der Kristallflächen zueinander auf einem optischen Zweikreisgoniometer das Kristallsystem bestimmen.

3.5   Die Braggsche Gleichung

Wie aus den Lauegleichungen abgeleitet wurde, muss für konstruktive Interferenz einerseits die Spiegelbedingung für eine solche Netzebene erfüllt sein, also der Einfallswinkel θ muss gleich dem Ausfallswinkel sein (Abb. 3.10). Zusätzlich muss dieser Winkel jedoch einen ganz speziellen Wert annehmen, so dass alle drei Lauebedingungen (Gl. 3.4) erfüllt sind, also nicht nur für diese Ebene, sondern im ganzen Translationsgitter alle Streuwellen in Phase sind.

Abb. 3.10   Zur Ableitung der Braggschen Gleichung

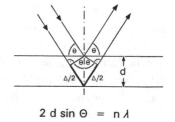

$$2\,d\,\sin\Theta \;=\; n\,\lambda$$

Wie Vater W. H. und Sohn W. L. Bragg gezeigt haben, lässt sich dieser spezielle Winkel sehr einfach ableiten, indem man berücksichtigt, welchen Gangunterschied eine an der nächst tiefer im Gitter liegenden Ebene dieser Netzebenenschar reflektierte Welle hat (Abb. 3.10): Nur die Winkel θ sind erlaubt, bei denen der Gangunterschied $2d \sin\theta$ ein ganzzahliges Vielfaches der Wellenlänge beträgt (Gl. 3.5)

$$2d \, \sin\theta = n\lambda \quad (n = 1, 2, 3 \ldots) \tag{3.5}$$

Für jede Netzebene *(hkl)* mit charakteristischem Netzebenenabstand d sind für die verschiedenen Beugungsordnungen n die möglichen Winkel θ damit klar definiert. Es soll jetzt schon darauf hingewiesen werden, dass diese Bedingung für das Auftreten eines bestimmten Reflexes von der Netzebene *hkl* dem Kristallographen immer noch Freiheiten lässt, nämlich den Kristall bei richtig eingestelltem θ um die Richtung des Röntgenstrahls und/oder um die Flächennormale dieser Netzebene zu drehen, denn dadurch ändern sich Ein- und Ausfallswinkel θ nicht.

Den experimentell bestimmbaren Winkel 2θ zwischen einfallendem und ausfallendem Strahl nennt man den Beugungswinkel. Oft wird diese Bezeichnung jedoch auch für den einfachen Winkel θ verwendet.

3.6 Höhere Beugungsordnungen

Um nicht zusätzlich zu den Indices *hkl* für die jeweilige Netzebene auch noch den Parameter n für die Beugungsordnung mitführen zu müssen, erweitert man nun den Netzebenenbegriff: Schreibt man die Braggsche Gleichung (Gl. 3.5) in der Form von Gl. 3.6

$$2\frac{d}{n} \sin\theta = \lambda \quad (n = 1, 2, 3 \ldots) \tag{3.6}$$

und lässt für jede „echte" Netzebenenschar *(hkl)* mit Abstand d zusätzlich fiktive Netzebenen mit dem Abstand $d/2, d/3, \ldots d/n$ zu, so lässt sich jeder Reflex nur durch Angabe der Indices *hkl* charakterisieren. Diesen neuen fiktiven Netzebenen entsprechen nun natürlich neue Indices *hkl*: Will man z. B. für eine Netzebene (211) die zweite Beugungsordnung beschreiben, so definiert man eine zusätzliche Netzebene mit dem halben Netzebenenabstand. Diese hat gegenüber der ursprünglichen echten natürlich die halben Achsenabschnitte, also bekommt sie die doppelten Indices (422). Allgemein wird die n-te Beugungsordnung, die von einer Netzebene *(hkl)* stammt, durch die fiktiven Netzebenen *(nh nk nl)* mit den Netzebenenabständen d/n angegeben. Reflexe von „echten" Netzebenen besitzen bei den Indices *hkl* keinen gemeinsamen Teiler, hat ein Reflex *hkl* einen gemeinsamen Teiler n, so gibt dieser die Beugungsordnung an. In der Praxis spielen Reflexe höherer Beugungsordnung eine große Rolle, sie können durchaus stärker sein als der Reflex 1. Ordnung, der oft ganz fehlt (s. Abschn. 6.6.2). Bei großen Gitterkonstanten können z. B. noch Reflexe mit Beugungsordnungen von über 50 beobachtet werden.

Maximale Reflexzahl Man sieht, dass – zumindest im unendlichen Translationsgitter – die Zahl der Netzebenen *(hkl)*, auch ohne Einbeziehung der höheren Beugungsordnungen, ins Unendliche geht. Wieviele der möglichen Reflexe nun tatsächlich beobachtbar sind, hängt von der verwendeten Wellenlänge ab: Geht man zu immer höheren Indices, so nehmen die Abstände d immer mehr ab, und nach der Braggschen Gleichung (Gl. 3.5) steigen die Beugungswinkel 2θ immer mehr an. Die Grenze, also das minimale d ist erreicht, wenn bei senkrechtem Einfall gerade noch der Gangunterschied von λ erreicht wird. Dies ist der Fall, wenn $d = \lambda/2$ ist. In der umgeformten Braggschen Gleichung (Gl. 3.7)

$$\sin\theta = \lambda/2d \qquad\qquad (3.7)$$

bedeutet dies, dass für den $\sin\theta$ der Grenzwert von 1 erreicht ist. In der Praxis können bei einer Kristallstruktur mit durchschnittlich großer Elementarzelle immerhin viele Tausend Reflexe auftreten, je größer die Elementarzelle, desto mehr Reflexe sind möglich.

3.7   Die quadratische Braggsche Gleichung

Für die Berechnung der Beugungswinkel 2θ ist die Kenntnis der Netzebenenabstände erforderlich. Sie hängen von den Indices *hkl* der Netzebene ab und von den Abmessungen des Translationsgitters. Kennt man die Elementarzelle des Kristalls, so kann man für jede Ebene *(hkl)* den Netzebenenabstand d über die Achsenabschnitte $1/h$, $1/k$, $1/l$ berechnen. Da diese als Bruchteile der Gitterkonstanten angegeben werden, muss man zuerst mit a, b, c multiplizieren, um zu Längeneinheiten zu gelangen. Für ein rechtwinkliges zweidimensionales System (Abb. 3.11) ist d einfach zu ermitteln: Im Dreieck mit der

Abb. 3.11 Zur Berechnung des Netzebenenabstandes d für eine Netzebene *hkl* im (2-dim.) orthogonalen System

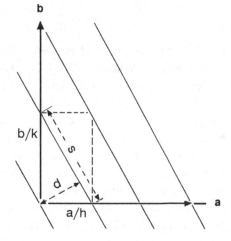

Hypotenuse s gilt nach dem Satz des Pythagoras

$$s^2 = \frac{a^2}{h^2} + \frac{b^2}{k^2} \tag{3.8}$$

Andererseits gilt für die Dreiecksfläche F:

$$2F = \frac{a}{h} \cdot \frac{b}{k} = s \cdot d \tag{3.9}$$

Quadriert man Gl. 3.9 und setzt s^2 aus Gl. 3.8 ein, so ergibt sich

$$\frac{a^2}{h^2} \cdot \frac{b^2}{k^2} = \left(\frac{a^2}{h^2} + \frac{b^2}{k^2} \right) \cdot d^2$$

oder

$$\frac{1}{d^2} = \frac{\frac{a^2}{h^2} + \frac{b^2}{k^2}}{\frac{a^2}{h^2} \cdot \frac{b^2}{k^2}} = \frac{h^2}{a^2} + \frac{k^2}{b^2} \tag{3.10}$$

Dehnt man auf ein dreidimensionales rechtwinkliges z. B. orthorhombisches System aus, so ergibt sich analog Gl. 3.11

$$\frac{1}{d^2} = \frac{h^2}{a^2} + \frac{k^2}{b^2} + \frac{l^2}{c^2} \tag{3.11}$$

Im allgemeinen schiefwinkligen Fall kommen durch Anwendung des Cosinus-Satzes trigonometrische Glieder hinzu, die die Winkel in der Elementarzelle berücksichtigen. Im monoklinen Kristallsystem gilt dann z. B.

$$\frac{1}{d^2} = \frac{h^2}{a^2 \sin^2 \beta} + \frac{k^2}{b^2} + \frac{l^2}{c^2 \sin^2 \beta} - \frac{2hl \cos \beta}{ac \sin^2 \beta} \tag{3.12}$$

Damit kann man also für jede Netzebene *(hkl)* bei Kenntnis der Elementarzelle den Netzebenenabstand d und mit Hilfe der Braggschen Gleichung (Gl. 3.5) auch den Beugungswinkel 2θ berechnen. Kombiniert man beide Gleichungen, so erhält man die sog. *quadratische Form der Braggschen Gleichung*, die mit ihren für höher symmetrische Kristallsysteme vereinfachten Varianten in Tab. 3.3 aufgeführt ist. Diese Beziehungen sind auch nützlich, um aus geeigneten Reflexen (z. B. aus Pulveraufnahmen) bei experimentell ermitteltem Beugungswinkel 2θ und bekannten Indices *hkl* Gitterkonstanten zu berechnen.

Tab. 3.3   Die quadratischen Braggschen Gleichungen in den 7 Kristallsystemen

$$\sin^2 \theta = \frac{\lambda^2}{4} \left[h^2 a^{*2} + k^2 b^{*2} + l^2 c^{*2} + 2kl b^* c^* \cos\alpha^* \right.$$

$$\left. + 2lh c^* a^* \cos\beta^* + 2hk a^* b^* \cos\gamma^* \right]$$

Triklin

$$a^* = \frac{1}{V} bc \sin\alpha, \quad \cos\alpha^* = \frac{\cos\beta \cos\gamma - \cos\alpha}{\sin\beta \sin\gamma}$$

$$b^* = \frac{1}{V} ca \sin\beta, \quad \cos\beta^* = \frac{\cos\gamma \cos\alpha - \cos\beta}{\sin\gamma \sin\alpha}$$

$$c^* = \frac{1}{V} ab \sin\gamma, \quad \cos\gamma^* = \frac{\cos\alpha \cos\beta - \cos\gamma}{\sin\alpha \sin\beta}$$

$$V = abc \sqrt{1 + 2\cos\alpha \cos\beta \cos\gamma - \cos^2\alpha - \cos^2\beta - \cos^2\gamma}$$

Monoklin	$\sin^2 \theta = \dfrac{\lambda^2}{4} \left[\dfrac{h^2}{a^2 \sin^2\beta} + \dfrac{k^2}{b^2} + \dfrac{l^2}{c^2 \sin^2\beta} - \dfrac{2hl \cos\beta}{ac \sin^2\beta} \right]$
Orthorhombisch	$\sin^2 \theta = \dfrac{\lambda^2}{4} \left[\dfrac{h^2}{a^2} + \dfrac{k^2}{b^2} + \dfrac{l^2}{c^2} \right]$
Tetragonal	$\sin^2 \theta = \dfrac{\lambda^2}{4a^2} \left[h^2 + k^2 + \left(\dfrac{a}{c}\right)^2 l^2 \right]$
Hexagonal und trigonal	$\sin^2 \theta = \dfrac{\lambda^2}{4a^2} \left[\dfrac{4}{3}(h^2 + k^2 + hk) + \left(\dfrac{a}{c}\right)^2 l^2 \right]$
Kubisch	$\sin^2 \theta = \dfrac{\lambda^2}{4a^2} \left[h^2 + k^2 + l^2 \right]$

Das reziproke Gitter

4

Bei Kenntnis der Elementarzelle eines Kristalls ist man also in der Lage, alle möglichen Netzebenen (*hkl*) zu konstruieren und über ihre Netzebenenabstände *d* die Beugungswinkel der zugehörigen Reflexe *hkl* zu berechnen. Die Information über die räumliche Lage jeder Ebene steckt dabei in ihren Indices (*hkl*). Will man für das Ziel der Strukturbestimmung möglichst viele Reflexe vermessen, so muss für jeden die Orientierung des Kristalls zum Röntgenstrahl entsprechend der räumlichen Lage der Netzebene so eingestellt werden, dass die Braggsche Beugungsbedingung erfüllt ist und der ausfallende Strahl das Detektorsystem trifft.

4.1 Vom realen zum reziproken Gitter

Da es rasch sehr unübersichtlich wird, wenn man viele Netzebenen gleichzeitig darstellen will, bietet es sich an, jede Netzebenenschar durch einen Vektor *d* zu beschreiben, der die Richtung ihrer Flächennormale und die Länge des Netzebenenabstandes besitzt. Dann entspricht jedem, auf einem Detektor quasi punktförmig beobachtbaren Reflex ein Punkt im Achsensystem der Elementarzelle, nämlich der Endpunkt des entsprechenden *d*-Vektors. Wegen des reziproken Zusammenhangs $|d| \sim 1/\sin\theta$ werden diese *d*-Vektoren jedoch um so kürzer (Abb. 4.1a), je höher die *hkl*-Indices und damit die Beugungswinkel werden (im einfachen Beispiel eines orthorhombischen Kristalls gilt die schon bekannte Gl. 3.11). Alle *d*-Vektoren von Netzebenen mit positiven Indizes enden deshalb innerhalb der Elementarzelle. Außerdem ist ihre Richtung nicht einfach zu konstruieren, da sie über die Achsenabschnitte a/h, b/k, c/l, also wiederum über einen reziproken Zusammenhang mit den Indices *hkl* definiert ist. Dies alles lässt sich sehr vereinfachen, wenn man statt der Größen *d*, *a*, *b*, *c* des realen Gitters reziproke Einheiten verwendet, die in *orthogo-*

© Springer Fachmedien Wiesbaden 2015
W. Massa, *Kristallstrukturbestimmung*, Studienbücher Chemie,
DOI 10.1007/978-3-658-09412-6_4

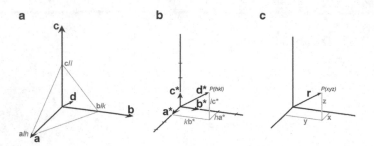

Abb. 4.1 **a** d-Vektor im realen Gitter (Beispiel für Netzebene (122), Maßstab 10^8); **b** d^*-Vektor im reziproken Gitter (Maßstab $8 \cdot 10^{-8}$ cm^2); **c** Vergleich mit der Abstandsgleichung

nalen Systemen wie im folgenden orthorhombischen Beispiel einfach über die Kehrwerte definiert sind (Gl. 4.2):

$$\frac{1}{d^2} = \frac{h^2}{a^2} + \frac{k^2}{b^2} + \frac{l^2}{c^2} \tag{4.1}$$

$$d^* = \frac{1}{d}, \quad a^* = \frac{1}{a}, \quad b^* = \frac{1}{b}, \quad c^* = \frac{1}{c} \tag{4.2}$$

Damit erhält man die gegenüber (4.1) viel einfachere Gleichung (4.3)

$$d^{*2} = h^2 a^{*2} + k^2 b^{*2} + l^2 c^{*2} \tag{4.3}$$

Sie hat die Form der Abstandsgleichung (4.4)

$$r^2 = x^2 + y^2 + z^2 \tag{4.4}$$

So wie man in einem kartesischen Koordinatensystem den Abstandsvektor r eines Punktes mit den Koordinaten x, y, z angeben und nach Gl. 4.4 seinen Betrag berechnen kann, so kann man in einem Koordinatensystem mit den reziproken Einheiten a^*, b^*, c^* als Einheitsvektoren einen reziproken Netzebenenabstands-Vektor d^* einfach durch seine Koordinaten h, k, l darstellen und seine Länge nach Gl. 4.3 berechnen (Abb. 4.1b, c).

Da die Indices *hkl* stets ganzzahlig sind, erhält man bei der Darstellung aller Netzebenen durch die Endpunkte ihrer d^*-Vektoren wieder ein echtes Gitter, das durch dreidimensionales Aneinanderreihen der reziproken Basisvektoren a^*, b^*, c^* entsteht. Die Basisvektoren sind die d^*-Vektoren der Netzebenen (100), (010) und (001). Die kleinste dreidimensionale Masche kann man auch die reziproke Elementarzelle nennen, das durch deren Aneinanderreihen entstehende Gitter nennt man das *reziproke Gitter*. Im Gegensatz dazu nennt man das aus den Basisvektoren a, b, c aufgespannte Translationsgitter auch das *reale Gitter*. Die Verhältnisse sind etwas komplizierter, wenn man schiefwinklige Achsensysteme betrachtet: dort sind die Netzebenennormalen der (100)–, (010)– und

Abb. 4.2 Reale und reziproke
Zelle im monoklinen Kristallsystem

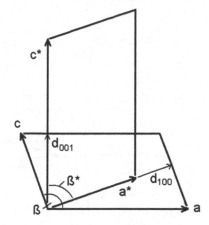

(001)-Ebenen und damit die reziproken Achsen a^*, b^*, c^* nicht mehr parallel zu den realen Achsen a, b und c (Abb. 4.2).

So steht z. B. die a^*-Achse senkrecht auf der realen b, c-Ebene. Allgemein stehen die *reziproken Achsen senkrecht auf realen Ebenen* und umgekehrt die *realen Achsen senkrecht auf den* aus zwei reziproken Achsen aufgespannten *"reziproken Ebenen"*. Wegen der Ableitung über Flächennormalen erfolgt die korrekte mathematische Definition der reziproken Achsen über die Vektorprodukte der entsprechenden realen Achsen (Gl. 4.5). Da diese die Dimension einer Fläche haben, muss durch das Volumen der Elementarzelle dividiert werden, um zu den reziproken Längeneinheiten zu gelangen:

$$a^* = \frac{b \times c}{V}, \quad b^* = \frac{c \times a}{V}, \quad c^* = \frac{a \times b}{V} \tag{4.5}$$

Das reziproke Gitter bietet eine sehr übersichtliche Möglichkeit, die Gesamtheit der Netzebenen (*hkl*) und damit der möglichen Reflexe eines Kristalls räumlich darzustellen (Abb. 4.3).

Jedem Punkt im reziproken Gitter entspricht ein möglicher Reflex *hkl*. Die d^*-Vektoren nennt man auch *Streuvektoren*. Schreibt man einem reziproken Gitterpunkt die jeweilige Reflexintensität zu, so kommt man zum sogenannten *intensitätsgewichteten reziproken Gitter*, das das gesamte „Beugungsbild" eines Kristalls repräsentiert. Es ist, vor allem hinsichtlich der Ableitung der verschiedenen Techniken, diese Reflexe „abzubilden" (Kap. 7), nützlich, dieses dreidimensionale Gitter in Gedanken in *„reziproke Ebenen"* oder *„reziproke Geraden"* zu zerlegen. Auf reziproken Ebenen, die parallel zu zwei reziproken Basisvektoren sind, ist jeweils ein Index konstant. Man spricht deshalb z. B. von einer *hk*0-Ebene oder 0. Schicht in c^*-Richtung und entsprechend der 1. Schicht oder *hk*1-Ebene. Auf reziproken Geraden durch den Nullpunkt, z. B. der *h*00- oder *hh*0-Geraden (Bedingung $h = k$!) liegt derjenige reziproke Gitterpunkt dem Ursprung am nächsten, der den Reflex einer „echten" Netzebene repräsentiert und nach außen hin folgen die ihrer höheren Beugungsordnungen (vgl. Abschn. 3.6).

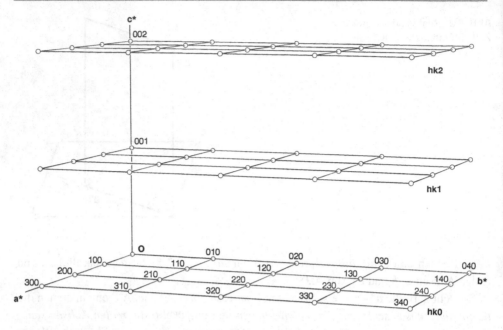

Abb. 4.3   Beispiel eines reziproken Gitters, aufgeteilt in Schichten entlang c^*

4.2 Ewald-Konstruktion

Dass das reziproke Gitter nicht nur anschauliche Hilfskonstruktion zur geordneten Darstellung der Netzebenenvielfalt eines Kristalls ist, sondern sogar besonders geeignet ist, die praktische Durchführung von Beugungsexperimenten zu beschreiben, wird deutlich, wenn man die sog. *Ewald-Konstruktion* einführt (Abb. 4.4).

Im linken Teil ist im *realen* Gitter die Reflexion an einer Netzebene skizziert. Wenn der Winkel θ der Braggschen Gleichung für d gehorcht, kann unter dem Winkel 2θ zum Strahl ein Reflex beobachtet werden. Im rechten Teil der Abbildung ist derselbe Vorgang mit der *reziproken* Größe d^* dargestellt: Schreibt man die Braggsche Gleichung in der Form (Gl. 4.6)

$$\sin\theta = \frac{d^*/2}{1/\lambda} \qquad (4.6)$$

so lässt sich der Winkel θ vom Ort des Kristalls K aus in einem rechtwinkligen Dreieck gemäß der Beziehung $\sin\theta = $ Gegenkathete/Hypotenuse geometrisch konstruieren. Dazu muss man sich zuerst auf einen beliebigen Abbildungsmaßstab (mit der Dimension einer Fläche) festlegen. Auf der – die Richtung des Primärstrahls angebenden – Geraden von K aus kann man nun die Größe $1/\lambda$ abtragen. Konstruiert man über dieser Hypotenuse ein rechtwinkliges Dreieck mit Gegenkathete $d^*/2$ (gegenüber K), so fällt die Ankathete mit der Netzebene im realen Bild zusammen. Dies muss natürlich so sein, da die d^*-

Abb. 4.4 Die Ewald-Konstruktion

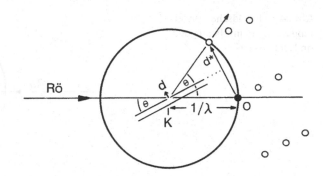

Vektoren ja über Netzebenennormalen definiert sind. Verdoppelt man $d^*/2$ auf d^*, so sieht man, dass der reziproke Streuvektor als Sekante in einem Kreis um K mit Radius $1/\lambda$ auftritt. Der Strahl von K durch den Endpunkt des d^*-Vektors gibt dann die Richtung des Reflexes an. Gültigkeit der Braggschen Gleichung für eine bestimmte Netzebene mit Abstand d bedeutet also, dass der zugehörige Streuvektor d^* auf einem Kreis mit Radius $1/\lambda$ um K enden muss. Diesen Kreis nennt man nach dem Urheber dieser Konstruktion den Ewaldkreis bzw. – auf drei Dimensionen übertragen – die *Ewaldkugel*.

So wie man am Ort des Kristalls K viele andere Netzebenen einzeichnen könnte, die nicht in Reflexionsstellung sind, kann man von Punkt O aus die entsprechenden Streuvektoren d^* einzeichnen, die nun nicht auf dieser Kugel enden. Am Punkt O befindet sich also nichts anderes als der Ursprung des *reziproken Gitters*. Den Vorgang, wie man z. B. durch Drehen des Kristalls um Punkt K eine Netzebene nach der anderen in die Reflexionsstellung bringt, kann man im reziproken Raum dadurch beschreiben, dass man das reziproke Gitter analog um den Punkt O dreht, bis ein Streuvektor d^* nach dem anderen auf der Ewaldkugel endet. Immer dann ist unter dem zugehörigen Winkel 2θ ein Reflex zu beobachten. Während die Bewegung des realen Kristalls und des reziproken Gitters wegen der Parallelität der d- und d^*-Vektoren völlig parallel erfolgt, hat man die kleine gedankliche Schwierigkeit zu überwinden, dass die Drehpunkte K bzw. O räumlich getrennt sind.

Bei den heutigen Einkristalldiffraktometern (s. Kap. 7) geschieht beim Messvorgang genau dies. Durch schrittweise Drehung des Kristalls werden nacheinander die Punkte des reziproken Gitters auf einen Detektor projiziert. So werden die genauen Abmessungen des reziproken Gitters und die Intensitäten der zugeordneten Reflexe *hkl* registriert, – das *Beugungsbild* des Kristalls.

Eine alternative Methode, die geometrischen Beugungsbedingungen graphisch darzustellen, verwendet statt der *Ewald-Kugel* mit $R = 1/\lambda$ die dimensionslose Einheitskugel mit $R = 1$ (Abb. 4.5). Dafür muss der Streuvektor d^* nun entsprechend der umgeformten Gl. 4.6a

$$\sin \theta = \frac{d^* \cdot \lambda/2}{1} \tag{4.6a}$$

Abb. 4.5 Ewaldsche Darstellung der Beugungsbedingung im Einheitskreis

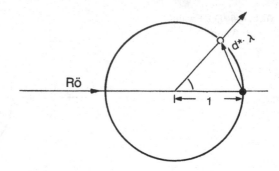

mit der Wellenlänge λ multipliziert werden, wodurch eine nun ebenfalls dimensionslose Größe entsteht, die in *reziproken Gittereinheiten r.l.u. ('reciprocal lattice units')* angegeben wird.

Im vorliegenden Text wird die eigentliche Ewald-Konstruktion (Abb. 4.4) vorgezogen, da sie das reziproke Gitter als konstante Kristalleigenschaft belässt. Dadurch lässt sich z. B. der Einfluss der Wellenlänge – Änderung des Radius der Ewald-Kugel – auf die Abbildungsgeometrie im Beugungsbild anschaulicher wiedergeben.

Strukturfaktoren

5

Nachdem im vorigen Kapitel geklärt wurde, unter welchen geometrischen Bedingungen im Raum Reflexe auftreten können, soll nun die Frage behandelt werden, wie die Intensitäten der einzelnen Reflexe *hkl* zustande kommen. Dabei wird deutlich werden, weshalb man aus den gemessenen Intensitäten einer Vielzahl von Reflexen auf die Atomanordnung in der Elementarzelle schließen kann.

5.1 Atomformfaktoren

Zuerst soll eine Atomsorte herausgegriffen und die Streuung wieder an einer „Einatom-Struktur" mit Streuzentren nur an den Punkten des Translationsgitters betrachtet werden. Da die Streuung der Röntgenstrahlung *an der Elektronenhülle* erfolgt, ist *die Amplitude der gestreuten Welle* in erster Linie *proportional zur Elektronenzahl*, also der Ordnungszahl des betreffenden Elements. Da jedoch die radiale Ausdehnung der Elektronenhülle durchaus in die Größenordnung der Wellenlänge unserer Röntgenstrahlung reicht, gilt das Bild punktförmiger Streuzentren, das wir bei der Ableitung der Laue- bzw. Braggschen Gleichungen benutzt haben, nicht streng. Denkt man sich die Elektronenhülle in kleine Volumeninkremente aufgeteilt, so ist einerseits deren individuelle Streukraft wichtig. Sie erhält man, indem man durch *quantenmechanische Rechnungen* (nach der Hartree-Fock-Methode, bei den schwersten Elementen nach der Dirac-Statistik) die Radialverteilung der Elektronendichte berechnet. Andererseits ist der (senkrechte) Abstand des betrachteten Volumenelements von der jeweils reflektierenden Netzebenenfläche wichtig, denn nur Streuzentren genau auf der Netzebenenfläche sind bei korrekter Einstrahlung unter dem Braggschen θ-Winkel in Phase. Bewegt man in Gedanken ein Streuzentrum von der einen Ebene einer Netzebenenschar zur nächst tiefer gelegenen (Abstand d), so durchläuft die davon ausgehende Streuwelle, bezogen auf die Ausgangsebene, Phasenverschiebungen von 0 bis λ, in Phasenwinkeln ausgedrückt 0 bis 360° bzw. im Bogenmaß 0 bis 2π. Ein Abstand δ von der Ideallage führt also zu einer Phasenverschiebung von $\delta \cdot 2\pi / d$, die umso

© Springer Fachmedien Wiesbaden 2015
W. Massa, *Kristallstrukturbestimmung*, Studienbücher Chemie,
DOI 10.1007/978-3-658-09412-6_5

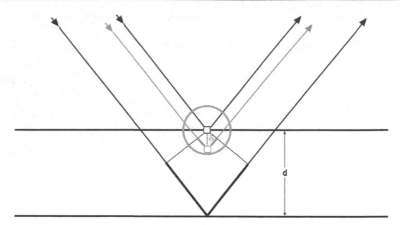

Abb. 5.1 Phasenverschiebung bei Streuung an unterschiedlichen Orten innerhalb der Elektronenhülle

größer wird, je kleiner der Netzebenenabstand d (oder, nach der Braggschen Gleichung, je größer $\sin\theta/\lambda$ ist (Abb. 5.1).

Summiert man über die Beiträge aller Volumeninkremente unter Berücksichtigung dieser Phasenverschiebungen, so bekommt man deshalb mit zunehmendem Beugungswinkel 2θ *abnehmende Streuamplituden f* der Atome (Abb. 5.2). Sie sind auf Elektronenzahlen normiert, bei $\theta \rightarrow 0$ nimmt f den Wert der Ordnungszahl an. Die Winkelabhängigkeit variiert mit der Elektronendichteverteilung der verschiedenen Atome, der „Atomform"; man nennt diese winkelabhängigen atomaren Streuamplituden deshalb auch *Atomformfaktoren f*. Diese Werte sind für fast alle Atome und Ionen in Tabellenform und in Polynomform mit 9 Parametern pro Atom tabelliert (Int. Tables C [4], Tab. 6.1.1.1-5) und in den modernen Programmsystemen für Kristallstrukturrechnungen bereits enthalten. Dass diese theoretisch berechneten Streuamplituden durch das Experiment meist innerhalb weniger Prozent bestätigt werden, kann man auch als überzeugenden experimentellen Beleg für die Qualität quantenmechanischer ab-initio-Rechnungen sehen: normalerweise liegen die Fehler hier mehr auf Seiten des Experiments.

Betrachtet man den Kurvenverlauf der Atomformfaktoren in Abb. 5.2, so versteht man einerseits, weshalb im Mittel die Intensitäten der Reflexe mit steigendem Beugungswinkel stark abfallen: bei „Leichtatomstrukturen", z. B. bei rein organischen Verbindungen, lohnt es meist nicht, bis zu höheren θ-Winkeln als 28° für MoK$_\alpha$- bzw. 70° bei CuK$_\alpha$-Strahlung zu messen. Andererseits sieht man ein, warum H-Atome röntgenographisch meist nur mit geringer Genauigkeit lokalisiert werden können, neben sehr schweren Atomen wie z. B. im UH$_3$ überhaupt nicht.

Da die „Rumpf-Elektronen" der inneren abgeschlossenen Schalen wesentlich höhere Elektronendichten zeigen als die auf einen großen Raum „verschmierten" äußeren Valenzelektronen, ist der Streuunterschied zwischen einem Neutralatom und seinen Ionen schon bei mittleren Beugungswinkeln nur sehr gering. Man verwendet fast ausschließlich die Atomformfaktoren der Neutralatome.

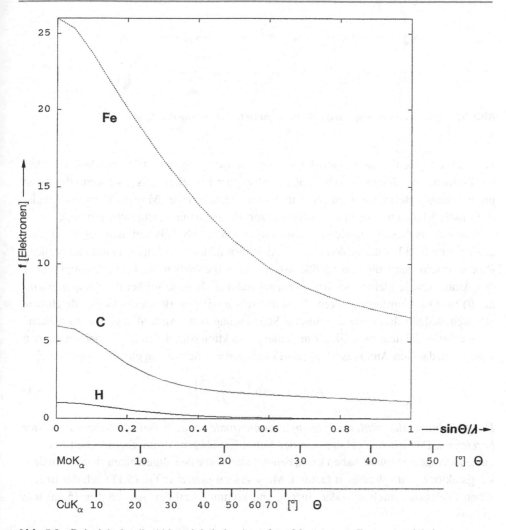

Abb. 5.2   Beispiele für die Abhängigkeit der Atomformfaktoren vom Beugungswinkel

5.2   Auslenkungsparameter

Bisher wurde davon ausgegangen, dass die Atome im Kristall auf fixierten Lagen sitzen, die durch die Punkte des Translationsgitters beschrieben werden können. Dann liegen sie auch mit ihrem Schwerpunkt genau auf den Netzebenen. Nun führen aber in Wirklichkeit die Atome mehr oder weniger starke Schwingungen um diese Nullpunktslage aus. Der Röntgenstrahl besteht aber aus einer Abfolge von lauter sehr kurzen „Röntgenblitzen" (Dauer ca. 10^{-18} s), denn jeder Einschlag eines Elektrons auf die Anode der Röntgenröhre setzt ein Röntgenquant frei, das man sich anschaulich als kurzen (wenige 100 Å, 10 nm langen) *kohärenten Wellenzug* vorstellen kann. Diese Belichtungsdauer ist wesentlich kür-

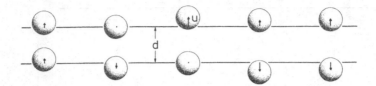

Abb. 5.3 Phasenverschiebungen durch die thermische Bewegung der Atome

zer als die typische Dauer einer thermischen Schwingung (ca. 10^{-14} s). Man summiert
(und mittelt) zwar über eine sehr große Zahl solcher Einzelereignisse während der meist
minutenlangen Belichtungszeit für eine Aufnahme, aber jede „Momentaufnahme" registriert natürlich den momentanen Aufenthaltsort der Elektronendichteschwerpunkte.

Dadurch erscheinen die Netzebenen „aufgerauht" (Abb. 5.3) und man bekommt ganz
analog zum Bild bei der Ableitung des Atomformfaktors f (Abb. 5.1) eine zusätzliche
Phasenverschiebung, die umso größer ist, je größer die mittlere Auslenkungsamplitude u
des Atoms und je kleiner der Netzebenenabstand d (bzw. je größer der Beugungswinkel θ) ist. Die Atomformfaktoren, die selbst schon mit dem Beugungswinkel abnehmen,
erfahren deshalb durch die thermische Schwingung bzw. Auslenkung eine zusätzliche
Schwächung, die man nach Gl. 5.1 mit einer e-Funktion berücksichtigt. Dabei nimmt man
vorerst an, dass das Atom „isotrop", also in allen Raumrichtungen gleich stark schwingt.

$$f' = f \cdot \exp\left\{\frac{-2\pi^2 u^2}{d^2}\right\} \qquad (5.1)$$

*Das Quadrat u^2 der mittleren Schwingungsamplitude wurde früher als Temperaturfaktor
bezeichnet.* Da eine Auslenkung von der Mittellage aber außer der thermischen Schwingung auch andere Gründe haben kann, benutzt man heute den allgemeinen Begriff Auslenkungsfaktor U (‚displacement factor'). Meist ersetzt man d in Gl. (5.1) nach der Braggschen Gleichung durch d^* oder $\sin\theta/\lambda$ und kommt so zu den Ausdrücken (5.1a) und
(5.1b):

$$f' = f \cdot \exp\left\{-2\pi^2 U d^{*2}\right\} \qquad (5.1a)$$

$$f' = f \cdot \exp\left\{-8\pi^2 U \frac{\sin^2\theta}{\lambda^2}\right\} \qquad (5.1b)$$

Oft wird auch der Faktor $8\pi^2$ in (5.1b) mit in den isotropen Auslenkungsfaktor einbezogen
(Gl. 5.2), der als „*Debye-Waller-Faktor*" B auch in anderen Sparten der Physik eine Rolle
spielt.

$$f' = f \cdot \exp\left\{-B \cdot \frac{\sin^2\theta}{\lambda^2}\right\} \qquad (5.2)$$

Wesentlich komplizierter wird es, wenn man statt der isotropen eine *anisotrope Schwingung bzw. Auslenkung* beschreiben will. Dann können abhängig von der Raumrichtung

verschieden starke Auslenkungsamplituden auftreten, was in der Realität die Regel ist. Beispielsweise wird das O-Atom einer Carbonylgruppe in Richtung der C = O-Bindung wesentlich weniger schwingen als senkrecht dazu. Zur Beschreibung einer solchen raumabhängigen Größe verwendet man einen Tensor, d. h. eine Größe, die durch Länge und Richtung dreier senkrecht zueinander stehender Vektoren definiert ist. Die anisotrope Auslenkung wird dann durch ein sog. *Auslenkungs- oder Schwingungsellipsoid* mit drei Hauptachsen U_1, U_2 und U_3 beschrieben. Dessen Form und Lage wird durch die 6 U^{ij}-Parameter in Gl. 5.3 angegeben, die sich von Gl. 5.1a dadurch ableitet, dass der Streuvektor $d*$ durch seine Komponenten im reziproken Gitter dargestellt wird (siehe Gl. 4.3, auf schiefwinklige Systeme ausgedehnt).

$$f' = f \cdot e^{-2\pi^2(U^{11}h^2a*^2+U^{22}k^2b*^2+U^{33}l^2c*^2+2U^{23}klb*c*+2U^{13}hla*c*+2U^{12}hka*b*)} \qquad (5.3)$$

An jeder der 6 Komponenten wird ein Auslenkungsfaktorbeitrag angebracht. In einem rechtwinkligen Achsensystem entsprechen die Glieder U^{11}, U^{22} und U^{33} direkt den Hauptachsen des *Auslenkungsellipsoids* U_1, U_2 und U_3, also den mittleren Auslenkungsquadraten. Die gemischten U^{ij}-Glieder definieren dessen Lage zu den reziproken Achsen. In schiefwinkligen Systemen übernehmen sie auch Beiträge zur Länge der Hauptachsen. Die U^{ij}-Werte werden in Einheiten von $Å^2$ bzw. 10^{-20} m^2 angegeben und liegen zwischen etwa 0.005 und 0.02 bei schwereren Atomen in anorganischen Festkörperstrukturen. In typischen, z. B. organischen Molekülstrukturen liegen sie bei ca. 0.02 bis 0.06 und gehen bis 0.1–0.2 bei „leicht schwingenden" endständigen Atomen. Sie nehmen ab, wenn man bei tiefer Temperatur misst. Die Auslenkungsparameter aller Atome werden im Laufe einer Kristallstrukturbestimmung als „Fit-Parameter" experimentell bestimmt. In den meisten Zeitschriften werden, wenn überhaupt, aus Platzgründen nur „äquivalente isotrope Auslenkungsparameter U_{eq}" publiziert. Diese Werte sind nachträglich aus den anisotropen Parametern zurückberechnet [12], darauf wird in Kap. 9 noch näher eingegangen. Bei der Zeichnung von Strukturen werden die Atome gerne durch ihre Auslenkungsellipsoide dargestellt (z. B. in den Progammen ORTEP, PLATON, SHELXTL, DIAMOND oder MERCURY, siehe Abschn. 12.4). Dazu werden die Auslenkungsquadrate U entlang der Hauptachsen in die mittleren Auslenkungsamplituden $\sqrt{U_1}, \sqrt{U_2}$ und $\sqrt{U_3}$ umgerechnet und so skaliert, dass das Ellipsoid eine bestimmte *Aufenthaltswahrscheinlichkeit des Elektronendichteschwerpunkts*, üblicherweise 50 %, umschreibt (Abb. 5.4).

Früher wurden die Komponenten des anisotropen Auslenkungsfaktors mit tiefgestellten Indices U_{ij} geschrieben. In der älteren Literatur und in manchen Programmen findet man auch oft statt der U^{ij}-Werte β_{ij}-Werte angegeben. Sie enthalten neben dem Faktor $2\pi^2$ auch noch die reziproken Achsen (Gl. 5.4). Dadurch sind die Auslenkungsparameter abhängig von der Elementarzelle und nicht mehr von Struktur zu Struktur direkt vergleichbar.

$$\beta_{11} = 2\pi^2 U^{11}a* \quad \text{u.s.w.} \qquad (5.4)$$

Erst dadurch, dass man die Einflüsse der räumlichen Ausdehnung der Elektronenhülle in der Winkelabhängigkeit der Atomformfaktoren berücksichtigt und die thermische

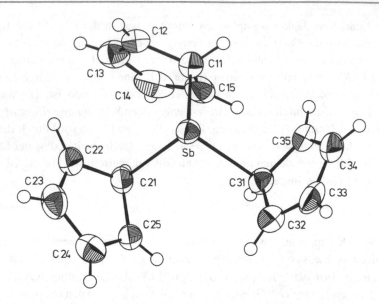

Abb. 5.4 Darstellung von Atomen durch ihre Auslenkungsellipsoide am Beispiel von $(C_5H_5)_3Sb$ (50 % Aufenthaltswahrscheinlichkeit). H-Atome sind als Kreise mit willkürlichem Radius gezeichnet

Schwingung der Atome durch den Auslenkungsfaktor beschrieben, wird es möglich, generell bei der theoretischen Berechnung von Streuamplituden die „punktförmigen" Mittellagen der Atome zu verwenden, die durch die Atomparameter x, y, z angeben werden.

5.3 Strukturfaktoren

Für eine „Einatom-Struktur" (Atom 1), mit einer Atomlage $x_1, y_1, z_1 = 0, 0, 0$ im Nullpunkt kann man nun die Streuamplitude $F_{c(1)}$ für jeden Reflex hkl berechnen, wenn man den Auslenkungsfaktor und die Elementarzelle kennt (dann ist der Beugungswinkel für jeden Reflex nach Tab. 3.3 zu berechnen). Man braucht nur den Wert des Atomformfaktors f_1 beim jeweiligen Beugungswinkel den Intern. Tables C, Tab. 6.1.1.1-5 zu entnehmen und mit der den Auslenkungsfaktorausdruck enthaltenden e-Funktion zu multiplizieren:

$$F_{c(1)} = f_1 \cdot \exp\left\{-2\pi^2 U d^{*2}\right\} \tag{5.5}$$

Nun geht es um die Frage, wie sich eine zweite Atomsorte (Atom 2) im Inneren der Elementarzelle auf die Streuamplituden auswirkt (Abb. 5.5):

Für das zweite Atom gilt natürlich dasselbe Translationsgitter wie für das erste, die Beugungsgeometrie ist also identisch. Hat man den Kristall für eine bestimmte Netzebene (hkl) unter dem richtigen Winkel θ zum Röntgenstrahl gestellt, so sind alle Atome der

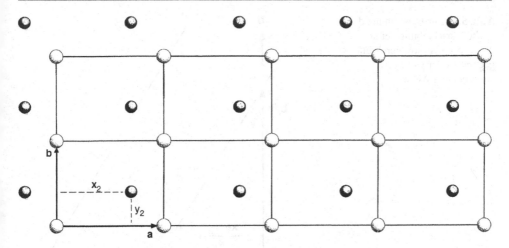

Abb. 5.5 Räumlich versetzte gleiche Translationsgitter in einer „Zweiatomstruktur"

Sorte 1 unter sich in Phase. Entsprechendes gilt für alle Atome der Sorte 2. Durch die räumliche Versetzung des zweiten Translationsgitters um den interatomaren Abstandsvektor x_2, y_2, z_2 zum Nullpunkt erleidet die zweite resultierende Streuwelle jedoch eine *Phasenverschiebung*, die sich nun, je nach Lage der Netzebene, für jeden Reflex verschieden auswirkt. Analog kann man natürlich für jede weitere Atomsorte n vorgehen. Ähnlich wie bei der Ableitung der Beugungswinkelabhängigkeit der Atomformfaktoren oder der Auslenkungsparameter geht der Abstand ein, den die Atomsorte n von der jeweiligen Netzebene aufweist. In Abb. 5.6 sind die Achsenabschnitte einer Netzebene hkl auf den Gitterkonstanten a und b der Elementarzelle eingezeichnet. Geht man entlang a oder b von einer Ebene der Schar zur nächsten, so durchläuft man Gangunterschiede von 0 bis 2π.

Man kann also die Phasenverschiebung Φ_n einer von der Atomsorte n ausgehenden Streuwelle bezogen auf den Nullpunkt der Elementarzelle einfach in 3 Komponenten aufteilen und diese nach dem Dreisatz ausrechnen, wenn man die aus den Atomparametern x_n, y_n, z_n resultierenden Verschiebungen $x_n a, y_n b, z_n c$ ins Verhältnis zu den Längen der Achsenabschnitte $a/h, b/k$ und c/l setzt:

$$\Delta\Phi_{n(a)} = 2\pi \frac{x_n a}{a/h}; \quad \Delta\Phi_{n(b)} = 2\pi \frac{y_n b}{b/k}; \quad \Delta\Phi_{n(c)} = 2\pi \frac{z_n c}{c/l}$$

Insgesamt resultiert dann für die Streuwelle der Atomsorte n eine Phasenverschiebung

$$\Phi_n = 2\pi(hx_n + ky_n + lz_n) \tag{5.6}$$

Durch die zusätzliche Phaseninformation ist die Streuwelle nun als *komplexe Größe* zu beschreiben. Man kann dies entweder durch eine Exponential-Funktion mit imaginärem

Abb. 5.6 Zur Berechnung der
Phasenverschiebung der an
Atomsorte 2 gestreuten Welle
gegenüber der von Sorte 1
ausgehenden Welle

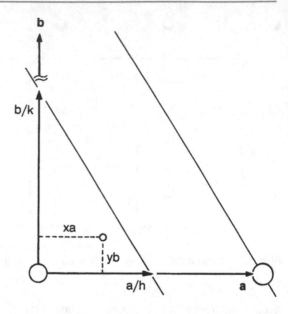

Exponenten tun (Gl. 5.7) oder indem man sie nach der *Eulerschen Formel* als Summe eines
Cosinus-Glieds, des Realteils A, und eines Sinus-Glieds, des Imaginärteils B, darstellt. In
der Gaußschen Zahlenebene tritt der Atomformfaktor dann als Vektorsumme von A und
B auf (Abb. 5.7).

$$F_c(\text{Atom } n) = f_n \cdot e^{i\Phi_n} \tag{5.7}$$

$$F_c(\text{Atom } n) = f_n(\cos\Phi_n + i\sin\Phi_n) = A_n + iB_n \tag{5.7a}$$

$$(A_n = f_n\cos\Phi_n; \quad B_n = f_n\sin\Phi_n)$$

Im entstandenen Dreieck kann man leicht den Zusammenhang zwischen Real- und Imaginärteil und dem Betrag der Streuamplitude bzw. der Phase (Gl. 5.8) anschaulich machen:

$$|F| = \sqrt{A^2 + B^2} \qquad \Phi = \arctan\frac{B}{A} \tag{5.8}$$

Abb. 5.7 Darstellung von
Streuwellen in der Gaußschen
Zahlenebene (r = reale, i =
imaginäre Achse)

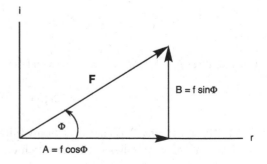

Abb. 5.8 Vektorielle Addition der Streuwellen der einzelnen Atomsorten zum Strukturfaktor F

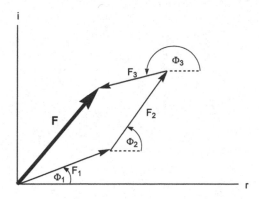

Dies gilt also jeweils für eine bestimmte Atomsorte n, die mit den Atomkoordinaten x_n, y_n, z_n vom Nullpunkt der Elementarzelle entfernt liegt. Für einen Reflex hkl überlagern sich nun die Streuwellen aller n Atome in der Elementarzelle unter Berücksichtigung ihrer individuellen Phasenverschiebungen. Die für die gesamte Struktur resultierende Streuwelle nennt man *Strukturfaktor F_c*; er ergibt sich für jeden Reflex hkl durch Summation nach Gl. 5.9.

$$F_c = \sum_n f_n \{\cos 2\pi(hx_n + ky_n + lz_n) + i \sin 2\pi(hx_n + ky_n + lz_n)\} \qquad (5.9)$$

In der Gaußschen Zahlenebene erhält man ihn durch Vektoraddition aller n individuellen Atomformfaktor-Vektoren (Abb. 5.8). Er gibt durch seinen Betrag die Amplitude der Streuwelle an, deren Quadrat man normalerweise als Intensität im Streuexperiment beobachten kann.

Der resultierende Phasenwinkel Φ ist analog Gl. 5.8 aus den Summen der Real- und Imaginärteile zu berechnen:

$$\Phi = \arctan\left(\frac{\sum_n f_n \sin \Phi_n}{\sum_n f_n \cos \Phi_n}\right) = \arctan\frac{\sum B_n}{\sum A_n} \qquad (5.10)$$

Er ist jedoch experimentell nicht direkt zugänglich, da bei der Messung der Reflex-Intensitäten prinzipiell keine Phaseninformation erhältlich ist und somit nur noch der Betrag der Amplituden ermittelt werden kann. Dieses fundamentale sog. *Phasenproblem der Röntgenstrukturanalyse* bedingt den in den späteren Kapiteln behandelten erheblichen Aufwand an „Strukturlösungs-Methoden".

Bevor dieses Problem diskutiert wird, soll jedoch zuerst auf eine Kristalleigenschaft eingegangen werden, die unter mehreren Gesichtspunkten sehr wichtig ist: die Symmetrie.

Symmetrie in Kristallen

6

Die Kenntnis und vollständige Beschreibung der Symmetrie im Kristall ist unter verschiedenen Gesichtspunkten wichtig: Weiß man z. B., dass in der Elementarzelle einer Struktur eine Spiegelebene liegt, so genügt es, die Lagen der Hälfte der Atome zu bestimmen, um die ganze Struktur zu kennen. Weiß man, dass das „Beugungsbild" des Kristalls ein Inversionszentrum besitzt, so kann man sich darauf beschränken, nur die Hälfte der möglichen Reflexe zu verwenden. Die Symmetrie im Kristall hat vielfach Einfluss auf seine physikalischen, wie etwa die optischen oder elektrischen Eigenschaften. Schließlich führt, wie später deutlich werden wird, die fehlerhafte Verwendung von Symmetrie zu oft gravierenden Fehlern bei Strukturbestimmungen, die nicht immer leicht zu erkennen sind. Es ist deshalb wesentlich, die Symmetrieeigenschaften im Kristall zu kennen und korrekt zu beschreiben.

6.1 Einfache Symmetrieelemente

Symmetrieelemente bezeichnen eine räumliche Beziehung, im Sinne einer (gedachten) Bewegung eines Körpers, deren Anwendung, die *Symmetrieoperation*, zu einer Anordnung führt, die von der Ausgangslage nicht zu unterscheiden ist. Die in Kristallen wichtigen einfachen Symmetrieelemente sind in Abb. 6.1 zusammengestellt. Sie werden in der Kristallographie durch die *Hermann-Mauguin-Symbole* gekennzeichnet, während in der Molekülspektroskopie noch die älteren *Schönflies-Symbole* (siehe Tab. 6.3) üblich sind. In den „*International Tables for Crystallography, Vol. A"* [1] werden die Lagen der Symmetrieelemente in der Elementarzelle auch durch graphische Symbole dargestellt, deren wichtigste in Abschn. 6.4, Tab. 6.2 zusammengestellt sind.

Die Operation des *Inversionszentrums (oder Symmetriezentrums)* $\bar{1}$ („eins quer" gesprochen) und der *Spiegelebene m* erzeugen aus einem Körper, z. B. einem Molekül, sein Spiegelbild, die der *Drehachsen* nicht. Bei letzteren können im Kristall nur die 2-, 3-, 4- und 6-zähligen Drehachsen (Symbole 2, 3, 4, 6) auftreten, da jedes Symmetrieelement

© Springer Fachmedien Wiesbaden 2015
W. Massa, *Kristallstrukturbestimmung*, Studienbücher Chemie,
DOI 10.1007/978-3-658-09412-6_6

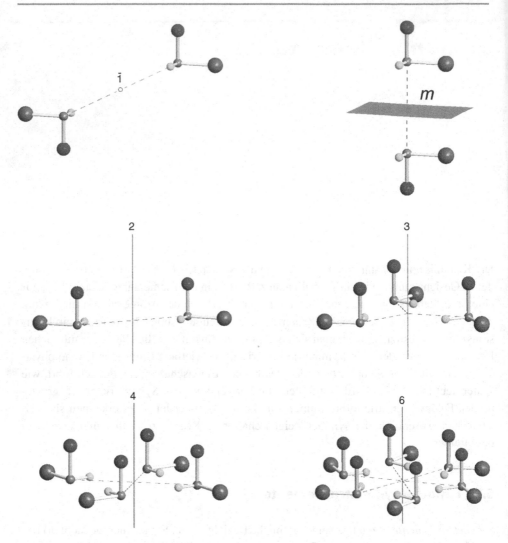

Abb. 6.1 Einfache kristallographische Symmetrieelemente: $\bar{1}$ Inversionszentrum, m Spiegelebene, 2-, 3-, 4-, 6-zählige Drehachsen

ja auch für das Translationsgitter gelten muss. Mit regulären 5-, 7-, 8 ... -eckigen Elementarzellen ist hingegen keine lückenlose Raumerfüllung möglich. Das bedeutet nicht, dass Baugruppen in der Elementarzelle z. B. keine fünfzählige Punktsymmetrie besitzen können. Dieses Symmetrieelement kann dann jedoch nicht Teil der Kristallsymmetrie sein und wird bei der Strukturbeschreibung nicht berücksichtigt (nur in Quasikristallen treten solche und höhere Drehachsen als intrinsische Symmetrieelemente auf (Abschn. 10.3)).

Die einfachen Symmetrieelemente kann man miteinander *koppeln* und *kombinieren*: Bei der *Kopplung* zweier Elemente wird der Zwischenzustand nach Ausführung der ersten Operation *nicht* realisiert, sondern sofort die zweite angeschlossen. Die beiden erzeugenden Elemente sind danach oft nicht mehr vorhanden. Bei der *Kombination* sind Zwischenzustand *und* Endzustand realisiert, beide beteiligten Symmetrieelemente existieren gleichzeitig nebeneinander.

6.1.1 Kopplung von Symmetrieelementen

Die Kopplung einer Drehachse mit einem auf dieser Achse liegenden Inversionszentrum nennt man Drehinversion. Bei der 2-zähligen Achse entsteht dabei nur zusätzlich eine senkrecht dazu stehende Spiegelebene, also kein neues Element (s. Abschn. 6.1.2). Erst bei den 3-, 4- und 6-zähligen Achsen treten neue Symmetrieelemente $\bar{3}, \bar{4}, \bar{6}$ auf, die sog. *Inversionsdrehachsen*. Am Beispiel der $\bar{4}$-Achse (sprich „vier-quer-Achse"), einem Symmetrieelement, das z. B. ein entlang einer 2-zähligen Achse verzerrtes Tetraeder beschreibt, sei dies näher erläutert (Abb. 6.2): Ein Motiv **1**, z. B. ein Ligandmolekül, wird durch die Operation der beteiligten 4-zähligen Achse um 90° gedreht zu **2**, dieser Zustand wird jedoch *nicht* realisiert, sondern erst das durch Inversion erzeugte Spiegelbild **3**. Die nun fortgesetzte Operation der 4-zähligen Achse führt nach Drehung um weitere 90° zu **4**, das wiederum nicht realisiert wird, sondern erst nach erneuter Inversion **5**. Dieselbe Prozedur führt über **6** zu **7** und, über **8**, wieder zum Ausgangszustand **1** zurück.

Analog lassen sich die in Abb. 6.2 mit aufgeführten $\bar{3}$- und $\bar{6}$-Achsen ableiten. Wichtig ist, dass, mit Ausnahme der $\bar{3}$-Achse, weder die Drehachsen selbst noch das Inversionszentrum dabei erhalten bleiben, die Kopplung reduziert z. B. die 4-zählige Achse in $\bar{4}$ zu einer 2-zähligen, die 6-zählige in $\bar{6}$ zu einer 3-zähligen Achse. Es sind also tatsächlich neue Symmetrieelemente entstanden.

Man kann sich durch Skizzen ähnlich Abb. 6.2 überzeugen, dass andere Kopplungsmöglichkeiten nicht zu neuen Symmetrieelementen führen: $m + \bar{1} \to 2; 2 + m \to \bar{1};$ $3 + m \to 3/m$ (s. u.); $4 + m \to \bar{4}, 6 + m \to \bar{3}$ (Drehspiegelung = Drehinversion!).

6.1.2 Kombination von Symmetrieelementen

Im Gegensatz zur Kopplung bleiben bei der *Kombination* die Eigenschaften beider erzeugender Symmetrieelemente erhalten, sie werden addiert. Kombiniert man eine Drehachse mit einer senkrecht dazu stehenden Spiegelebene, so schreibt man als Symmetriesymbol z. B. $2/m$ (sprich: „zwei über m").

Bei einer solchen Kombination können auch zusätzliche Symmetrieelemente entstehen, wie z. B. bei $2/m$ (Abb. 6.3) ein Inversionszentrum $\bar{1}$ im Schnittpunkt der 2-zähligen Achse mit der Spiegelebene. Solche zusätzlichen Elemente werden normalerweise nicht mit in das Symbol aufgenommen, ihr Vorhandensein kann jedoch wichtig sein. Darauf wird in Abschn. 6.4 noch näher eingegangen. Mit Hilfe der Gruppentheorie kann man zeigen, dass es für Kristalle genau 32 unterscheidbare Kombinationsmöglichkeiten

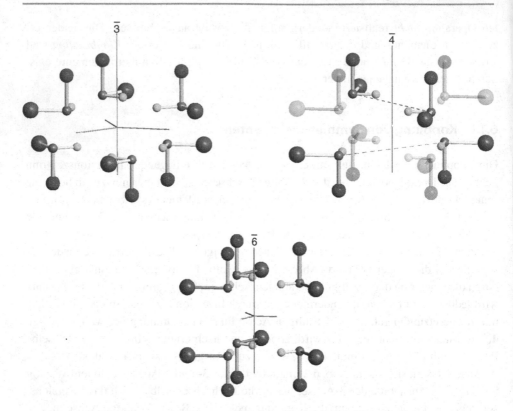

Abb. 6.2 Gekoppelte Symmetrieelemente $\bar{3}$, $\bar{4}$, $\bar{6}$. Am Beispiel der $\bar{4}$-Symmetrie sind nicht realisierte Zwischenstadien transparent gezeichnet

Abb. 6.3 Kombination von
2 und *m* zu 2/*m* mit zusätzlichem Inversionszentrum $\bar{1}$

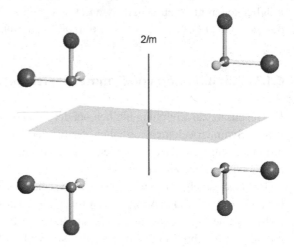

solcher einfacher und gekoppelter Symmetrieelemente gibt. Diese 32 kristallographischen Punktgruppen oder *Kristallklassen* werden später (Abschn. 6.5.2) noch näher erörtert.

6.2 Blickrichtungen

Im Kristall ist die räumliche Orientierung der Struktur durch die Wahl der Basisvektoren *a*, *b* und *c* festgelegt. Im Gegensatz zur Beschreibung von Molekülsymmetrien muss dort deshalb auch angegeben werden, wie die vorhandenen Symmetrieelemente relativ zu den Achsen der Elementarzelle orientiert sind. Um dies einfach tun zu können, werden diese Achsen so gewählt (vgl. Kap. 2), dass die Symmetrieelemente entlang von bzw. senkrecht zu Achsen oder Diagonalen verlaufen. Deshalb kann man nun für die 7 verschiedenen Kristallsysteme einfach eine Reihenfolge sogenannter *Blickrichtungen* (maximal drei) definieren, entlang derer unterschiedliche Symmetrieelemente möglich sind (Tab. 6.1). Dann kann man aus der Stellung eines Symmetriesymbols in dem maximal drei Positionen enthaltenden kombinierten Symmetriesymbol sofort auf die Lage des entsprechenden Elements in der Elementarzelle schließen.

Im *triklinen* Kristallsystem gibt es keine ausgezeichnete Richtung, da höchstens ein Inversionszentrum $\bar{1}$ vorhanden sein kann. Im *monoklinen* System wird heute allgemein die *b*-Achse als ausgezeichnete Richtung definiert (monokliner Winkel β), früher wurde auch die *c*-Achse benutzt (monokliner Winkel γ). In den „International Tables, Vol. A" [1] sind beide Aufstellungen aufgenommen. Es genügt ebenfalls ein Symbol: 2 bedeutet z. B., dass parallel *b* eine 2-zählige Achse verläuft, *m* heißt, dass senkrecht zu *b* eine Spiegelebene liegt. Sind beide Elemente kombiniert, so schreibt man $2/m$. Im *orthorhombischen* System sind in allen drei – deshalb 90° zueinander stehenden – Achsenrichtungen Symmetrieelemente vorhanden, die in der Reihenfolge *a*, *b*, *c* angegeben werden, z. B. *m m*2. Im *tetragonalen* System wird dagegen an erster Stelle des Symmetriesymbols das entlang *c* liegende 4-zählige Symmetrieelement genannt, dann kann, muss jedoch nicht, ein in *a*-Richtung orientiertes Element folgen, das wegen der 4-zähligen Symmetrie auch für die *b*-Achse gilt. An dritter Stelle folgt dann ein in der *a*, *b*-Diagonale, der [110]-

Tab. 6.1 Blickrichtungen bei der Aufstellung der kombinierten Symmetriesymbole in den 7 Kristallsystemen

Kristallsystem	Reihenfolge der Blickrichtungen	Beispiele
Triklin	–	$1, \bar{1}$
Monoklin	b	$2, 2/m$
Orthorhombisch	a, b, c	$m m 2$
Tetragonal	$c, a, [110]$	$4, 4/m m m$
Trigonal	$c, a, [210]$	$3, \bar{3}m1, 31m$
Hexagonal	$c, a, [210]$	$6/m, \bar{6}2m$
Kubisch	$c, [111], [110]$	$23, m\bar{3}m$

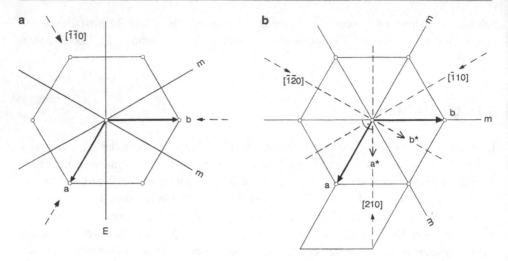

Abb. 6.4 Blickrichtungen bei trigonalen (bzw. hexagonalen) Zellen. Unterschiedliche Symmetrien $3m1$ (**a**) und $31m$ (**b**)

(und damit auch der $[1\bar{1}0]$-)Richtung orientiertes Symmetrieelement. Ähnliches gilt für das *trigonale und hexagonale* Kristallsystem: Zuerst werden die in c-Richtung orientierten 3-zähligen (trigonale Symmetrie) oder 6-zähligen Symmetrieelemente (hexagonale Symmetrie) angegeben, dann können wieder Symmetrieelemente entlang $a (= b)$ folgen, schließlich solche entlang der $[210]$-Diagonalen ($= [\bar{1}10] = [\bar{1}\bar{2}0]$), die senkrecht auf den realen (100)-, (010)- bzw. $(\bar{1}10)$-Ebenen stehen, also auch reziproke Achsenrichtungen darstellen (Abb. 6.4). Oft treten außer dreizähliger Symmetrie entlang c nur zusätzliche Symmetrieelemente *entweder* entlang der realen *oder* entlang der reziproken Achsen auf. Man schreibt dann z. B. $3m1$ bzw. $31m$ (1 = keine Symmetrie). Leider findet man in der Literatur öfters die Schreibweise nur mit zweistelligen Symbolen $3m$, die die Unterscheidung dieser beiden nicht äquivalenten Möglichkeiten nicht zulässt.

Im kubischen Kristallsystem sind entlang der Achsen der Elementarzelle (erste Blickrichtung c, analog a, b 2- oder 4-zählige Elemente oder – senkrecht dazu – Spiegelebenen möglich, gleichzeitig entlang der Raumdiagonalen des Würfels ($[111]$, $[\bar{1}11]$, $[1\bar{1}1]$ und $[\bar{1}\bar{1}1]$-Richtungen) 3-zählige Symmetrien (zweite Blickrichtung). Zusätzlich kann (muss aber nicht) ein drittes Symbol Symmetrie entlang der Flächendiagonalen ($[110]$, $[\bar{1}10]$, $[101]$, $[\bar{1}01]$, $[011]$ und $[0\bar{1}1]$) anzeigen. Aus den maximal dreistelligen Symmetriesymbolen kann man natürlich auch umgekehrt das zugehörige Achsensystem ablesen: Ist z. B. in einem dreistelligen Symbol ein 3-zähliges Element an erster Stelle, so muss das trigonale Kristallsystem vorliegen, steht es an zweiter Position, das kubische. Außer der räumlichen Lage der Symmetrieelemente spielt in einem Kristall jedoch vor allem die dreidimensionale Periodizität ein Rolle, die sich natürlich auch auf die Symmetrieelemente auswirken muss.

6.3 Translationshaltige Symmetrieelemente

Im Gegensatz zur Beschreibung von Molekülsymmetrien, die man quasi von einem Punkt, dem Molekülschwerpunkt aus betrachtet („Punktsymmetrie"), kommt bei Kristallen die Translation entlang der Basisvektoren hinzu. Man kann die Translation ebenfalls als einfaches Symmetrieelement verstehen, denn sie erfüllt die anfangs (Abschn. 6.1) genannte Definition dafür ebenso wie die bisher behandelten Symmetrieelemente. Genauso wie diese kann man sie nun aber auch mit den anderen Elementen kombinieren und koppeln.

6.3.1 Kombination von Translation und anderen Symmetrieelementen

Die Kombination von Translation und einem Inversionszentrum führt, wie man in Abb. 6.5 sieht, nicht nur dazu, dass natürlich auf jeder Ecke der Elementarzelle ein weiteres Inversionszentrum entsteht, sondern sie erzeugt zusätzlich auch solche auf der Hälfte der Zellkanten, den Flächenmitten und im Zentrum der Elementarzelle. Ähnliches geschieht mit Spiegelebenen, Drehachsen und Inversionsdrehachsen.

6.3.2 Kopplung von Translation und anderen Symmetrieelementen

Wichtige neue Symmetrieelemente entstehen durch *Kopplung* von Translation und Spiegelebenen oder Drehachsen:

Gleitspiegelung Bei der Kopplung von Translation und Spiegelung (Abb. 6.6) wird der durch Spiegelung eines Motivs **1** an einer Ebene entstandene Zwischenzustand **2** erst nach Verschiebung („Gleitung") um einen halben Translationsvektor nach **3** realisiert. Wieder-

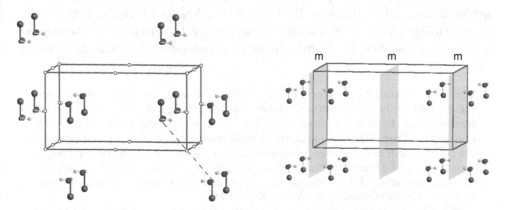

Abb. 6.5 Kombination von Inversionszentrum (**a**) bzw. Spiegelebene (**b**) und Translation

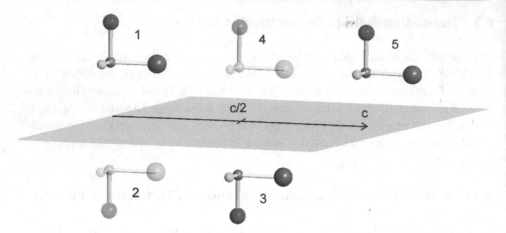

Abb. 6.6   Gleitspiegelung. Nicht realisierte Zwischenstadien sind transparent gezeichnet

holung dieser gekoppelten Aktion führt über **4** zu dem um eine ganze Translationseinheit verschobenen Ursprungszustand **5**.

Die Gleitrichtung kann entlang einer der parallel zur Spiegelebene liegenden Gitterkonstantenrichtungen gehen, entsprechend heißen die Symbole der *Gleitspiegelebenen a, b oder c*. Sie kann auch entlang einer Flächendiagonale verlaufen (*Diagonalgleitspiegelebene*), dann heißt das Symbol *n*. Welche Fläche gemeint ist, geht aus der Stellung des Symbols im vollen Symmetriesymbol hervor (vgl. Abschn. 6.2). Wird das Symbol *n* z. B. für die Blickrichtung der **b**-Achse angegeben, so ist die Gleitkomponente natürlich $\frac{a}{2} + \frac{c}{2}$. Liegt bereits eine Flächenzentrierung vor (z. B. Bravais-Typ F), wo also nach der halben Flächendiagonalen bereits wieder ein Translationsvektor endet, so ist die Gleitkomponente nur $\frac{1}{4}$ der Diagonale und die oben skizzierte Operation wird wiederholt, bis die ganze Diagonale durchschritten ist. Das Symbol für eine solche spezielle *Diagonalgleitspiegelebene* ist *d*, ein typisches Beispiel dafür die kubisch *F*-zentrierte Diamantstruktur, daher spricht man auch gelegentlich von „*Diamantgleitspiegelebenen*". Eine Übersicht über alle möglichen Gleitspiegelebenen findet man später in Tab. 6.4 (Abschn. 6.6.2), wo auch vermerkt ist, wie man diese Symmetrieelemente im Beugungsbild eines Kristalls erkennen kann.

In einigen zentrierten Raumgruppen (s. unten) treten Kombinationen von Gleitspiegelebenen auf, die durch die bisher beschriebenen Symbole nicht eindeutig und vollständig bezeichnet werden können. Deshalb wurde von einem Komitee der Intern. Union of Crystallography u. a. für diese Doppel-Gleitspiegelebenen die Einführung des neuen Symbols *e* vorgeschlagen [13]. Es wurde in die neueren Auflagen der ‚Intern. Tables, Vol. A' seit 1995 mit aufgenommen. Dort wird ebenso ein neues allgemeines Symbol für Gleitspiegelebenen *g* benutzt, mit dem einige seltene Fälle bezeichnet werden, die durch die Hermann-Mauguin-Symbole nicht erfasst werden (Intern. Tables, Vol. A, Kap. 11.2).

Besonders nützlich erscheint das neue Symmetrieelement *e*, das Gleitspiegelungen zugleich in beiden Achsenrichtungen der betreffenden Ebene bezeichnet. Dafür konnte bislang

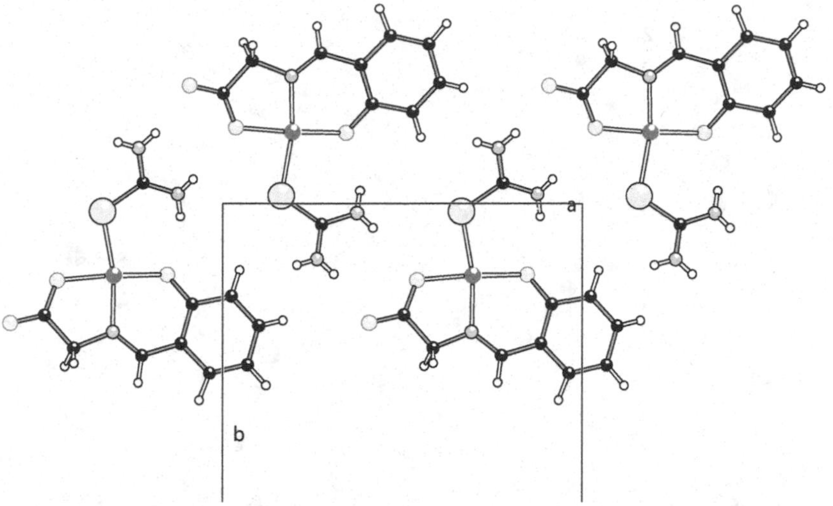

Abb. 6.7 Beispiel für Molekülpackung durch Gleitspiegelung (hier Gleitspiegelebene senkrecht zu b mit a-Gleitkomponente)

nur das Symbol für eine der beiden eingesetzt werden. Dieses Symmetrieelement ist in folgenden Raumgruppen (s. Abschn. 6.4) enthalten, die der Empfehlung gemäß umbenannt werden sollen: Abm2 (Nr. 39) zu Aem2; Aba2 (Nr. 41) zu Aea2; Cmca (Nr. 64) zu Cmce; Cmma (Nr. 67) zu Cmme und Ccca (Nr. 68) zu Ccce. In der Raumgruppe Cmce (Cmca) liegt z. B. eine Gleitspiegelebene $\perp c$ vor, die Gleitkomponenten zugleich von $\frac{a}{2}$ *und* $\frac{b}{2}$ aufweist.

Die Symmetrie der Gleitspiegelung ist sehr verbreitet. Bei vielen im Labor hergestellten chiralen Molekülverbindungen fallen Racemate an; eine abwechselnde Anordnung von Bild und Spiegelbild „auf Lücke", wie sie durch die Gleitspiegelung beschrieben wird, ermöglicht oft eine günstige Packung im Kristall (Beispiel Abb. 6.7).

Schraubenachsen Die Kopplung von Translation und einer Drehachse führt analog zu den sog. *Schraubenachsen*. Dabei gibt es je nach Zähligkeit n der beteiligten Drehachse $n - 1$ Möglichkeiten zur Kopplung mit der Translation in Richtung der Achse: Dreht man das Motiv im ersten Schritt um $360°/n$, so wird es an dieser Stelle nicht direkt abgebildet, sondern erst nach Translation um m/n der Gitterkonstante in Achsenrichtung. m kann dabei Werte von 1 bis $n - 1$ annehmen und wird zur Kennzeichnung als tiefgestellter Index zum Symbol der ursprünglichen Drehachse geschrieben: n_m.

Von der 2-zähligen Achse leitet sich nur die 2_1-Achse (sprich zwei-eins-Achse) ab (Abb. 6.8), ebenfalls ein sehr häufiges Symmetrieelement. Ähnlich der Gleitspiegelebene erlaubt es die Packung von – nun jedoch nicht gespiegelten, sondern nur um 180° gegeneinander verdrehten! – Molekülen eines Enantiomeren auf Lücke.

Wie der Index m den Schraubentyp beeinflusst, und warum man überhaupt von Schraubenachsen reden kann, lässt sich bei den 3-zähligen Schraubenachsen sehen: Bei der

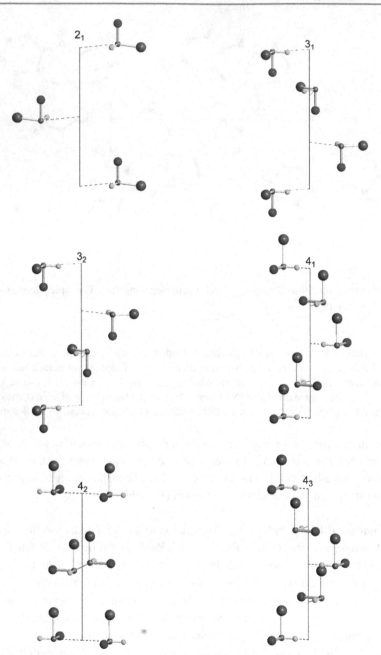

Abb. 6.8 Schraubenachsen: zweizählige Schraubenachse 2_1; dreizählige Schraubenachsen 3_1, 3_2; vierzählige Schraubenachsen 4_1, 4_2, 4_3

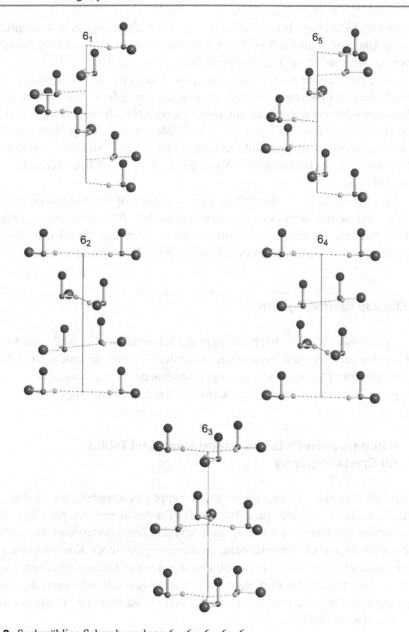

Abb. 6.8 Sechszählige Schraubenachsen $6_1, 6_2, 6_3, 6_4, 6_5$

3_1-Achse ist bei jeder Drehung um $360°/n = 120°$ (vom Ursprung aus in Achsenrichtung gesehen im Uhrzeigersinn) die Translationskomponente $m/n = \frac{1}{3}$ der Gitterkonstanten in Achsenrichtung (meist c). Man findet also das Motiv bei $0°$, $z = 0$; $120°$, $z = \frac{1}{3}$; $240°$, $z = \frac{2}{3}$; $360°$, $z = 1$ u.s.w., also in der Anordnung einer Rechtsschraube. Bei der 3_2-Achse ist die jeweilige Translationskomponente $m/n = \frac{2}{3}$ der c-Achse. Berücksichtigt man, dass man stets eine ganze Translationseinheit addieren oder subtrahieren darf, ergeben sich also Motive bei $0°$, $z = 0$; $120°$, $z = \frac{2}{3}$; $240°$, $z = \frac{4}{3}$ und $\frac{1}{3}$; $360°$, $z = \frac{6}{3} = 2$ und 1, u.s.w., d. h. nun wird eine Linksschraube beschrieben. Ähnlich kann man sich die verschiedenen – seltener beobachteten – Varianten der 4- und 6-zähligen Schraubenachsen ableiten (Abb. 6.8).

Damit sind nun alle in der Kristallographie wichtigen Symmetrieelemente bekannt. In Tab. 6.2 sind sie mit ihren in den „Intern. Tables, Vol. A" verwendeten graphischen Symbolen zusammengestellt. Letztere sind nützlich, wenn man die für die Strukturbeschreibung wichtige Lage der Symmetrieelemente in der Elementarzelle angeben will.

6.4   Die 230 Raumgruppen

Untersucht man mit Hilfe der Gruppentheorie alle Kombinationsmöglichkeiten der einfachen und gekoppelten Symmetrieelemente einschließlich der Translation, so findet man 230 unterscheidbare Möglichkeiten, die sog. *Raumgruppen*. Sie geben die Art und räumliche Lage der Symmetrieelemente an, die in einer Kristallstruktur möglich sind.

6.4.1   Raumgruppen-Notation der International Tables
            for Crystallography

Jeder Kristall lässt sich in einer dieser Raumgruppen beschreiben, die in den „International Tables for Crystallography, Vol. A" [1] (in der älteren Ausgabe Vol. I) etwa nach steigender Symmetrie zusammengestellt und durchnummeriert sind. Dadurch, dass sich alle Kristallographen normalerweise an die dort getroffenen Konventionen halten, wird der Vergleich und Austausch von Strukturdaten verschiedener Arbeitsgruppen wesentlich erleichtert. Im Folgenden werden die wichtigsten Informationen, die man den Raumgruppen-Tafeln entnehmen kann, am Beispiel der Raumgruppe *Pnma* (Nr. 62) erläutert (Abb. 6.9, zweiseitig).

Raumgruppensymbole Das Raumgruppensymbol (obere linke Ecke) beginnt mit dem Großbuchstaben, der den Bravais-Typ charakterisiert, darauf folgen die Symbole der wichtigsten Symmetrieelemente in der Reihenfolge der Blickrichtungen, wie sie in Abschn. 6.2 beschrieben sind. Daneben findet man das (veraltete) Schönflies-Symbol, die Kristallklasse und das Kristallsystem angegeben. Man beschränkt sich beim Hermann-Mauguin-Symbol auf die zur Ableitung der vollen Symmetrie hinreichenden Elemente,

Tab. 6.2 Wichtige graphische Symmetrie-Symbole. ∗ Achse in der Zeichenebene; # Gleitung in, & senkrecht zur Zeichenebene

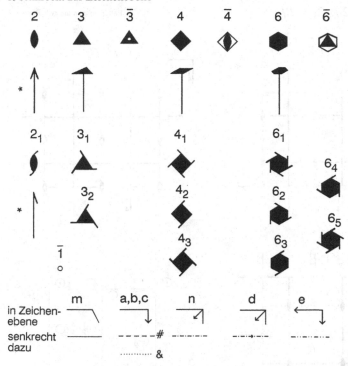

wobei Spiegelebenen bzw. Gleitspiegelebenen Vorrang vor Dreh- bzw. Schraubenachsen bekommen. Die weiteren Elemente ergeben sich aus der Kombination der genannten. Das unter dem Schönflies-Symbol ebenfalls angegebene „vollständige" Symbol enthält (in der Hermann-Mauguin-Notation) solche zusätzlichen Symmetrieelemente: zur Raumgruppe *Pnma* heißt das vollständige Symbol $P\,2_1/n\,2_1/m\,2_1/a$. Trotzdem sind in der Elementarzelle oft noch weitere Symmetrieelemente vorhanden, die auch im „vollständigen" Symbol nicht auftauchen, hier sind es die Inversionszentren.

Graphische Symmetrie-Darstellungen Einen Überblick über tatsächlich alle vorhandenen Elemente und deren Lage in der Elementarzelle geben die für viele Raumgruppen in den Intern. Tables enthaltenen Abbildungen (im Beispiel der Abb. 6.9 im oberen Teil der linken Seite). Darin sind die Symmetrieelemente durch graphische Symbole dargestellt, von denen die wichtigsten in Tab. 6.2 bereits eingeführt worden sind. Wie für die Raumgruppe *Pnma*, sind oft die Elementarzellen in verschiedenen Projektionen gezeichnet. Die „Standardansicht" (wenn keine Achsenbezeichnung eingetragen ist) hat den Nullpunkt links oben, die *a*-Achse geht nach unten, *b* nach rechts, *c* weist folglich dem Betrachter entgegen. Im Beispiel ist unter dieser Standardaufstellung oben links eine Projektion aus der *a*-Richtung und rechts oben eine aus der *b*-Richtung mitaufgenommen. Sie vermitteln

$Pnma$ D_{2h}^{16} mmm Orthorhombic

No. 62 $P\,2_1/n\,2_1/m\,2_1/a$

Patterson symmetry $Pmmm$

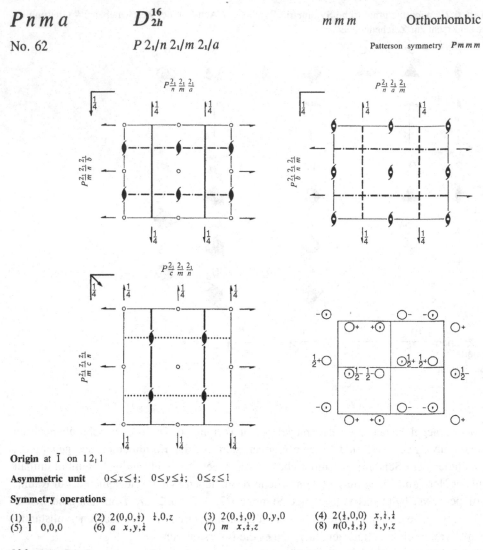

Origin at $\bar{1}$ on $1\,2_1\,1$

Asymmetric unit $0\le x\le\frac{1}{2}$; $0\le y\le\frac{1}{4}$; $0\le z\le 1$

Symmetry operations

(1) 1 (2) $2(0,0,\frac{1}{2})$ $\frac{1}{4},0,z$ (3) $2(0,\frac{1}{2},0)$ $0,y,0$ (4) $2(\frac{1}{2},0,0)$ $x,\frac{1}{4},\frac{1}{4}$
(5) $\bar{1}$ $0,0,0$ (6) a $x,y,\frac{1}{4}$ (7) m $x,\frac{1}{4},z$ (8) $n(0,\frac{1}{2},\frac{1}{2})$ $\frac{1}{4},y,z$

Abb. 6.9 Die Raumgruppe *Pnma*. Auszug aus den Intern. Tables for Crystallography, Vol. A (mit Erlaubnis von Kluwer Academic Publishers); Fortsetzung nächste Seite

einerseits ein quasi dreidimensionales Bild des Symmetriemusters in der Elementarzelle. Andererseits sind dort transformierte Raumgruppensymbole eingetragen, die gelten, wenn man in der Ansicht, in der man das fragliche Symbol aufrecht liest, die genannte „Standard"-Achsenbezeichnung anbringt. Solche sog. *nichtkonventionellen Aufstellungen* von Raumgruppen können sinnvoll sein, wenn man z. B. Strukturverwandtschaften von Verbindungen mit verschiedener Symmetrie durch analoge Aufstellung der Elementarzellen deutlich machen will.

CONTINUED

No. 62

$Pnma$

Generators selected (1); $t(1,0,0)$; $t(0,1,0)$; $t(0,0,1)$;   (2);   (3);   (5)

Positions

Multiplicity,
Wyckoff letter,
Site symmetry

Coordinates

Reflection conditions

General:

| 8 | d | 1 | (1) x,y,z | (2) $\bar{x}+\frac{1}{2},\bar{y},z+\frac{1}{2}$ | (3) $\bar{x},y+\frac{1}{2},\bar{z}$ | (4) $x+\frac{1}{2},\bar{y}+\frac{1}{2},\bar{z}+\frac{1}{2}$ |

| | | | (5) $\bar{x},\bar{y},\bar{z}$ | (6) $x+\frac{1}{2},y,\bar{z}+\frac{1}{2}$ | (7) $x,\bar{y}+\frac{1}{2},z$ | (8) $\bar{x}+\frac{1}{2},y+\frac{1}{2},z+\frac{1}{2}$ |

$0kl: k+l=2n$
$hk0: h=2n$
$h00: h=2n$
$0k0: k=2n$
$00l: l=2n$

Special: as above, plus

| 4 | c | $.m.$ | $x,\frac{1}{4},z$ | $\bar{x}+\frac{1}{2},\frac{3}{4},z+\frac{1}{2}$ | $\bar{x},\frac{3}{4},\bar{z}$ | $x+\frac{1}{2},\frac{1}{4},\bar{z}+\frac{1}{2}$ |

no extra conditions

| 4 | b | $\bar{1}$ | $0,0,\frac{1}{2}$ | $\frac{1}{2},0,0$ | $0,\frac{1}{2},\frac{1}{2}$ | $\frac{1}{2},\frac{1}{2},0$ |

$hkl: h+l,k=2n$

| 4 | a | $\bar{1}$ | $0,0,0$ | $\frac{1}{2},0,\frac{1}{2}$ | $0,\frac{1}{2},0$ | $\frac{1}{2},\frac{1}{2},\frac{1}{2}$ |

$hkl: h+l,k=2n$

Symmetry of special projections

Along [001] $p\,2gm$
$a'=\frac{1}{2}a$ $b'=b$
Origin at $0,0,z$

Along [100] $c\,2mm$
$a'=b$ $b'=c$
Origin at $x,\frac{1}{4},\frac{1}{4}$

Along [010] $p\,2gg$
$a'=c$ $b'=a$
Origin at $0,y,0$

Maximal non-isomorphic subgroups

I
  $[2]P2_12_12_1$ 1; 2; 3; 4
  $[2]P112_1/a\,(P2_1/c)$ 1; 2; 5; 6
  $[2]P12_1/m\,1\,(P2_1/m)$ 1; 3; 5; 7
  $[2]P2_1/n\,1\,1\,(P2_1/c)$ 1; 4; 5; 8
  $[2]Pnm2_1\,(Pmn2_1)$ 1; 2; 7; 8
  $[2]Pn2_1a\,(Pna2_1)$ 1; 3; 6; 8
  $[2]P2_1ma\,(Pmc2_1)$ 1; 4; 6; 7

IIa none

IIb none

Maximal isomorphic subgroups of lowest index

IIc $[3]Pnma(a'=3a)$; $[3]Pnma(b'=3b)$; $[3]Pnma(c'=3c)$

Minimal non-isomorphic supergroups

I none

II $[2]Amma(Cmcm)$; $[2]Bbmm(Cmcm)$; $[2]Ccmb(Cmca)$; $[2]Imma$; $[2]Pnmm(2a'=a)(Pmmn)$;
  $[2]Pcma(2b'=b)(Pbam)$; $[2]Pbma(2c'=c)(Pbcm)$

Abb. 6.9 (Fortsetzung)

Für die meisten Raumgruppen ist schließlich in einem zusätzlichen Bild (hier in Abb. 6.9, 1. Seite, rechts unten) schematisch gezeichnet, wie ein auf einer beliebigen Lage in der Elementarzelle liegendes Atom, – symbolisiert durch einen Kreis mit +-Zeichen nahe beim Nullpunkt, – durch die Symmetrieelemente der Raumgruppe vervielfacht wird. Ein Komma im Kreis bedeutet, dass das Spiegelbild erzeugt wurde, + bzw. – bedeuten, dass das Atom oberhalb bzw. unterhalb der Zeichenebene liegt, geben also das Vorzeichen der z-Komponente an, entsprechend zeigt $\frac{1}{2}$ eine Translation um $c/2$ an. Man sieht, dass in der Raumgruppe $Pnma$ jedes Atom durch die Symmetrieoperationen achtfach erzeugt wird. Kennt man also die Lage eines Atoms, so kann man die Lagen weiterer 7 Atome dieser Sorte aus der Kenntnis der Symmetrie gewinnen.

Punktlagen Drückt man die Wirkung der Symmetrieoperationen auf ein Atom auf einer beliebigen sog. *allgemeinen Lage* mit den Koordinaten xyz algebraisch aus, so erhält man die *äquivalenten Lagen*, hier also insgesamt 8 (Im Beispiel Abb. 6.9 rechts oben). Man sagt auch, die allgemeine Lage dieser Raumgruppe ist 8-zählig. Man kann sich anhand der Zeichnungen in Abb. 6.9 leicht klarmachen, dass z. B. die Lage (2) $-x + \frac{1}{2}, -y, z + \frac{1}{2}$ die Wirkung der 2_1-Achse parallel c in der Lage $\frac{1}{4}, 0, z$ wiedergibt, oder die Lage (5) $-x, -y, -z$ die des Inversionszentrums im Ursprung. In den acht Koordinatentripeln der allgemeinen Lage drücken sich also die Symmetrieoperationen unter Berücksichtigung der Lage der Symmetrieelemente zum Nullpunkt aus.

Ein Spezialfall entsteht, wenn ein Atom genau auf einem nicht translationshaltigen Symmetrieelement liegt, wie in dieser Raumgruppe auf der Spiegelebene m oder den Inversionszentren. Auf solchen sog. *speziellen Lagen* sind bestimmte Atomparameter festgelegt, z. B. für die Spiegelebene in *Pnma* muss $y = \frac{1}{4}$ sein, für die Inversionszentren in $0, 0, 0, 0, 0, \frac{1}{2}$ u.s.w. sind alle Atomparameter festgelegt. Da ein Atom auf einer speziellen Lage durch das Symmetrieelement, auf dem es liegt, nicht mehr verdoppelt wird, ist die Zähligkeit dieser Lage reduziert, in *Pnma* sind z. B. alle speziellen Lagen nur noch 4-zählig. Diese Zähligkeit wird in der ersten Spalte der Koordinatentabelle (Abb. 6.9 rechts) angegeben. Alle in der Raumgruppe möglichen Lagen sind, beginnend mit der speziellsten und endend mit der allgemeinen, von unten her alphabetisch durchnummeriert (zweite Spalte), dieser Buchstabe ist das sog. *Wyckoff-Symbol* der Punktlage. Häufig nennt man dieses Symbol zusammen mit der Zähligkeit und spricht z. B. von der „Lage 4c" in *Pnma*. Das Symmetrieelement einer speziellen Lage ist in der dritten Spalte angegeben, wobei die Hinzufügung von Punkten die Orientierung des Elements bezüglich der Blickrichtungen (s. Abschn. 6.2) präzisiert. Das Symbol .m. für die Lage 4c besagt z. B., dass sie auf einer Spiegelebene $\perp b$ liegt. Die Kenntnis der Besetzung einer speziellen Lage kann eine wichtige Information bei der Strukturlösung bedeuten: liegt z. B. auf der speziellen Lage 4c in Raumgruppe *Pnma* das Zentralatom eines Komplexes, so muss für den Komplex die entsprechende Punktsymmetrie, hier m (C_s), gelten.

Liegen zentrierte Bravais-Gitter vor, so werden die zusätzlichen Translationsoperationen vor der allgemeinen Lage angegeben, z. B. für eine C-Zentrierung $(\frac{1}{2}, \frac{1}{2}, 0)+$. Für jedes durch eine Operation der allgemeinen oder einer speziellen Lage erzeugte Atom wird ein zusätzliches mit den Koordinaten $x + \frac{1}{2}, y + \frac{1}{2}, z$ erzeugt.

Nullpunktswahl Der Nullpunkt der Elementarzelle wird sinnvollerweise so gelegt, dass er selbst eine niedrigzählige spezielle Lage darstellt. In manchen, vor allem höhersymmetrischen Raumgruppen gibt es allerdings zwei Möglichkeiten dies zu tun, die dann natürlich zu unterschiedlichen Symmetrieoperationen führen. Sie sind in den Int.Tables beide aufgeführt. In der Raumgruppe *Fddd* z. B. kann man den Nullpunkt in die spezielle Lage 8a legen, in der sich drei 2-zählige Achsen schneiden oder in die Lage 16c, das Inversionszentrum. Man sollte in solchen Fällen stets das Inversionszentrum in den Ursprung legen, da dies für die Strukturlösung erhebliche Vorteile mit sich bringt (vgl. auch Abschn. 8.3). In der Praxis hat man also darauf zu achten, dass man von Anfang an mit den Symmetrieoperationen der „richtigen" zentrosymmetrischen Aufstellung arbeitet.

6.4.2 Zentrosymmetrische Kristallstrukturen

Der Vorteil zentrosymmetrischer Strukturen liegt darin, dass sich die Strukturfaktorgleichung wesentlich vereinfacht: Liegt im Nullpunkt der Elementarzelle ein Inversionszentrum, so gibt es für jedes Atom xyz ein äquivalentes mit den Parametern $\bar{x}\bar{y}\bar{z}$. Summiert man die Beiträge beider Atome in der Strukturfaktorgleichung, so ergibt sich jeweils nur ein Vorzeichenwechsel beim Phasenglied:

$$F_c(hkl) = f \, \cos[2\pi(hx + ky + lz)] + fi \, \sin[2\pi(hx + ky + lz)]$$
$$+ f \, \cos-[2\pi(hx + ky + lz)] + fi \, \sin-[2\pi(hx + ky + lz)]$$

Da der cosinus bei Vorzeichenwechsel des Phasenwinkels sein Vorzeichen nicht ändert, der sinus dies jedoch tut, bleibt nur der Realteil

$$F_c(hkl) = 2f \, \cos[2\pi(hx + ky + lz)]$$

übrig, der Strukturfaktor ist keine komplexe Größe mehr, das Phasenproblem reduziert sich auf die Frage nach dem Vorzeichen von F.

6.4.3 Die „asymmetrische Einheit"

Der Satz von Atomen, dessen Kenntnis ausreicht, um zusammen mit den Symmetrieoperationen der Raumgruppe den kompletten Inhalt der Elementarzelle, also „die Struktur" zu beschreiben, nennt man die *asymmetrische Einheit*. Bei einer Molekülstruktur aus symmetrielosen Molekülen ist die asymmetrische Einheit meist ein Molekül, eine „*Formeleinheit*" selbst, selten zwei oder mehr sog. unabhängige Moleküle, die sich in ihrer Orientierung unterscheiden. Besitzen die Moleküle selbst kristallographisch wirksame Symmetrie, sitzen sie also auf speziellen Lagen, so ist die asymmetrische Einheit nur noch ein halbes Molekül oder ein noch kleinerer Bruchteil davon. Häufig findet man auch zwei unabhängige Halbmoleküle als asymmetrische Einheit, z. B. auf zwei verschiedenen Symmetriezentren der Raumgruppe $P2_1/c$. Bei anorganischen Festkörpern, z. B. Koordinationsverbindungen mit dreidimensional verknüpften Baugruppen wie den Perowskiten AMX_3, kann die asymmetrische Einheit genauso eine Formeleinheit sein, ein Bruchteil oder auch ein ganzzahliges Vielfaches davon. Da die asymmetrische Einheit durch die Symmetrieoperationen vervielfacht wird, muss die Elementarzelle natürlich immer ein ganzzahliges Vielfaches der Formeleinheit enthalten.

Zahl der Formeleinheiten pro Elementarzelle Z Es ist nützlich, zu Beginn einer Strukturbestimmung die Zahl Z der Formeleinheiten pro Elementarzelle zu kennen, denn bei Kenntnis der Raumgruppe kann man dann ausrechnen, wie groß die asymmetrische Einheit ist, d. h., wieviele Atome mit ihren Koordinaten zu bestimmen sind. Zur Ermittlung von Z kann man die Dichte der untersuchten Substanz heranziehen (Gl. 6.1):

$$d_c = \frac{M_r \cdot Z}{V_{\mathrm{EZ}} \cdot N_{\mathrm{A}}} \tag{6.1}$$

Aus der Masse M_r/N_{A} (M_r = Molmasse, N_{A} = Avogadrosche Konstante) einer Formeleinheit, deren Anzahl Z in der Zelle und dem aus den Gitterkonstanten zu berechnenden Volumen der Elementarzelle lässt sich eine „röntgenographische" Dichte d_c berechnen, die für einen idealen Kristall gelten würde. Setzt man statt d_c die experimentell ermittelte Dichte der Substanz ein, die meist nur wenige Prozent unter dem Idealwert liegt, so lässt sich das unbekannte Z berechnen. Da Z eine – meist kleine – ganze Zahl ist, genügt es oft, die Dichte aus Analogwerten zu schätzen, um auf die richtige Zahl Z zu schließen.

Noch einfacher ist die Anwendung einer Faustregel zum mittleren Volumenbedarf eines Atoms im Festkörper [14]: Danach rechnet man für alle M Nicht-Wasserstoffatome der Formel jeweils einen mittleren Raumbedarf von $17\,\text{Å}^3$ und kann Z wie folgt abschätzen:

$$Z = \frac{V_{\mathrm{EZ}}}{17 \cdot M} \tag{6.2}$$

Vergleicht man das erhaltene Z mit der Zähligkeit n_a der allgemeinen Lage der Raumgruppe, so sieht man sofort, dass die asymmetrische Einheit Z/n_a der Formeleinheit umfasst. Ziel ist es also, die Lageparameter aller Atome dieser asymmetrischen Einheit zu bestimmen.

In den Intern. Tables ist für jede Raumgruppe auch eine „asymmetric unit" angegeben (vgl. Beispiel *Pnma*, Abb. 6.9). Sie gibt den Volumenteil der Elementarzelle an, der durch Anwendung der Symmetrieoperationen zur ganzen Zelle komplettiert wird. Es würde also genügen, die in diesem Volumen sitzenden Atome zu lokalisieren. Normalerweise tut man das nicht, sondern verwendet der Übersichtlichkeit halber chemisch sinnvolle zusammenhängende Baugruppen, wie ganze oder halbe Moleküle als asymmetrische Einheit, unabhängig davon, ob alle Atome davon gerade in diesem angegebenen Volumenabschnitt sitzen oder nicht. Dies ist natürlich erlaubt, da jede der symmetrieäquivalenten Lagen eines Atoms gleichberechtigt ist. Im Sinne der Gruppentheorie sind die Raumgruppen geschlossene Gruppen. Gleichgültig, von welcher der äquivalenten Lagen man ausgeht: die Anwendung aller Symmetrieoperationen liefert immer denselben Satz von Atompositionen.

6.4.4 Raumgruppentypen

Zur Beschreibung der Symmetrie im Kristall gehört die Elementarzelle, deren Maße die Translations-Symmetrie festlegen. Die Raumgruppe legt fest, wo in dieser Zelle welche

Symmetrieelemente lokalisiert sind. Jede Kristallstruktur besitzt also ihre eigene Raumgruppe, da jede ihre charakteristische Elementarzelle hat. Zwei verschiedene Verbindungen, deren Strukturen z. B. beide in *Pnma* zu beschreiben sind, kristallisieren im gleichen Raumgruppentyp, nicht in derselben Raumgruppe. Ja, es gibt sogar Fälle, in denen ein und dieselbe Substanz in zwei strukturell deutlich verschiedenen Modifikationen desselben Raumgruppentyps kristallisiert (z. B. $MnF_3 \cdot 3H_2O$ [15]).

6.4.5 Gruppe-Untergruppe-Beziehungen

Sehr wertvoll für das Verständnis struktureller Verwandtschaften oder von Strukturänderungen bei kristallographischen Phasenübergängen sind die gruppentheoretischen Beziehungen zwischen verwandten Raumgruppen. Ihre Anwendung wurde in Deutschland vor allem durch *Bärnighausen, Wondratschek* und *U. Müller* [16, 17] bekannt. Man untersucht derartige Beziehungen z. B. in einer Strukturfamilie, indem man von der höchstsymmetrischen Raumgruppe innerhalb der Familie, dem *Aristotyp*, ausgeht und schaut, zu welchen *maximalen Untergruppen* man durch Wegnahme von einzelnen Symmetrieelementen (und den daraus durch Kombination entstandenen) gelangt. Die durch einen solchen Symmetrieabbau induzierten Übergänge lassen sich in sog. „Bärnighausen-Stammbäumen" (Beispiel Abb. 6.10) darstellen und sind in drei Klassen einzuteilen:

1. *Translationengleiche Übergänge.* Dabei wird das Translationsgitter im Wesentlichen beibehalten, aber durch den Symmetrieabbau gelangt man in eine niedrigere Kristallklasse. Sie werden durch Symbole wie $t2, t3$ charakterisiert, wobei die Zahl 2 oder 3 angibt, dass die Zahl der Symmetrieelemente auf die Hälfte bzw. ein Drittel reduziert wurde. Man spricht dann z. B. von einem „translationengleichen Übergang vom Index 2".
2. *Klassengleiche Übergänge.* Dabei bleibt die Kristallklasse und damit das Kristallsystem erhalten, aber das Translationsgitter ändert sich, entweder indem eine Zentrierung wegfällt, oder sich eine, zwei oder alle drei Gitterkonstanten verdoppeln oder verdreifachen. Man schreibt als Symbol dafür analog z. B. $k2$ und gibt die Transformation der Gitterkonstanten zur neuen Zelle an.
3. *Isomorphe Übergänge.* Sie stellen den Spezialfall eines klassengleichen Übergangs dar, bei der sich der Raumgruppentyp *nicht* ändert (er wird im Deutschen auch „äquivalenter Übergang" genannt). Durch Vergrößerung der Elementarzelle werden jedoch die Symmetrieelemente „ausgedünnt".

Es ist wichtig darauf hinzuweisen, dass es natürlich *nicht* genügt, wenn zwischen den Raumgruppen zweier Strukturen eine Gruppe-Untergruppe-Beziehung besteht, um eine Strukturverwandtschaft abzuleiten. Es müssen sich vielmehr auch die Atomlagen der niedriger symmetrischen Struktur aus denen der höher-symmetrischen entwickeln lassen. Die zum Auffinden solcher Symmetrie-Beziehungen nötigen maximalen Untergruppen sind

Abb. 6.10 Beispiele für Gruppe-Untergruppe-Beziehungen (z. T. nach [16])

translationengleich	klassengleich	isomorph
$P\frac{4}{n}\frac{2}{m}\frac{2}{m}(129)$	$C\frac{2}{m}(12)$	$P\frac{2_1}{a}(14)$
$CsFeF_4$		CuF_2
$t2$	$k2$	$i2$
		$c' = 2c$
$P\frac{4}{n}(85)$	$P\frac{2_1}{a}(14)$	$P\frac{2_1}{a}(14)$
$CsMnF_4$	$RbAuBr_4$	VO_2

für alle Raumgruppen in den Intern. Tables Vol. A [1] zusammengestellt (z. B. Abb. 6.9 rechts unten). Im neuen Band A1 ist tabelliert, wie die Punktlagen beim Symmetrieabbau aufspalten. Praktische Bedeutung haben die Gruppe-Untergruppe-Beziehungen vor allem bei der Untersuchung möglicher Verzwillingungen (s. Abschn. 11.2) und für die Diskussion und das Verständnis von Struktur-Verwandtschaften. Oft kann man die richtige Raumgruppe einer niedrig-symmetrischen Strukturvariante aus der Auswahl an möglichen herausfinden, indem man die Untergruppen des Aristotyps heraussucht. Wichtig sind die Gruppenbeziehungen vor allem auch bei kristallographischen Phasenübergängen: Nur wenn eine Gruppe-Untergruppe-Beziehung existiert, kann nach der Landau-Theorie z. B. ein Phasenübergang „displaziv", nach der 2. Ordnung verlaufen. Gibt es keine Gruppe-Untergruppe-Beziehung, so muss der Phasenübergang „rekonstruktiv", nach der 1. Ordnung vonstatten gehen (s. Intern. Tables Vol. A1 [2]).

6.5 Beobachtbarkeit von Symmetrie

Wurde bei der Diskussion der Raumgruppen bisher hauptsächlich darauf abgezielt, wie man die Symmetrieeigenschaften eines Kristalls beschreibt, so soll nun erörtert werden, wie sich diese Symmetrien, die man ja zu Beginn einer Strukturaufklärung noch nicht kennt, im Experiment äußern.

6.5.1 Mikroskopische Struktur

Die *Raumgruppen* beschreiben die geometrischen Gesetzmäßigkeiten im mikroskopischen, atomaren Aufbau einer Kristallstruktur. Sie schließen die translationshaltigen Symmetrieelemente ein. Man kann diese Symmetrien nur sichtbar machen, indem man Strukturmodelle der ermittelten Kristallstruktur baut bzw. zeichnet. Wie sich diese Symmetrie in den physikalischen Eigenschaften und den damit verbundenen experimentellen Beobachtungsmöglichkeiten ausdrückt, ist eine andere Sache.

6.5.2 Makroskopische Eigenschaften und Kristallklassen

Für die meisten physikalischen Eigenschaften von Kristallen ist die Translationssymmetrie nämlich unerheblich. Es ist nur wichtig, ob z. B. Spiegelung stattgefunden hat, ob also
Bild und Spiegelbild eines chiralen Moleküls vorliegen oder nicht. Ob dabei eine Gleitung eingeschlossen war oder nicht, ist ohne Einfluss. Oder es ist wichtig, ob Moleküle in
den vier Orientierungen einer 4-zähligen Drehachse vorliegen, gleichgültig ob dabei eine
Translation gekoppelt war (Schraubenachse) oder nicht (echte Drehachse). Dies gilt z. B.
für die optischen und die elektrischen Eigenschaften, aber auch z. B. für die äußere Gestalt,
den Habitus von Kristallen. Die unterscheidbaren Symmetrieklassen zur Beschreibung
dieser makroskopischen Phänomene leiten sich daher einfach von den 230 Raumgruppen ab, indem man alle translationshaltigen Symmetrie-Bestandteile entfernt: Man lässt
das Symbol für den Bravais-Typ weg und überführt alle Gleitspiegelebenen in normale
Spiegelebenen m, sowie alle Schraubenachsen in die entsprechenden Drehachsen. Dadurch erhält man aus den 230 Raumgruppen 32 Punktgruppen, die 32 *Kristallklassen*
(Tab. 6.3). Jeder Kristallklasse ist umgekehrt eine bestimmte Anzahl von Raumgruppen
zuzuordnen.

6.5.3 Symmetrie des Translationsgitters

Lässt man den Inhalt der Elementarzelle außer Betracht, sieht also nur das „nackte" Translationsgitter, ohne Symmetrieeigenschaften der Struktur selbst zu berücksichtigen, so bleiben die *7 Kristallsysteme* übrig. Sie bestimmen die Metrik der Elementarzelle.

> Betrachtet man nur die Gestalt der Elementarzelle ohne eventl. Zentrierungen mit einzube-
> ziehen, so fällt noch das trigonale mit dem hexagonalen System zusammen. Deshalb werden
> in der Literatur manchmal nur 6 Kristallsysteme unterschieden. Bei Berücksichtigung der
> Zentrierung (vgl. Abb. 2.7, Abschn. 2.2) ist jedoch die Symmetrie des rhomboedrischen
> Translationsgitters nur trigonal. Deshalb empfiehlt die Intern. Union of Crystallography die
> Zuordnung aller Strukturen mit trigonalen Raumgruppen zu einem eigenen trigonalen Kris-
> tallsystem.

Schließt man die möglichen zusätzlichen Translationsvektoren für zentrierte Gitter bei
der Klassifikation mit ein, so erweitert sich die Gruppe auf die 14 *Bravaisgitter*, die schon
in Kap. 2 behandelt wurden.

6.5.4 Symmetrie des Beugungsbildes: Die Laue-Gruppen

In Kap. 4 wurde gezeigt, dass es vorteilhaft ist, das Beugungsverhalten eines Kristalls im
Röntgenstrahl im Bild des reziproken Gitters zu beschreiben. Wenn man den Punkten *hkl*

Abb. 6.11 Strukturfakto-
ren eines ‚Friedelpaars' von
Reflexen in der Gaußschen
Zahlenebene

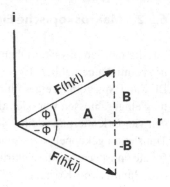

des reziproken Gitters, die die möglichen Reflexe charakterisieren, die gemessenen Reflexintensitäten zuschreibt, so repräsentiert dieses „intensitätsgewichtete" reziproke Gitter
quasi das Beugungsbild des Kristalls. Wie äußert sich nun die Kristallsymmetrie im Beugungsbild, welche Reflexe bekommen dadurch gleiche Intensitäten, sind „symmetrieäquivalent"? Da man die Entstehung von Reflexen schon mit der Vorstellung von Netzebenen
im Translationsgitter ableiten kann (s. Abschn. 3.4), ist einzusehen, dass auch hier nur die
Symmetrie der Kristallklasse eingeht, denn Netzebenen gehören zum Kristall als Ganzem,
also zu den makroskopischen Eigenschaften. Deshalb ist auch der Kristallhabitus durch
die Kristallklasse bestimmt. Allerdings kommt nun noch eine zusätzliche Schwierigkeit
hinzu: Auch wenn im Kristall selbst kein Inversionszentrum vorhanden ist, zeigt sein Beugungsbild, also das intensitätsgewichtete reziproke Gitter, immer ein Inversionszentrum.
Dies sieht man ein, wenn man nach der Strukturfaktorgleichung (Gl. 5.7, Abschn. 5.3) die
Streuamplituden für zwei durch Inversion am Ursprung des reziproken Gitters miteinander verknüpfte Reflexe hkl und $\bar{h}\bar{k}\bar{l}$ berechnet:

$$F(hkl) = \sum \{f_n \cos[2\pi(hx_n + ky_n + lz_n)] + i \sin[\ldots]\}$$
$$F(\bar{h}\bar{k}\bar{l}) = \sum \{f_n \cos -[2\pi(hx_n + ky_n + lz_n)] + i \sin -[\ldots]\}$$

Da $\cos -\phi = \cos -\phi$ und $\sin -\phi = -\sin \phi$, errechnet sich für beide Reflexe dieselbe
Amplitude, lediglich der Phasenwinkel wechselt das Vorzeichen (Abb. 6.11). Da jedoch
mit den Intensitäten nur das Quadrat der Amplitude gemessen wird, gilt das *Friedelsche
Gesetz* (Betonung von Friedel auf der 2. Silbe):

$$I_{hkl} = I_{\bar{h}\bar{k}\bar{l}}$$

Auf mögliche geringfügige Abweichungen vom Friedelschen Gesetz wird in Abschn. 10.4
noch eingegangen. Für die Symmetrie des Beugungsbildes hat das Friedelsche Gesetz jedoch zur Folge, dass zur Symmetrie der Kristallklasse stets noch ein Inversionszentrum
hinzukommt. So wird z. B. im monoklinen Kristallsystem aus der Kristallklasse 2 durch
Kombination mit $\bar{1}$ die scheinbare Kristallklasse $2/m$. Dieselbe Klasse entsteht durch
Kombination der Kristallklasse m mit dem Inversionszentrum. Man kann also die drei monoklinen Kristallklassen $2, m$ und $2/m$ im Beugungsbild nicht unterscheiden. Ähnliches

Tab. 6.3 Die 32 Kristallklassen, aufgeteilt auf die 7 Kristallsysteme und die zugehörigen Laue-gruppen (isomorphe Gruppen in eckigen Klammern)

Kristallsystem	Kristallklassen (mit Schönflies-Symbolen in Klammern)	Lauegruppe
Triklin	$1(C_1), \bar{1}(C_i)$	$\bar{1}$
Monoklin	$2(C_2), m(C_s), 2/m(C_{2h})$	$2/m$
Orthorhombisch	$222(D_2), mm2(C_{2v}), mmm(D_{2h})$	mmm
Tetragonal	$4(C_4), \bar{4}(S_4), 4/m(C_{4h})$ $422, \bar{4}2m, 4mm, 4/mmm$ $(D_4)\,(D_{2d})\,(C_{4v})\,(D_{4h})$	$4/m$ $4/mmm$
Trigonal	$3(C_3), \bar{3}(C_{3i})$ $\begin{bmatrix} 321 \\ 312 \end{bmatrix} \begin{bmatrix} 3m1 \\ 31m \end{bmatrix} \begin{bmatrix} \bar{3}m1 \\ \bar{3}1m \end{bmatrix}$ $(D_3)\quad(C_{3v})\quad(D_{3d})$	$\bar{3}$ $\begin{bmatrix} \bar{3}m1 \\ \bar{3}1m \end{bmatrix}$
Hexagonal	$6(C_6), \bar{6}(C_{3h}), 6/m(C_{6h})$ $622, \bar{6}2m, 6mm, 6/mmm$ $(D_6)\,(D_{3h})\,(C_{6v})\,(D_{6h})$	$6/m$ $6/mmm$
Kubisch	$23(T), m\bar{3}(T_h)$ $432(O), \bar{4}3m(T_d), m\bar{3}m(O_h)$	$m\bar{3}$ $m\bar{3}m$

geschieht in den anderen Kristallsystemen, so dass insgesamt von den 32 Kristallklassen im Beugungsbild nur noch 11 unterschiedliche *Laue-Gruppen* übrigbleiben. Sie sind in Tab. 6.3 mit aufgenommen. Im tetragonalen, trigonalen, hexagonalen und kubischen Kristallsystem gibt es jeweils zwei, – eine niedrigere und eine höhere Lauegruppe. Jeder Kristall lässt sich, wenn man sein Beugungsbild aufgenommen hat, einer dieser elf Lauegruppen zuordnen.

Ein Spezialfall tritt bei der „hohen" trigonalen Lauegruppe $\bar{3}m$ auf, wenn man die Orientierung der Spiegelebene bezüglich der kristallographischen Achsen betrachtet: Sie kann nämlich entweder senkrecht zur a-Achse *oder* senkrecht zur [210]-Diagonale stehen (vgl. Abschn. 6.2). Die Lauegruppe $\bar{3}m$ spaltet deshalb bezogen auf das Translationsgitter auf in zwei klar unterscheidbare isomorphe Gruppen $\bar{3}1m$ und $\bar{3}m1$. Analoges gilt für jede der drei zugehörigen Kristallklassen. In der Praxis hat man also bezüglich der Lauesymmetrie die Wahl zwischen 12, bezüglich der Kristallklassen zwischen 35 unterscheidbaren Möglichkeiten zu treffen.

Die Reflexe, die als „asymmetrische Einheit" des reziproken Gitters die vollständige Beugungsinformation eines Kristalls tragen, nennt man auch die *unabhängigen Reflexe*. Die restlichen Reflexe werden durch die Symmetrieoperationen der Lauegruppe erzeugt, man nennt sie *symmetrieäquivalente Reflexe*. Es erhöht die Genauigkeit einer Strukturbestimmung, wenn man auch symmetrieäquivalente Reflexe misst und dann durch Mittelung den Satz von *unabhängigen Reflexen* gewinnt, der den weiteren Strukturrechnungen zugrunde gelegt wird.

6.6 Bestimmung der Raumgruppe

6.6.1 Bestimmung der Lauegruppe

Der erste Schritt zur Bestimmung der Raumgruppe aus dem Beugungsexperiment ist die Suche nach der Lauegruppe. Am besten geschieht dies, indem man die Messdaten in Form des intensitätsgewichteten reziproken Gitters abbildet (siehe Abschn. 7.2). Dies kann mit der Geräte-Software der Einkristall-Diffraktometer geschehen. Dabei ist von großem Vorteil, wenn die ganze auf einem Flächendetektor registrierte Information „pixelweise" ausgewertet und in Koordinaten des reziproken Raums umgerechnet und auf dem Bildschirm dargestellt wird. So kann man beliebige reziproke Schichten inspizieren und sieht auch Reflexaufspaltungen, Fremdreflexe oder Anteile diffuser Streuung. Mit geeigneten Programmen wie WinGX oder SHELXTL sind auch im Nachhinein die Intensitätsdaten aus den für die Strukturrechnungen benutzten Reflex- und Instruktionsdateien farbkodiert auf dem Bildschirm in Form von Schichten des reziproken Gitters sichtbar zu machen. Hier sieht man aber natürlich nur noch, was bei der Auswertung der Daten extrahiert wurde (siehe Kap. 7).

Die Lauegruppe eines Kristalls lässt sich direkt aus der Symmetrie der Reflexintensitäten (die der Reflexlagen ist selbstverständlich Voraussetzung) im intensitätsgewichteten reziproken Gitter ablesen. Für jede Lauegruppe kann man sich leicht selbst ableiten, welche Reflexe symmetrieäquivalent sind, also etwa gleiche Intensitäten haben sollten, indem man unter Berücksichtigung der Blickrichtungen (Abschn. 6.2) die Symmetrieelemente der möglichen Lauegruppe in den Ursprung des reziproken Gitters legt (Vorsicht, die Blickrichtungen beziehen sich auf die realen Achsen!). Dann kann man auf einen Blick sehen, welche Reflexe durch diese Elemente ineinander überführt werden und kann prüfen, ob sie auch gleiche Intensität besitzen. Sonst muss man an genügend Reflexpaaren des Datensatzes prüfen, ob sie im Rahmen der Fehlergrenzen symmetrieäquivalent sind oder nicht. Welche Reflexklassen in den verschiedenen Lauegruppen gleiche Intensitäten aufweisen, ist in Tab. 6.4 zusammengestellt.

Heute wird man in den gängigen Programmen wie SHELXTL, WINGX oder OLEX bei der Wahl der Lauegruppe unterstützt, indem eine Mittelung symmetrieäquivalenter Reflexe für alle Lauegruppen durchgeführt wird. Als Kriterium für die Richtigkeit einer möglichen Lauegruppe wird ein sog. interner R-Wert berechnet, der die mittlere relative Abweichung der Einzelintensitäten bzw. F_o^2-Werte aller äquivalenten Reflexe vom Mittelwert $F_o^2(m)$ angibt.

$$R(\text{int}) = \frac{\sum |F_o^2 - F_o^2(m)|}{\sum F_o^2}$$

Tab. 6.4 Reflexklassen mit gleichen Intensitäten in den $11(+1)$ Lauegruppen ($i = -h - k$)

Lauegruppe	Äquivalente Reflexe
$\bar{1}$	$hkl = \bar{h}\bar{k}\bar{l}$
$2/m$	$hkl = h\bar{k}l = \bar{h}k\bar{l} = \bar{h}\bar{k}\bar{l}$
mmm	$hkl = \bar{h}kl = h\bar{k}l = hk\bar{l} = \bar{h}\bar{k}l = \bar{h}k\bar{l} = h\bar{k}\bar{l} = \bar{h}\bar{k}\bar{l}$
$4/m$	$hkl = \bar{k}hl = \bar{h}\bar{k}l = k\bar{h}l = hk\bar{l} = \bar{k}h\bar{l} = \bar{h}\bar{k}\bar{l} = k\bar{h}\bar{l}$
$4/mmm$	$hkl = khl = \bar{h}kl = \bar{k}hl = \bar{k}\bar{h}l = \bar{h}\bar{k}l = h\bar{k}l = k\bar{h}l$ $= kh\bar{l} = \bar{h}k\bar{l} = \bar{k}h\bar{l} = \bar{k}\bar{h}\bar{l} = \bar{h}\bar{k}\bar{l} = h\bar{k}\bar{l} = k\bar{h}\bar{l}$
$\bar{3}$	$hkl = kil = ihl = \bar{k}\bar{i}\bar{l} = \bar{i}\bar{h}\bar{l} = \bar{h}\bar{k}\bar{l}$
$\bar{3}m1$	$hkl = \bar{h}\bar{i}l = ihl = \bar{k}\bar{h}l = kil = \bar{i}\bar{k}l$ $= kh\bar{l} = \bar{k}\bar{i}\bar{l} = ik\bar{l} = \bar{h}\bar{k}\bar{l} = hi\bar{l} = \bar{i}\bar{h}\bar{l}$
$\bar{3}1m$	$hkl = khl = ikl = ihl = hil = kil$ $= \bar{h}\bar{i}\bar{l} = \bar{k}\bar{i}\bar{l} = \bar{k}\bar{h}\bar{l} = \bar{h}\bar{k}\bar{l} = \bar{i}\bar{k}\bar{l} = \bar{i}\bar{h}\bar{l}$
$6/m$	$hkl = \bar{k}\bar{i}l = ihl = \bar{h}\bar{k}l = kil = \bar{i}\bar{h}l$ $= hk\bar{l} = \bar{k}\bar{i}\bar{l} = ih\bar{l} = \bar{h}\bar{k}\bar{l} = ki\bar{l} = \bar{i}\bar{k}\bar{l}$
$6/mmm$	$hkl = khl = \bar{h}\bar{i}l = \bar{k}\bar{i}l = ikl = ihl = \bar{k}\bar{h}l = \bar{h}\bar{k}l$ $= hil = kil = \bar{i}\bar{k}l = \bar{i}\bar{h}l$ $= hk\bar{l} = kh\bar{l} = \bar{h}\bar{i}\bar{l} = \bar{k}\bar{i}\bar{l} = ik\bar{l} = ih\bar{l} = \bar{k}\bar{h}\bar{l} = \bar{h}\bar{k}\bar{l}$ $= hi\bar{l} = ki\bar{l} = \bar{i}\bar{k}\bar{l} = \bar{i}\bar{h}\bar{l}$
$m\bar{3}$	$hkl = klh = lkh = \bar{h}kl = h\bar{k}l = hk\bar{l} = \bar{k}lh = k\bar{l}h$ $= kl\bar{h} = \bar{l}hk = l\bar{h}k = lh\bar{k} = \bar{k}\bar{l}h = \bar{k}l\bar{h} = \bar{k}\bar{l}h = l\bar{h}\bar{k}$ $= \bar{l}\bar{h}k = \bar{l}h\bar{k} = \bar{h}\bar{k}l = \bar{h}k\bar{l} = h\bar{k}\bar{l} = \bar{h}\bar{k}\bar{l} = \bar{k}\bar{l}\bar{h} = \bar{l}\bar{h}\bar{k}$
$m\bar{3}m$ zusätzlich zu $m\bar{3}$	$= lkh = khl = hlk = \bar{h}lk = \bar{k}hl = \bar{l}kh = h\bar{l}k = k\bar{h}l$ $= l\bar{k}h = h l\bar{k} = kh\bar{l} = lk\bar{h} = \bar{h}\bar{l}k = k\bar{h}\bar{l} = l\bar{k}\bar{h} = \bar{h}l\bar{k}$ $= \bar{k}h\bar{l} = \bar{l}k\bar{h} = \bar{h}\bar{l}k = \bar{k}\bar{h}l = \bar{l}\bar{k}h = \bar{h}\bar{l}k = \bar{k}\bar{h}\bar{l} = \bar{l}\bar{k}\bar{h}$

Ergeben sich in mehreren Lauegruppen ähnlich niedrige $R(\text{int})$-Werte, so ist meist die mit der höchsten Symmetrie die richtige, soweit sie mit der Metrik der Elementarzelle vereinbar ist.

> Die Ableitung symmetrieäquivalenter Reflexe kann man sich im trigonalen und hexagonalen Kristallsystem dadurch erleichtern, dass man mit 4 sog. Miller-Bravais-Indices $hkil$ arbeitet: Der zusätzliche Index i gibt den reziproken Achsenabschnitt auf der zu a und b äquivalenten $[\bar{1}\bar{1}0]$-Achse an und berechnet sich zu $i = -(h + k)$. Damit erhält man z. B. die durch eine dreizählige Achse $\|c$ symmetrieäquivalenten Reflexe einfach durch zyklische Vertauschung der ersten drei Indices: $hkil \longrightarrow kihl \longrightarrow ihkl$.

Mit der Zuordnung des Kristalls zu einer der elf Lauegruppen ist auch das Kristallsystem endgültig festgelegt. Damit ist allerdings noch nicht sehr viel gewonnen, da zu jeder

Lauegruppe mehrere Kristallklassen und zu jeder Kristallklasse meist eine ganze Reihe von Raumgruppen gehören. Man braucht also noch zusätzliche Symmetrieinformation, um mögliche Raumgruppen eingrenzen zu können.

6.6.2 Systematische Auslöschungen

Dazu kann man die Eigenschaft aller translationshaltigen Symmetrieelemente nutzen, dass sie zum systematischen Fehlen, zur „Auslöschung" bestimmter Reflexklassen führen. Im Angelsächsischen wird unglücklicherweise derselbe Ausdruck ‚extinction' für Auslöschung wie für die in Abschn. 10.5 behandelte Extinktion verwendet. Die Auslöschung lässt sich am Beispiel der reinen Translationssymmetrie der Raumzentrierung (Bravais-Typ I) gut anschaulich machen: Hier gibt es für jedes Atom auf einer Lage x, y, z ein äquivalentes mit den Parametern $\frac{1}{2} + x, \frac{1}{2} + y, \frac{1}{2} + z$. Legt man den Nullpunkt der Zelle in das erste Atom, vereinfachen sich die Lagen auf $0,0,0$ und $\frac{1}{2}, \frac{1}{2}, \frac{1}{2}$. Nun kann man den Strukturfaktor, – der Einfachheit halber unter Annahme von Zentrosymmetrie – für einen beliebigen Reflex hkl aus der Summe dieser beiden Atombeiträge ausrechnen:

$$F_c(hkl) = f \, \cos[2\pi(h \cdot 0 + k \cdot 0 + l \cdot 0)] + f \, \cos[2\pi(h/2 + k/2 + l/2)]$$
$$= f + f \, \cos[\pi(h + k + l)]$$

Da die Summe $h + k + l$ stets ganzzahlig ist, nimmt der cos für geradzahlige Summen den Wert $+1$, für ungeradzahlige den Wert -1 an. Das bedeutet, dass für $h + k + l = 2n + 1$ sich $F_c = 0$ ergibt: alle Reflexe, die dieser *Auslöschungsregel* gehorchen, fehlen. Im Fall einer I-Zentrierung fehlt also jeder zweite Reflex. In der Skizze (Abb. 6.12) wird dies für die Reflexe 100 und 200 anschaulich gemacht.

Bei Einstrahlung unter dem richtigen Beugungswinkel für den 100-Reflex erzeugt die Zentrierung eine zusätzliche äquivalente Ebene mit dem *halben* Netzebenenabstand, die deshalb einen Gangunterschied von $\lambda/2$ verursacht, also zu Auslöschung führt. Bei Ein-

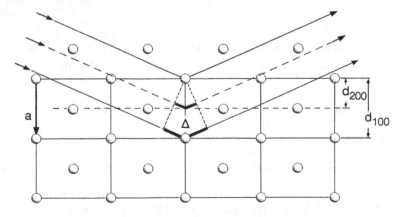

Abb. 6.12 Zur Auslöschung des Reflexes 100 bei I-Zentrierung

strahlung unter dem höheren Winkel θ für den 200-Reflex wird die Reflexion, wie in Abschn. 3.6 behandelt, ohnehin mit einem (fiktiven) Netzebenensatz mit Abstand $d/2$ beschrieben. Durch die Zentrierung entsteht hier also keine zusätzliche Ebene, auch die zentrierenden Atome streuen in Phase, ein Reflex kommt zustande (mit doppelter Intensität im Vergleich zum nicht zentrierten Fall). Dass im Fall einer I-Zentrierung die Hälfte der Reflexe fehlt, ist natürlich eine direkte Folge davon, dass man die Elementarzelle zuvor verdoppelt hat, um die Symmetrie besser beschreiben zu können.

Ähnliches geschieht bei allen anderen translationshaltigen Symmetrieelementen, denn alle führen zu Unterteilungen in bestimmten Richtungen. Der Röntgenstrahl „sieht" also Translationssymmetrie. Aus der Reflexklasse, die von einer Auslöschung betroffen ist, kann man auf den Typ des Symmetrieelements und seine Orientierung in der Elementarzelle schließen: *Integrale Auslöschungen* betreffen alle Reflexe *hkl* und geben Hinweise auf Zentrierungen; durch sie erkennt man direkt den Bravais-Typ. *Zonale Auslöschungen* sind nur auf reziproken Ebenen $0kl$, $h0l$, $hk0$ oder hhl zu sehen (Zonen sind Gruppen von Netzebenen mit einer gemeinsamen Achse). Sie zeigen Gleitspiegelebenen senkrecht *a*, *b*, *c* bzw. [110] an (Beispiel in Abb. 6.13). *Serielle Auslöschungen* schließlich betreffen nur die reziproken Geraden $h00$, $0k0$, $00l$ oder $hh0$ und weisen auf Schraubenachsen parallel *a*, *b*, *c* bzw. [110] hin.

Der Typ der Auslöschung zeigt an, wo die Zentrierung erfolgt, welche Gleitrichtung eine Gleitspiegelebene hat, bzw. welcher Schraubenachsentyp vorliegt. Eine Zusammenstellung aller Auslöschungstypen und der Symmetrieelemente, die man daraus entnehmen kann, bringt Tab. 6.5. In den Raumgruppen-Tafeln der Int. Tables (Beispiel Abb. 6.9 rechts oben) sind sie umgekehrt als „reflection conditions", also Bedingungen für das Vorhandensein von Reflexen aufgeführt.

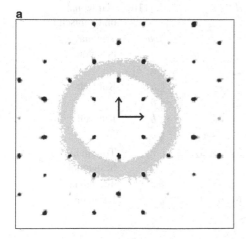
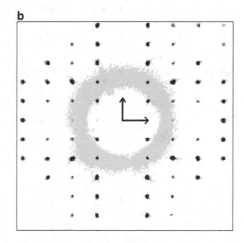

Abb. 6.13 Rez. Gitterebenen $hk0$ (**a**) und $hk1$ (**b**) (aus einer Flächendetektormessung, a^* vertikal, b^* horizontal) mit Auslöschungen für eine n-Gleitspiegelebene ($hk0$: $h + k \neq 2n$) senkrecht c und eine c-Gleitspiegelebene ($h0l$: $l \neq 2n$) senkrecht b

Tab. 6.5 Systematische Auslöschungen und verursachende Symmetrieelemente

Auslöschungstyp	Reflexklasse	Auslöschungsbedingung		Verursachendes Element	Bemerkung
Integral	hkl	—		P	
		$h+k+l$	$\neq 2n$	I	
		$h+k$	$\neq 2n$	C	
		$k+l$	$\neq 2n$	A	
		$h+l$	$\neq 2n$	B	
		letzte 3	zugleich	F	
		$-h+k+l$	$\neq 3n$	R (obvers)	s. Abschn. 2.2.1
		$h-k+l$	$\neq 3n$	R (revers)	
Zonal	$0kl$	k	$\neq 2n$	b	$\perp a$
		l	$\neq 2n$	c	$\perp a$
		$k+l$	$\neq 2n$	n	$\perp a$
		$k+l$	$\neq 4n$	d	$\perp a$ nur bei F
	$h0l$	h	$\neq 2n$	a	$\perp b$
		l	$\neq 2n$	c	$\perp b$
		$h+l$	$\neq 2n$	n	$\perp b$
		$h+l$	$\neq 4n$	d	$\perp b$ nur bei F
	$hk0$	h	$\neq 2n$	a	$\perp c$
		k	$\neq 2n$	b	$\perp c$
		$h+k$	$\neq 2n$	n	$\perp c$
		$h+k$	$\neq 4n$	d	$\perp c$
	hhl	l	$\neq 2n$	c	$\perp [110]$ Tetragonal und kubisch
				c	$\perp [120]$ Trigonal
		$2h+l$	$\neq 4n$	d	$\perp [110]$ Tetragonal und kubisch I
		l	$\neq 2n$	c	$\perp a$ Trigonal, hexagonal
Seriell	$h00$	h	$\neq 2n$	2_1	$\parallel a$
		h	$\neq 4n$	$4_1, 4_3$	$\parallel a$ Kubisch
	$0k0$	k	$\neq 2n$	2_1	$\parallel b$
		k	$\neq 4n$	$4_1, 4_3$	$\parallel b$ Kubisch
	$00l$	l	$\neq 2n$	$2_1, 4_2, 6_3$	$\parallel c$
		l	$\neq 3n$	$3_1, 3_2, 6_2, 6_4$	$\parallel c$ Trigonal, hexagonal
		l	$\neq 4n$	$4_1, 4_3$	$\parallel c$ Tetragonal, kubisch
		l	$\neq 6n$	$6_1, 6_5$	$\parallel c$ Hexagonal

Beugungssymbole Nachdem man über die Bestimmung der Lauegruppe die wenigen möglichen Kristallklassen und damit eine – allerdings meist recht große – Zahl möglicher Raumgruppen gefunden hat, kann man nun nach Untersuchung der im Beugungsbild zu findenden Auslöschungen die Auswahl sehr stark eingrenzen. Die Summe der dem Beugungsbild entnehmbaren Hinweise auf die Raumgruppe kann man in einem *Beugungssymbol* (Int. Tab. Vol. A, 3.3) zusammenfassen, das zuerst die Lauegruppe benennt, dann den Bravais-Typ und danach die translationshaltigen Symmetrieelemente in den verschiedenen Blickrichtungen. Das Fehlen eines solchen Elements wird durch einen Strich angezeigt. Nur die Raumgruppen, die die entsprechenden translationshaltigen Symmetrieelemente haben, sind noch möglich. Das Beugungssymbol $2/mC1c1$ zeigt also z. B. monokline Lauesymmetrie an, C-Zentrierung, *keine* 2_1-Achse parallel b, aber senkrecht dazu eine c-Gleitspiegelebene. Folglich kommen die Raumgruppen $C2/c$ oder Cc in Frage.

Die Wahl kann eindeutig sein, wenn eine Raumgruppe *nur* translationshaltige Symmetrieelemente besitzt, z. B. bei der am häufigsten vorkommenden Raumgruppe $P2_1/c$ (Nr. 14). Die Auswahl wird größer, wenn, vor allem im orthorhombischen System, zwischen 2-zähligen Achsen und Spiegelebenen zu wählen ist, denn diese Symmetrieelemente lassen sich weder in der Lauegruppe unterscheiden, noch verursachen sie Auslöschungen. Findet man beispielsweise die Lauegruppe mmm und keine Auslöschung (Beugungssymbol $mmm\ P$ - - -), so sind die Raumgruppen $P222$, $Pmm2$ und $Pmmm$ möglich, wobei für $Pmm2$ drei Möglichkeiten bestehen. Die 2-zählige Achse kann nämlich entlang a, b oder c liegen (Raumgruppen $P2mm$, $Pm2m$, $Pmm2$). Weiß man, wo sie liegt, wird man gegebenenfalls durch Umbenennung der Achsen die Zelle so aufstellen, dass die Standardaufstellung der Raumgruppe $Pmm2$ resultiert. Für weniger Geübte bieten die *Intern. Tables, Vol. A, Tab. 3.2* Hilfe in der Art einer Pflanzenbestimmungstabelle.

Stehen mehrere Raumgruppen zur Wahl, so muss man entweder andere Kriterien zu Rate ziehen, wie physikalische Eigenschaften (z. B. Piezoelektrizität), die Patterson-Symmetrie (s. Abschn. 8.2) oder die strukturchemische Plausibilität. Man kann auch versuchen, die Struktur in allen der möglichen Raumgruppen zu lösen und zu beschreiben. Meist führt nur die richtige zum Ziel (vgl. Kap. 11). Wichtig ist aber vor allem, dass man nach Lösung (Kap. 8) und Verfeinerung (Kap. 9) der Struktur stets prüft, ob das Strukturmodell sich nicht auch in einer anderen Raumgruppe beschreiben lässt.

Das erwähnte Beispiel der Raumgruppe $Pmm2$ wirft das sich häufig stellende Problem auf, dass man nachträglich die Elementarzelle transformieren muss.

6.7 Transformationen

Transformationen der Elementarzelle beschreibt man am besten durch Multiplikation einer 3×3-Matrix, der *Transformationsmatrix*, in der zeilenweise die drei Komponenten der neuen in den Richtungen der alten Achsen a, b, c angegeben werden, mit der Spalte

Abb. 6.14 Alternative Aufstellung einer monoklinen
Zelle mit Raumgruppe $P2_1/c$
bzw. $P2_1/n$ (*gestrichelt*)

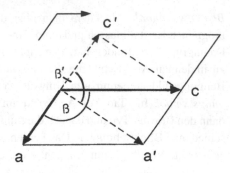

der alten Gitterkonstanten[1] (Gl. 6.3).

$$\begin{pmatrix} t_{11} & t_{12} & t_{13} \\ t_{21} & t_{22} & t_{23} \\ t_{31} & t_{32} & t_{33} \end{pmatrix} \begin{pmatrix} a \\ b \\ c \end{pmatrix} = \begin{pmatrix} a' \\ b' \\ c' \end{pmatrix} \qquad (6.3)$$

Dann erhält man die neuen Achsen a', b', c', ausgedrückt im alten Achsensystem.

$$a' = t_{11}a + t_{12}b + t_{13}c$$
$$b' = t_{21}a + t_{22}b + t_{23}c$$
$$c' = t_{31}a + t_{32}b + t_{33}c$$

Da es sich um Vektoroperationen handelt, muss man die Beträge der neuen Gitterkonstanten und Winkel explizit berechnen. Dafür sei ein in der Praxis wichtiges Beispiel
vorgestellt, die Transformation einer monoklinen Zelle mit der Raumgruppe $P2_1/c$ in die
alternative Aufstellung mit der Raumgruppe $P2_1/n$ (Abb. 6.14). Dies sind zwei äquivalente Beschreibungen derselben Raumgruppe. Man sollte, wie schon erwähnt, immer die
Aufstellung wählen, bei der der monokline Winkel am nächsten bei 90° liegt (aber immer
$\geq$ 90° bleibt), da dies, zumindest bei großen Winkeldifferenzen, zu besseren Verfeine-
rungsergebnissen führen kann (s. Kap. 9). Da die Gleitkomponente der Gleitspiegelebene
nach der Transformation statt in c in die Diagonalrichtung weist, ändert sich ihr Symbol
von c nach n.

$$\text{Transformationsmatrix:} \quad \begin{pmatrix} 1 & 0 & 1 \\ 0 & 1 & 0 \\ \bar{1} & 0 & 0 \end{pmatrix}$$

$$a' = \sqrt{a^2 + c^2 - 2ac\,\cos(180° - \beta)}$$
$$c' = a$$
$$\beta' = 180° - \arccos\frac{a^2 + a'^2 - c^2}{2aa'}$$

---

[1] Im Gegensatz zu der hier und in den gängigen kristallographischen Programmen benutzten zeilen-
weisen Notation sind Matrizen in den „Intern. Tables" spaltenweise geschrieben.

Je nach Abmessungen der Zelle kann natürlich die Wahl der anderen Flächendiagonale als neue Achse günstiger sein. Das kann man leicht durch eine etwa maßstäbliche Handskizze beurteilen. Ein ähnlicher Fall liegt vor bei den alternativen Aufstellungen der Raumgruppe $C2/c$ bzw. $I2/a$. Obwohl die Aufstellung $I2/a$, wie oben $P2_1/n$ früher als nichtkonventionelle Aufstellungen galten (sie waren in den älteren Int. Tables Vol. I nicht extra aufgeführt), sollte man sich nicht scheuen, sie zu benutzen, wenn dadurch ein deutlich kleinerer monokliner Winkel resultiert. Es ist in jedem Fall ein „Kunstfehler", mit Winkeln $> 120°$ zu arbeiten.

Ein Sonderfall ist die kubische Raumgruppe $Pa\overline{3}$ (Nr. 205, vollständiges Symbol $P2_1/a\overline{3}$): In dieser zentrosymmetrischen Raumgruppe kann man trotz der kubischen Symmetrie die Achsen nicht beliebig vertauschen, da sich dabei die Richtungen der Gleitspiegelungen ändern. Will man die Symmetrie-Codes der Int. Tables und die dadurch festgelegten Auslöschungsregeln für die Aufstellung $Pa\overline{3}$ verwenden, so muss man sicherstellen, dass die Achsenwahl der dort festgesetzten Orientierung entspricht. Danach muss senkrecht a eine b-Gleitspiegelebene, senkrecht b eine c- und senkrecht c eine a-Gleitspiegelebene liegen. Dies kann man an Hand der Auslöschungen prüfen; findet man in allen drei Richtungen Gleitspiegelebenen, jedoch mit anderen Gleit-Komponenten, so muss man die Achsen entsprechend transformieren. Andernfalls müsste man die Symmetrieoperationen für die unkonventionelle Aufstellung $Pb\overline{3}$ verwenden.

Immer wenn im Laufe einer Strukturbestimmung die Elementarzelle transformiert wird, müssen natürlich auch die Millerschen Indizes der Reflexe und die Atomparameter des Strukturmodells entsprechend transformiert werden. Für die Gitterkonstanten und die Reflexe gilt dieselbe Transformationsmatrix. Zur Transformation der Atomparameter x, y, z muss sie jedoch invertiert werden. Es ist ein beliebter Fehler, nach Transformation der Reflexe und der Parameter zu vergessen, auch in der Instruktionsdatei für die Strukturverfeinerung die transformierten Gitterkonstanten einzutragen (s. Abschn. 11.3).

Experimentelle Methoden

7

Dieses Kapitel beschäftigt sich mit den wichtigsten Methoden, mit denen man die für eine röntgenographische Einkristall-Strukturbestimmung notwendigen Messdaten erhält. Der erste Schritt dabei ist natürlich die Gewinnung eines geeigneten Kristalls.

7.1 Einkristalle: Züchtung, Auswahl und Montage

Das *Wachstum von Kristallen* wird im Wesentlichen durch das Verhältnis der Geschwindigkeiten der Keimbildung und des Kristallwachstums gesteuert. Man sollte stets anstreben, dass die Keimbildungsgeschwindigkeit kleiner als die Wachstumsgeschwindigkeit ist, da sonst meist nur verwachsene Konglomerate vieler kleiner Kristallite entstehen. Auch die Wachstumsgeschwindigkeit sollte selbst nicht zu hoch sein, um nicht zu viele Kristallbaufehler zu erhalten. Die Mittel, wie diese Ziele zu erreichen sind, sind leider bei neuen Verbindungen kaum vorherzusagen, oft eine Sache des „Fingerspitzengefühls". Je nach Substanz kann die Kristallzüchtung aus Lösung, aus der Schmelze oder aus der Gasphase erfolgen. Hier sollen nur einige einfache Methoden zusammengestellt sowie einige praktische Hinweise dazu gegeben werden.

Kristallzüchtung aus Lösung Die zu kristallisierende Substanz sollte wenig löslich sein. Meist ist die langsame Abkühlung einer gesättigten Lösung, z. B. indem man das Gefäß in einen Styroporbehälter oder ein Dewargefäß stellt, günstiger als Eindunsten lassen. Um die Keimzahl klein zu halten, sollten neue, glatte Glasgefäße, z. B. Petrischalen oder auch Teflonschalen verwendet werden. Die Gefäße sollten ruhig stehen, nicht in der Nähe von vibrierenden Pumpen oder Abzugmotoren. Höhere Temperaturen sind, wenn möglich, tieferen (z. B. im Tiefkühlfach des Kühlschranks) vorzuziehen, da die Gefahr des meist störenden Lösungsmitteleinbaus dadurch verringert wird. Außerdem erleichtert eine höhere Aktivierungsenergie das Ausheilen von anfänglich aufgetretenen Kristallbaufehlern. Als günstig erweist sich auch oft ein kleiner Temperaturgradient: z. B. kann man ein Rea-

© Springer Fachmedien Wiesbaden 2015
W. Massa, *Kristallstrukturbestimmung*, Studienbücher Chemie,
DOI 10.1007/978-3-658-09412-6_7

Abb. 7.1 Beispiel für Ein-
kristallzüchtung nach der
Diffusionsmethode

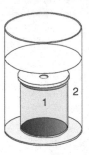

genzglas in die schräge Bohrung eines langsam abkühlenden Metallblocks stellen, so dass
der obere Teil herausragt. Dadurch erzielt man Stofftransport durch Konvektion in der
Lösung.

Bei Misserfolg empfiehlt sich vor allem Variation des Lösungsmittels, wobei möglichst
auf CCl_4, $CHCl_3$ und ähnliche Solventien mit schwereren Atomen verzichtet werden sollte, da sie erfahrungsgemäß oft in Kristallen eingebaut werden und dort durch Fehlordnung
die Genauigkeit der Strukturbestimmung herabsetzen können.

Wenn sich die Verbindung durch Zusammengeben zweier Reaktionslösungen herstel-
len lässt, ist oft die Kristallisation der Verbindung direkt bei der Synthese von Vorteil.
Kristalle bilden sich z. B. häufig, wenn man die beiden Lösungen langsam ineinander dif-
fundieren lässt.

Abbildung 7.1 zeigt eine Variante dieser *Diffusionsmethode*, die sich als besonders einfach und trotzdem erfolgreich erwiesen hat. Dabei wird ein völlig gefülltes Präparateglas
(Lösung 1) mit durchbohrtem Deckel vorsichtig in ein größeres (Lösung 2) versenkt. Im
kleineren Behälter kann Aufschwimmen durch ein inertes Metall- oder Keramikteil als
Ballast verhindert werden.

In schwierigen Fällen kann die Diffusionsgeschwindigkeit durch Verwendung einer
Dialysemembran oder eines Gels noch reduziert werden. Verwandt mit der Diffusionsmethode ist die Kristallisation dadurch, dass man ein zweites Lösungsmittel mit geringerem
Lösungsvermögen entweder direkt, über eine Membran oder über die Gasphase eindiffun-
dieren lässt.

Hydrothermalmethode Vor allem bei sehr schwer löslichen anorganischen Verbindungen kommt die Hydrothermalmethode in Frage, bei der die Substanz in einem meist
wässrigen Lösungsmittel (Wasser, Alkalilaugen, Flusssäure u.s.w.), in dem sie unter Nor-
malbedingungen unlöslich ist, in einem kleinen Autoklaven so hoch erhitzt wird (meist
200–600 °C), dass Drücke von einigen hundert bar entstehen. Unter diesen z. T. überkri-
tischen Bedingungen lösen sich die meisten Verbindungen auf und kristallisieren beim
langsamen Abkühlen aus. Auch andere Lösungsmittel lassen sich bei dieser dann *Solvo-
thermalmethode* genannten Technik einsetzen. Oft benutzt man die Hydro- oder Solvo-
thermalmethode schon zur Synthese der Verbindung. Da unter Druck Ordnung begünstigt
wird, erhält man in relativ kurzer Zeit oft sehr gute Kristalle. Eine moderne Variante

davon, die Ionothermal-Synthese, verwendet ionische Flüssigkeiten, unter 100 °C schmelzende Salze organischer Kationen.

Aus der Schmelze gezogene Kristalle sind meistens weniger für röntgenographische Zwecke geeignet, da der erstarrte Schmelzkuchen zerkleinert werden muss, um ein einkristallines Bruchstück geeigneter Größe zu finden. Dabei entstehen normalerweise keine schönen Begrenzungsflächen, so dass die optische Beurteilung und die Vermessung für eine numerische Absorptionskorrektur (siehe Abschn. 7.7) erschwert werden. Oft leidet dabei auch die Qualität des Kristalls. Bei vielen nicht unzersetzt löslichen typischen anorganischen Festkörperverbindungen ist dies jedoch die einzig mögliche Methode. In der abgewandelten Form, einige 10° unter dem Schmelzpunkt zu sintern, kann man jedoch oft in den Hohlräumen oder an der Oberfläche des noch lockeren Sinterkuchens einzelne gut ausgebildete Exemplare der richtigen Größe finden. Daher empfiehlt es sich, das thermische Verhalten der Substanz vorher durch DTA- oder DSC-Untersuchungen festzustellen, um den richtigen Temperaturbereich einstellen zu können. Dabei erkennt man auch mögliche Phasenübergänge, bei deren Durchlaufen ein Kristall verzwillingen kann (siehe Abschn. 11.2).

Sublimation Die Sublimation kann sehr gute Kristalle liefern, ist aber auf wenige geeignete Proben beschränkt. Ähnliches gilt für die Methode des *Chemischen Transports*. Wenn ein geeignetes Transportmittel gefunden wird, können zahlreiche – vor allem binäre – Chalkogenide und Halogenide in Form schöner, oft eher zu großer Kristalle erhalten werden. Für weitere Hinweise zum Thema Kristallisation sei auf einen Übersichtsartikel von Hulliger [18] verwiesen.

Die *Kristallgröße* sollte sich nach der verwendeten Röntgenquelle und dem Absorptionsverhalten der Verbindung richten. Bei einer konventionellen Röntgenröhre mit Kollimator oder Kapillarkollimator (s. Abschn. 3.1) begrenzt dieser den nutzbaren Strahldurchmesser. Meist sollte der Kristall 0,5 mm nicht überschreiten, da der Bereich konstanter Intensität im Querschnitt des Röntgenstrahls normalerweise nicht größer ist. Bei schwach streuenden Kristallen, z. B. sehr dünnen Nadeln, kann man auch bis ca. 0,8 mm gehen, da der Gewinn an Intensität die einsetzenden Fehler durch die Strahlinhomogenität wettmacht. Dann kann auch die weichere Cu-Strahlung von Vorteil sein (falls sie zur Verfügung steht), da hier die „Ausbeute" an gebeugter Strahlung bis ca. 8× größer ist als bei der härteren Mo-Strahlung. Andererseits kann je nach den vorhandenen Elementen die Absorption bei Cu-Strahlung bis ca. 10-fach stärker sein als bei Mo-Strahlung. Außerdem ist der Untergrund durch stärkere Streuung am Kristallträger, am Kleber bzw. Öl zur Kristallbefestigung, und an der Luft deutlich höher, so dass dadurch die Qualität der Messdaten deutlich mehr leidet als bei Mo-Strahlung. Deshalb verwendet man Cu-Strahlung meist nur bei Leichtatomstrukturen, fast immer in der Protein-Kristallographie, oder bei sehr kleinen Kristallen mit schwereren Elementen, sonst eher die Mo-Strahlung. Dazu kommt, dass man bei Verwendung von Cu-Strahlung bis zu hohen Beugungswinkeln von mindestens $2\theta = 70°$ messen sollte, was nicht auf allen Flächendetektorsystemen möglich ist. Bei den modernen Mikrofokus-Röntgenquellen kann der nutzbare Strahldurchmesser

deutlich kleiner sein, das hängt vom verwendeten Gerätetyp ab. Bei stark absorbierenden
Kristallen gibt es eine optimale Größe, bei der sich die mit zunehmendem Volumen natürlich wachsende Streukraft und die mit der zu durchstrahlenden Dicke des Kristall sehr
rasch anwachsende Absorption zu einem Maximum an messbarer Intensität überlagern.
Kennt man den Absorptionskoeffizienten μ für die gewählte Wellenlänge, so lässt sich die
optimale Dicke des Kristalls nach der Faustregel

$$D = \frac{2}{\mu}$$

ausrechnen. Man sieht, dass man bei sehr hoher Absorption, wie z. B. bei Bi-Verbindungen,
nur sehr kleine Kristalle vermessen kann, so dass dann prinzipiell nur schwache Datensätze zu erhalten sind. Näheres zum Problem der Absorption findet sich in Abschn. 7.7.

Sammelt man die Daten durch Rotation des Kristalls nur um eine einzige Achse, wie es
bei Flächendetektorsystemen mit großem Durchmesser oft möglich ist (s. Abschn. 7.3),
so kann man bei zu langen Nadeln auf Schneiden verzichten. Man befestigt sie nur im
unteren Bereich und zentriert einen geeigneten Abschnitt in den Röntgenstrahl. Da sich
bei der Rotation das bestrahlte Volumen nicht ändert, erhält man gute Daten, sogar ohne
Untergrundbeiträge der Kristallbefestigung.

Die *Kristallqualität* beurteilt man am besten mit einem Stereomikroskop bei ca. 20–80-
facher Vergrößerung unter polarisiertem Licht. Die meisten Kristalle sind transparent. Nur
kubische Kristalle sind optisch isotrop, d. h. ihr Brechungsindex ist richtungsunabhängig;
die Kristalle mit niedrigeren Kristallklassen sind *optisch anisotrop*. Tetragonale, trigonale
und hexagonale sind *optisch einachsig*. Ihr Brechungsindex ist in c-Achsenrichtung anders
als in der a, b-Ebene. Alle niedriger symmetrischen Kristallklassen sind *optisch zweiach-
sig*, sie zeigen in allen drei Raumrichtungen unterschiedliche Brechungsindizes. Alle in
der Betrachtungsebene optisch anisotropen Kristalle, – die tetragonalen, trigonalen und
hexagonalen also nur, wenn man sie nicht aus der c-Richtung betrachtet, – drehen die Ebene des polarisierten Lichts. Im Polarisationsmikroskop beleuchtet man sie im Durchlicht
mit polarisiertem Licht und setzt vor das Objektiv ein zweites drehbares Polarisationsfilter,
das man so einstellt, dass das Gesichtsfeld dunkel ist (gekreuzte Polarisationsrichtungen).
Wenn der Kristall die Polarisationsebene dreht, so sieht man ihn hell vor dunklem Hinter-
grund. Dreht man ihn selbst in der Bildebene, so wechselt er bei geeigneter Stellung nach
dunkel (er „löscht aus") und wird bei weiterer Drehung wieder hell. Dies wiederholt sich
alle 90°. Ist ein Kristall nun verwachsen, d. h. aus mehreren Individuen zusammengesetzt,
so löschen die einzelnen Bereiche des Kristalls bei verschiedenen Drehwinkeln aus. Risse
im Kristall erkennt man oft als helle Linien im dunkel gestellten Kristall. Kristalle, die
solche Fehler zeigen, sollte man verwerfen oder durch Spalten mit einem feinen Skalpell
störende Bereiche entfernen. Oft ist ein Zuschneiden des Kristalls nötig, um das richtige
Format zu erreichen. Um ein Wegspringen der Bruchstücke zu verhindern, kann man diese
Operation unter einer inerten Flüssigkeit wie Paraffin-, Silikon- oder Teflonöl durchführen. Man kann zu große Kristalle auch schonender verkleinern, indem man sie unter dem
Mikroskop durch einen Tropfen Lösungsmittel schiebt. Mechanisch und chemisch stabile

Abb. 7.2 Beispiel für einen
mit etwas Öl auf einer
Kunststoff-Loop aufgenom-
menen Einkristall

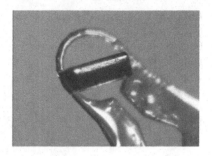

Kristalle kann man von anhaftenden Splittern befreien, indem man sie kurz zwischen mit
Schlifffett benetzten Fingern reibt.

Kristallmontage Bei der heute allgemein üblichen und selbst bei sehr empfindlichen
Kristallen mit Erfolg eingesetzten Methode werden die Kristalle auf einen Objektträger
in einen Tropfen getrocknetes inertes Öl gebracht. Luft- oder feuchtigkeitsempfindliche
Kristalle werden im Schlenkgefäß unter dem Mikroskop ausgewählt und unter strömen-
dem Argon mit einer Drahtspitze so schnell wie möglich in das Öl gebracht. Dort können
sie dann an der Luft unter dem Polarisationsmikroskop geprüft und evtl. geschnitten
werden. Der ausgewählte Kristall wird dann direkt mit der Spitze eines auf einem Goniometerkopf vorzentrierten Glasfadens oder besser einer Kapillare aufgenommen und
sofort auf das Diffraktometer mit laufender Kristallkühlung gebracht. Inzwischen hat sich
stattdessen eine aus der Proteinkristallographie stammende Methode ausgebreitet, bei der
sog. „loops", kleine Kunststoffschlaufen, verwendet werden, um den Kristall zusammen
mit etwas Öl aufzunehmen.

Abbildung 7.2 zeigt einen mit Ölfilm auf einer loop aufgenommenen Kristall. Bei
laufender Kristall-Kühlung sitzt er im gefrorenen Öl fest und die loop bleibt steif. Protein-
kristalle werden in einem Tropfen Mutterlauge darin schockgefroren. Diese loops lassen
sich auf einen Goniometerkopf mit Magnetträger, der auf dem Diffraktometer verbleiben
kann, einfach und schnell aufsetzen.

Deshalb werden sie heute auch routinemäßig bei luftstabilen Kristallen verwendet. Bei
Temperaturen unter ca. −80 °C ist während der Messdauer normalerweise keine Zerset-
zung mehr zu befürchten und der Kristall ist in dem gefrorenen Tropfen stabil fixiert.
Der Nachteil dieser Methode besteht darin, dass bei Verwendung einer größeren Ölmen-
ge die Kristallform oft nicht mehr gut vermessen werden kann, so dass keine sehr exakte
Absorptionskorrektur mehr möglich ist.

In solchen Fällen, oder wenn keine Kristallkühlung vorgesehen oder möglich ist, kann
man die früher allgemein üblichen Methoden der Kristallmontage verwenden: Die Kristalle werden dazu entweder auf *Glasfäden* befestigt, wobei je nach Kristall etwas Schlifffett,
Teflonfett, Zaponlack, Zweikomponenten-Kleber oder sog. Sekundenkleber verwendet
werden. Diese billige und einfache Methode hat den Nachteil, dass der Glasfaden, der
nicht zu dünn sein darf, um Schwingungen auf dem Diffraktometer zu verhindern, selbst

Abb. 7.3 XY-Goniometerkopf
(*links*), mit Bogenschlitten
(*rechts*) (mit frdl. Genehmigung der Fa. Huber)

Strahlung absorbiert und die Untergrundstrahlung erhöht. Oder die Kristalle werden unter dem Mikroskop mithilfe feiner Glasfäden in *Spezialglas- oder Quarzkapillaren* mit
Durchmessern von 0,1 bis 0,7 mm und Wandstärken von ca. 0,01 mm abgefüllt. Hier haben sich vor allem Borosilikat-Kapillaren bewährt, da sie leicht abzuschmelzen sind und
wegen der verwendeten leichten Elemente nur geringe Absorption aufweisen und wenig
zur Untergrundstreuung beitragen. Damit die Kristalle während der Messungen nicht ver-
rutschen können, werden sie meist mit etwas Fett fixiert. Dies bringt man am besten ein,
indem man das untere Ende der Kapillare öffnet und mit einem feinen Glasfaden eine Spur
Fett an die Innenwand bringt. Danach wird sie wieder zugeschmolzen. Diese Kapillaren
können dann nach Einbringen des Kristalls auch „oben" abgeschmolzen werden, so dass
der Kristall geschützt ist. Diese Methode ist vor allem zu empfehlen, wenn ein Kristall
für weitere Untersuchungen aufbewahrt werden soll. Auch wenn man mit einem außen
angeklebtem Kristall arbeitet, ist eine Kapillare günstiger als ein Glasfaden, da sie steifer
ist und wesentlich weniger Glas in den Strahlengang kommt.

   Auch luftempfindliche Kristalle können in Kapillaren montiert werden: Die Auswahl
und Abfüllung in Kapillaren kann dabei in einem Handschuhkasten mit Mikroskop geschehen. Statt sie abzuschmelzen, kann man die Kapillare im Handschuhkasten mit einem
Tröpfchen Sekundenkleber verschließen. Bei der zweiten Methode trifft man die Auswahl
eines oder mehrerer Kristalle in einem speziellen Schlenkrohr mit angesetzten Kapillaren
unter einem Stativmikroskop, füllt diese mit Hilfe eines langen Stabes mit abgebogener
Spitze unter Argongegenstrom ab und schmilzt sie zu.

   Die Kapillaren oder Glasfäden werden selbst am besten mit Pizein (Siegellack) oder
Zweikomponentenkleber in einem kleinen Metallröhrchen befestigt, das man auf einen
Goniometerkopf (Abb. 7.3) aufsetzen kann. Arbeitet man ohne Kristallkühlung kann man
auch Knetmasse, Wachs oder Zaponlack nehmen. Goniometerköpfe haben genormte Maße und Gewinde und passen auf die verschiedenen Einkristall-Kameras und Diffraktometer (s. unten). Alle Goniometerköpfe besitzen zwei senkrecht zueinander stehende Par-

allelschlitten, die eine *Zentrierung* des Kristalls in die Drehachse des Kopfes erlauben. Soll der Kristall auch in definierten Raumstellungen vermessen werden, wie es vor allem früher bei Aufnahmen mit Filmkameras nötig war, müssen sie zusätzlich zwei senkrecht zueinander stehende Bogenschlitten haben, mit denen ein Kristall *justiert* (im Raum gedreht) werden kann (Abb. 7.3). Günstig ist eine Höhenverstellung des Goniometerkopfes, da Einkristall-Diffraktometer dazu oft keine Vorrichtung besitzen. Wegen des auf wenige mm begrenzten Verstellbereichs muss die Kapillare bzw. der Glasfaden so bemessen und im Trägerröhrchen eingesetzt werden, dass der Kristall bereits etwa an der „richtigen" Stelle sitzt. Hilfreich für die Montage und auch die Vermessung des Kristalls ist ein optisches Zweikreisgoniometer, auf dem man sich dann eine Eichmarke für den richtigen Kristallort anbringen kann.

7.2   Röntgenbeugungsmethoden an Einkristallen

Nach der Montage eines Kristalls erfolgt nun das eigentliche Beugungsexperiment, bei dem es darum geht, eine ausreichend große Zahl von Reflexen zu erfassen, normalerweise einige 1000 bis zu mehreren 100 000. Da für jeden Reflex die verantwortliche Netzebene (hkl) im Kristall eine ganz bestimmte räumliche Orientierung hat, muss der Kristall mechanisch im Raum bewegt werden, um alle Netzebenen nacheinander in „Reflexionsstellung" zu bringen, denn der Röntgenstrahl steht im Raum fest. In der Sprache des reziproken Gitters (Kap. 4) ausgedrückt heißt dies, dass man die jeweiligen Streuvektoren d^* durch Bewegen des reziproken Gitters zum Schnitt mit der feststehenden Ewald-Kugel bringen muss (Abb. 4.4).

Die technische Lösung dieses Problems hat in den letzten Jahrzehnten gleich zwei Revolutionen erlebt. Während bis Anfang der 1970er Jahre die klassischen Filmmethoden (z. B. Weissenberg- und Präzessionskameras) im Gebrauch waren, auch zur Messung der Intensitäten, waren die nächsten 25 Jahre durch die Vierkreis-Diffraktometer geprägt, die wiederum seit etwa 20 Jahren nach und nach durch Flächendetektorsysteme abgelöst wurden. Deshalb werden in der vorliegenden Auflage dieses Buches die Filmmethoden und das Messprinzip an Vierkreis-Diffraktometern nicht mehr behandelt. Die folgenden Abschnitte befassen sich dafür eingehender mit den wichtigsten Schritten einer Einkristall-Vermessung auf einem Flächendetektorsystem und der Auswertung dieser Daten.

7.3   Flächendetektorsysteme

Flächendetektorsysteme wurden vor etwa 30 Jahren zuerst in der Protein-Kristallographie eingeführt, werden aber inzwischen auch bei Strukturbestimmungen der hier behandelten „kleineren" Strukturen ganz überwiegend verwendet. Kernstück ist ein Goniometer, an dem die feststehende Strahlungsquelle mit Monochromator bzw. Röntgenspiegel montiert ist, die Mechanik für die Kristallmontage und -Drehung, sowie der Flächendetektor, der die räumliche Lage und Intensität der Reflexe registriert. Heute gehört normalerweise auch eine Kristallkühleinheit dazu, die den Kristall auf bis zu ca. 100 K abkühlt. Ein Rechner steuert das Goniometer und speichert die gesammelten Daten ab. Die derzeit eingesetzten Geräte unterscheiden sich in den Röntgenquellen, in der Zahl der bewegbaren „Kreise" des Goniometers, sowie im Bautyp des Flächendetektors.

Röntgenquellen Die wichtigsten Geräte zur Erzeugung von Röntgenstrahlung wurden bereits in Abschn. 3.1 besprochen. Die bis vor wenigen Jahren ganz überwiegend verwendeten Geräte mit klassischen Röntgenröhren erfordern Hochspannungsgeneratoren mit Gleichrichtern, deren Leistungsaufnahme typischerweise um 5 kW beträgt und brauchen unterbrechungsfreie kräftige Wasserkühlung. Noch aufwändiger sind Drehanodengeneratoren. Heute setzen sich immer mehr Mikrofokus-Quellen durch, die mit einer Leistung von nur 30–50 W vergleichbare oder höhere Strahlbrillanz haben, aber viel einfacher zu kühlen sind und viel niedrigere laufende Kosten haben. Nur wenn ausschließlich organische Strukturen zu bestimmen sind, kann die weichere CuK_α-Strahlung verwendet werden. Für Kristalle mit schwereren Atomen ist MoK_α-Strahlung vorzuziehen. Die Strahlungsquelle ist normalerweise stets in Betrieb, für die einzelnen Aufnahmen wird die Strahlung rechnergesteuert durch einen „Shutter", einen magnetgesteuerten mechanischen Schieber ab- oder eingeblendet. Bei manchen modernen Detektoren wird der Röntgenstrahl während einer Aufnahmenserie gar nicht mehr abgeschaltet, sondern die Aufnahmezeit des Detektors elektronisch geschaltet.

Goniometer Die einfachsten Flächendetektorsysteme arbeiten mit einem *Einkreis-Goniometer*, d. h. mit nur einer vertikalen oder horizontalen Drehachse für die schrittweise Kristalldrehung (ω-Kreis). Hier steht der Detektor – mit variablem Abstand zum Kristall – bei der Aufnahme fest. Betrachtet man den Beugungsvorgang dreidimensional im Bild der Ewald-Konstruktion (Abschn. 4.2, Abb. 4.4), so erkennt man, dass es einen „toten Bereich" des reziproken Gitters gibt, in dem die Gitterpunkte nie zum Schnitt mit der Ewaldkugel kommen. Alle Reflexe außerhalb eines Torus mit dem Querschnitt der Ewaldkugel sind nicht erfassbar, da entweder der Beugungswinkel zu groß wäre oder da sie durch ihre Lage in einem nach oben und nach unten weisenden trichterförmigen Bereich nahe der Drehachse nie zum Schnitt mit der Ewaldkugel kommen (Abb. 7.4). Bei höheren Lauegruppen ist dies normal kein Problem, da symmetrieäquivalente Reflexe in zugänglichen Bereichen die Lücke schließen. Bei triklinen Strukturen können aber bis über 10 % der Reflexe fehlen. Deshalb sollte dann der Kristall, – z. B. mit einem Goniometerkopf mit Bogenschlitten – in einer anderen Position nochmals gemessen werden.

Bei einem *Zweikreis-Goniometer* wird auf einem um eine vertikale Achse (ω-Kreis) drehbaren Sockel der Goniometerkopf auf eine unter festem Winkel, z. B. 50°, schrägstehende Drehachse (ϕ-Kreis) montiert, so dass damit dann rechnergesteuert Aufnahmeserien in zwei oder mehr Orientierungen bei unterschiedlichem ϕ-Winkel gefahren werden können. Ein Beispiel dafür zeigt Abb. 7.7.

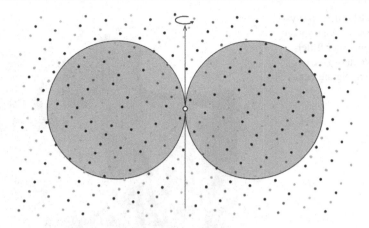

Abb. 7.4 Abbildbare Reflexe (*grau unterlegt*) im Inneren eines Torus mit Innenradius 0, der bei Drehung des reziproken Gitters um eine Achse durch die Ewaldkugel entsteht

Bei Ein- und Zweikreis-Goniometern ist der erfassbare Beugungswinkelbereich durch die Größe und den (einstellbaren) Abstand des Detektors begrenzt. Bei kurzem Abstand ist der Beugungswinkelbereich hoch, die erzielbare Auflösung wird aber schlecht, da die Reflexe näher zusammenrücken (hier wird der Begriff Auflösung mit der Bedeutung benutzt: die Grenze bis zu der benachbarte Reflexe noch getrennt abgebildet werden können). Will man beides zugleich erzielen, hohe Auflösung und großen Beugungswinkelbereich, wie es z. B. bei Schweratomstrukturen mit großen Elementarzellen notwendig ist, so sind Dreikreis- oder Vierkreis-Goniometer von Vorteil. Im Beispiel von Abb. 7.8 ist der Detektor auf einem dritten Kreis montiert, so dass Aufnahmeserien bei unterschiedlichen Detektorstellungen den Zugang zu hohen Beugungswinkeln auch bei großem Detektorabstand verschaffen. Die universellste Lösung verwendet noch einen vierten Kreis. Für die mechanische Realisation eines solchen *Vierkreis-Diffraktometers* haben sich zwei Varianten durchgesetzt.

Eulergeometrie Im ersten Fall ist die Basis des Geräts um den ω-Kreis in der horizontalen Ebene drehbar, darauf steht ein senkrechter χ-Kreis, auf dessen Innenseite die Goniometerkopfschlitten vertikal im Kreis fahren kann. Es gibt auch die Variante, bei der nur ein Viertelkreis verwendet wird. Schließlich lässt sich der Goniometerkopf mit dem ϕ-Kreis um seine eigene Achse drehen. Der vierte θ-Kreis ist koaxial mit dem ω-Kreis und trägt den Detektor (Abb. 7.5).

Kappa-Geometrie Eine andere Möglichkeit, den Kristall im Raum zu bewegen, wurde erstmals von der Firma Enraf-Nonius in den 1970er Jahren im Vierkreis-Diffraktometer CAD4 realisiert. Bei analog angeordneten ω- und θ-Kreisen wird hier anstatt des χ-Kreises eine um 50° gegen die Horizontalebene geneigte κ-Achse verwendet, die den Kristallträgerarm bewegt. Auf diesem ist, wiederum 50° gegen die κ-Achse geneigt, die

Abb. 7.5 Flächendetektorsystem mit Vierkreis-Goniometer nach dem Prinzip der Eulerwiege (nur Viertels-χ-Kreis, mit frdl. Genehmigung der Fa. Stoe)

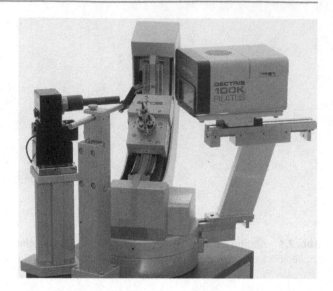

φ-Achse des Goniometerkopfes angeordnet. Durch Kombination von κ- und φ-Drehung kann man dieselben Positionen ansteuern wie durch eine χ-Drehung bei Eulergeometrie. Solche klassischen κ-Vierkreisdiffraktometer bilden die Basis für bestimmte Flächendetektorsysteme der Firmen Bruker-AXS und alle Varianten der Firma Agilent (früher Oxford Diffraction, Abb. 7.6).

Abb. 7.6 Flächendetektorsystem mit κ-Achsen-4-Kreis-Goniometer (mit frdl. Genehmigung der Fa. Agilent)

Abb. 7.7 Beispiel für ein
2-Kreis-Diffraktometer mit
Bildplatte (mit frdl. Genehmigung der Fa. Stoe)

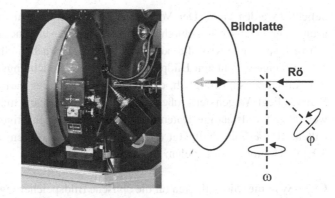

Detektoren Durch die rechnergesteuerte Bewegung des Kristalls im Röntgenstrahl auf einem dieser Goniometertypen wird erreicht, dass nacheinander möglichst viele symmetrieunabhängigen Netzebenen in Reflexionsstellung kommen, bzw. viele Punkte des reziproken Gitters durch die Ewaldkugel wandern, so dass Reflexe entstehen. Aufgabe des Detektors ist, die räumliche Lage und die Intensität dieser Reflexe möglichst exakt und schnell zu vermessen. Von den 1970er bis in die 1990er Jahre wurden die Reflexe auf Vierkreis-Diffraktometern einzeln und sequentiell mit Zählrohren registriert, mit Proportionalzählrohren (Geigerzählern) oder Szintillationszählrohren. Deshalb dauerten die Messungen meist mehrere Tage bis Wochen, je größer die Struktur, desto länger. Heute ist Stand der Technik, ähnlich wie bei den früheren Filmmethoden viele Reflexe gleichzeitig auf einem *Flächendetektor* zu registrieren.

Die derzeit üblichen Geräte benutzen drei alternative Techniken:

Bildplatten („imaging plates') Sie werden derzeit meist als runde drehbare Platte mit typischem Durchmesser von 350 mm eingesetzt (z. B. Abb. 7.7). Sie sind mit einer Folie belegt, die mit Eu^{2+} dotiertes BaBrF enthält. Während der Belichtung (typisch 0,5–10 min) wird die Information auftreffender Röntgenquanten in einer Art Farbzentren (freie Elektronen auf Zwischengitterplätzen) gespeichert, die durch strahlungsinduzierte Oxidation von Eu^{2+} zu Eu^{3+} entstehen. Dieses latente Beugungsbild wird in einem sich anschließenden Auslese-Schritt mit einem Laser-Scanner bei rotierender Platte abgetastet ähnlich dem Lesevorgang bei einer CD. Das verwendete rote Laserlicht löst Rekombination der Farbzentren unter Rückbildung von Eu^{2+} aus. Dabei wird die Emission von Photonen im blau-grünen Wellenlängenbereich angeregt, deren Intensität durch eine Photozelle mit Photomultiplier für jedes Pixel gemessen wird. Nach Belichtung mit starkem weißem Halogenlicht zur Beseitigung eventuell verbleibender Farbzentren ist die Platte wieder gelöscht und bereit für eine weitere Aufnahme. Der Auslese- und Löschvorgang benötigt ca. 2 Minuten, deshalb dauern Messungen an Imaging-Plate-Systemen trotz der viel größeren Plattendurchmesser meist länger (typisch 4–48 h) als an Geräten mit CCD- oder CMOS-Detektoren (siehe unten). Deshalb wurden Geräte gebaut, die zwei oder sogar drei Platten benutzen, so dass während der Auslesezeit einer Platte bereits die nächste belichtet werden kann. Der Vorteil der Bildplatte liegt in ihrem sehr niedrigen Untergrund, der praktisch nur durch die Streustrahlung verursacht wird. Deshalb lassen sich schwach streuende Kristalle oder Kristalle mit schwachen Überstrukturreflexen mit Vorteil auf lange belichteten Bildplatten vermessen. Belichtungszeiten bis über eine Stunde pro Aufnahme sind möglich, da die Halbwertszeit der Farbzentren im Bereich von 10 Stunden liegt. Wegen der großen Plattendurchmesser kann man mit Bildplatten-Systemen weitgehend vollständige Datensätze schon mit preisgünstigen 1-Kreis-Goniometern erhalten. 100 % Vollständigkeit („Completeness") des Datensatzes lässt sich mit 2- oder 3-Kreis-Goniometern erzielen.

CCD-Systeme Sie enthalten für die optische Bildspeicherung entwickelte „CCD-Chips", wie man sie von digitalen Kameras und Camcordern her kennt (CCD = charge coupled device). Durch eine Fluoreszenzschicht, z. B. aus Gadoliniumoxidsulfid wird die Röntgenstrahlung dabei in sichtbares Licht umgewandelt. Die Intensität des auf ein Pixel auftreffenden Lichtes wird in Form elektrischer Ladung gespeichert. Auf Diffraktometern werden nur die größeren 1K- oder 4K-CCD-Chips verwendet, die 1024×1024 bzw. 4096×4096 Pixel mit $15 \times 15\,\mu$ Größe haben. Mit den CCD-Detektoren ist eine schnelle Registrierung der Reflexe möglich, allerdings muss man zum Auslesen alle Pixel in Schieberegistern verschieben. Ein weiteres Problem ist das elektronisch bedingte Untergrund-Rauschen, das man durch Kühlung mit einem Peltier-Element auf -40 bis $-60\,°C$ reduzieren muss. In den früheren Geräten wurde wegen des kleinen Querschnitts bei 1K-CCD-Chips meist eine aufwendige Optik mit gebündelten konisch zulaufenden Glasfasern verwendet, die die Detektorfläche auf das 1.5- bis 3.6-fache vergrößert. Da die aktive Fläche trotzdem nur maximal etwa $95 \times 95\,mm$ groß ist, kann man oft nicht den ganzen Reflexsatz im gewünschten Beugungswinkelbereich in einer Aufnahmestellung erfassen. Deshalb ist die Kombination mit einem Zwei-, Drei- oder Vierkreis-Diffraktometer notwendig (Abb. 7.8).

CMOS-Systeme Bei den sich heute immer mehr durchsetzenden CMOS-Detektoren (auch „Active Pixel Sensoren", APS) wird das Intensitätssignal durch eine Photodiode in einer Schaltung mit drei Feldeffekt-Transistoren in ein Spannungssignal übersetzt, das direkt bei jedem Pixel digitalisiert und ausgelesen wird. Dadurch sind noch schnellere Auslesezeiten möglich. Eine Variante davon stellt ein am Paul-Scherrer-Institut in der Schweiz entwickelter „Hybrid-Pixel-Detektor" („Pilatus") dar, der direkt einzelne Röntgen-Photonen zählt und kein Auslese-Rauschen und keinen Dunkelstrom zeigt. Die Registrierung erfolgt so schnell (5 ms), dass kein Shutter nötig ist. Er hat allerdings nur eine kleine Fläche, so dass viele Aufnahmen mit variierender Detektorstellung gefahren werden müssen. Alternativ kann man ein entsprechend teureres Mosaik aus mehreren Detektoren verwenden.

Mit solchen modernen Flächendetektorsystemen ist es heute möglich, bei normal streuenden Kristallen komplette Datensätze hoher Qualität in 15–120 min aufzunehmen. Die unterschiedlichen Systeme zeigen vergleichbare hohe Empfindlichkeit, hohen Dynamik-

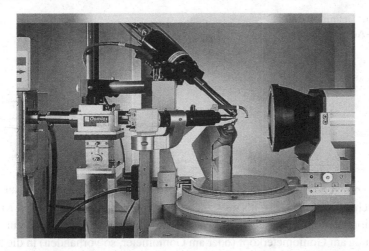

Abb. 7.8 Beispiel für ein 3-Kreis-Goniometer mit CCD-Detektor (mit frdl. Genehmigung der Fa. Bruker-AXS)

Bereich von ca. 10^5–10^6 und gute Auflösung. Die Unterschiede liegen hauptsächlich in der Software, z. B. in der Methode der Indizierung, der Integration (s. unten) oder der Behandlung von kristallographischen Problemfällen wie Verzwillingung oder Modulation.

7.4 Einkristall-Messung auf einem Flächendetektorsystem

Die hier zu behandelnden Messstrategien bei der Untersuchung von Kristallen mit „kleinen" Strukturen ist bei Bildplatten-, CCD- und CMOS-Systemen weitgehend ähnlich, deshalb seien sie im Folgenden gemeinsam behandelt. Der erste Schritt ist die Montage und Zentrierung des Kristalls auf dem Goniometer.

Kristallzentrierung Die absolute räumliche Lage des Kristalls ist bei der Messung unerheblich. Jedoch muss der Kristall sehr genau in den Schnittpunkt der Drehachse(n) des Goniometers mit dem Röntgenstrahl zentriert werden, denn sonst kann er bei der Rotation aus dem Strahl herauswandern. Dieser Punkt wird bei der Justierung des Goniometers ermittelt und darauf wird das Achsenkreuz der Mikroskop-Kamera eingestellt. Es ist anzuraten, diese Justierung gelegentlich zu überprüfen, z. B. indem man auf einem Fluoreszenzschirm schaut, ob der Schatten einer perfekt zentrierten kleinen Stahlkugel auch im Zentrum des Strahls liegt.

Hat man, wie in Abschn. 7.1 besprochen, einen geeigneten Kristall auf einem Goniometerkopf montiert, so fährt man bei Vierkreis-Goniometern in eine Stellung, in der die Goniometerkopfachse ϕ senkrecht zur Mikroskopachse des Diffraktometers steht. Bei Ein-, Zwei- oder Drei-Kreis-Goniometern ist die Mikroskop-Kamera normalerweise be-

Abb. 7.9 Zur Definition des
Goniometer-Achsensystems

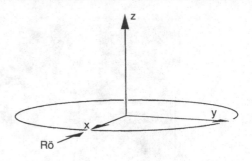

reits richtig zur Goniometerkopfachse montiert. Nun stellt man einen Parallelschlitten des Kopfes durch ϕ-Drehung ebenfalls quer zur Blickrichtung und verschiebt den Kristall mit einem Goniometerkopfschlüssel durch Verschiebung dieses Parallelschlittens und der Höhenverstellung am Goniometerkopf (oder am Goniometer, so vorhanden) in die Mitte des Fadenkreuzes. Fehler in dessen Justierung erkennt man, indem man eine ϕ-Drehung um 180° durchführt. Der echte Mittelpunkt, in den der Kristall zentriert wird, ist die Mitte beider Stellungen. Dasselbe geschieht nun mit dem zweiten Parallelschlitten. Auf einer genauen und stabilen Kristallzentrierung beruht wesentlich die Genauigkeit der späteren Gitterkonstantenbestimmung und Intensitätsmessung. Die Kristall-Zentrierung kann mit Hilfe der geräteeigenen Software überprüft werden.

Bestimmung der Orientierungsmatrix Der nächste Schritt ist die Bestimmung der Elementarzelle und ihrer Orientierung zu den Goniometerachsen. Für das Goniometer wird dazu ein orthogonales Achsensystem so definiert, dass z. B. die X-Achse der umgekehrten Röntgenstrahlrichtung entspricht, Y 90° (von oben gesehen gegen den Uhrzeigersinn) dazu in der Horizontalebene steht, und Z senkrecht nach oben weist (Abb. 7.9). Die *Orientierungsmatrix* ist eine 3×3-Matrix, die in reziproken Längeneinheiten [Å^{-1}] die Komponenten der drei reziproken Achsen jeweils in den drei Richtungen des Goniometer-Achsensystems angibt.

$$\mathbf{O} = \begin{pmatrix} a_x^* & b_x^* & c_x^* \\ a_y^* & b_y^* & c_y^* \\ a_z^* & b_z^* & c_z^* \end{pmatrix}$$

In ihr ist also die grundlegende Information über die Abmessungen der reziproken Elementarzelle *und* über ihre Orientierung im Raum enthalten. Ist sie bekannt, kann man die Lage jedes reziproken Gitterpunkts leicht ausrechnen. Kennt man die reziproke Zelle, so kann man natürlich auch die reale Elementarzelle daraus berechnen. In nicht-orthogonalen Kristallsystemen fallen die realen Achsen nicht mit den reziproken zusammen (siehe Abschn. 4.1).

Die Definition der Orientierungsmatrix kann sich von Gerät zu Gerät unterscheiden, es wird auf die Hersteller-Unterlagen verwiesen.

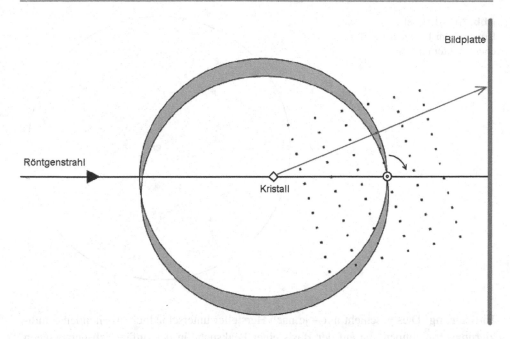

Abb. 7.10   Messprinzip bei Flächendetektorsystemen im Bild der Ewald-Konstruktion: Rotation um z. B. 1° um eine Achse senkrecht zur Zeichenebene bringt die rez. Gitterpunkte im grau unterlegten Bereich zum Schnitt mit der Ewaldkugel

Aufnahmetechnik Zuerst werden einige orientierende Aufnahmen gemacht, die Auskunft über die Qualität und Streukraft des Kristalls geben und mit denen eine vorläufige Orientierungsmatrix bestimmt werden soll. Die Aufnahmetechnik mit Flächendetektoren (Abb. 7.10) ähnelt dabei sehr den früher in der Ära der Filmmethoden üblichen Schwenkaufnahmen mit einer Drehkristallkamera, nur wird der Kristall nicht vorher in eine definierte Lage justiert.

Man lässt ihn zu Beginn lediglich z. B. in der Nullstellung des Goniometers um einen kleinen Winkelbetrag um die vertikale Achse rotieren. Typische Drehwinkel sind für Bildplatten 0,5 bis 2°, bei CCD- und CMOS-Systemen 0,3 bis 1°. Dabei gelangen – im Bild des reziproken Gitters gesehen – die Streuvektoren in Reflexionsstellung (die reziproken Gitterpunkte zum Schnitt mit der Ewaldkugel), die in der Nähe der Ewaldkugel liegen (Abb. 7.10 grauer Bereich). Da im Schnitt einer Kugelschale mit dem reziproken Gitter bereits dreidimensionale Information steckt, genügen meist wenige Aufnahmen, – im Falle des Beispiels von Kap. 15 drei, von 0–1,2, 1,2–2,4, 2,4–3.6°, – um die Basisinformation über den Kristall zu erhalten. Ein Beispiel für eine Flächendetektor-Aufnahme findet sich in Abb. 7.11 und Kap. 15, Abb. 15.1.

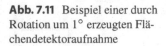

Abb. 7.11 Beispiel einer durch Rotation um 1° erzeugten Flächendetektoraufnahme

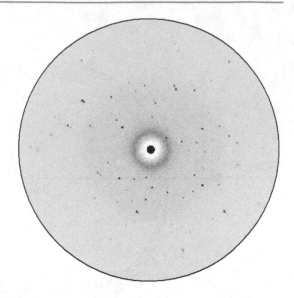

Indizierung Dies geschieht mit – je nach Hersteller unterschiedlich arbeitenden – Indizierungsprogrammen, die auf der Basis einer Peaksuche in den anfänglich gemessenen Aufnahmen (also schon nach wenigen Minuten) die zugehörigen Streuvektoren im reziproken Raum berechnen und z. B. über die Untersuchung aller Differenzvektoren reziproke Basisvektoren auswählen, mit denen alle reziproken Gitterpunkte adressiert werden können. Nach einer Delauney-Reduktion (vgl. Abschn. 2.2.2) wird über die reduzierte Zelle die konventionelle ermittelt und die entsprechende Orientierungsmatrix angegeben. Aus der Metrik der Zelle kann man dann auf das wahrscheinliche Kristallsystem schließen.

Messparameter Auf der Basis der Information über die beobachteten Intensitäten und die Elementarzelle kann man nun über die endgültigen Messparameter entscheiden:

- *Belichtungszeit pro Aufnahme.* Sie wird so gewählt, dass die stärksten Reflexe in die Nähe der maximal registrierbaren Pixelintensität kommen. Bei den meisten Geräten gibt es auch die Möglichkeit, bei stark streuenden Kristallen eine Aufnahme, die zu starke Reflexe enthält mit vorgeschaltetem Schwächungsfilter zu wiederholen. Die starken Reflexe werden dann mit entsprechender Skalierung aus dieser Aufnahme genommen, die schwächeren aus der ersten.
- *Drehwinkel-Bereich.* Man braucht so viele aneinander anschließende Aufnahmen, bis möglichst alle für die aktuelle Lauegruppe notwendigen unabhängigen Reflexe überstrichen sind. Bei Bildplatten-Geräten mit nur einer Drehachse liegt der Bereich zwischen etwa 150° für kubische und 250° für trikline Kristalle. Bei Geräten mit 2–4 Drehachsen kann man mit Hilfe gerätespezifischer Software die optimale Messstrategie ermitteln. Hier werden zwei oder mehr Aufnahmeserien über kleinere ω-Winkelbereiche

bei verschiedenen Kristallorientierungen (eingestellt durch die anderen Goniometer-achsen) programmiert. Bei CCD- und CMOS-Geräten müssen Messungen bei anderen Detektorpositionen eingeplant werden, wenn man höhere Beugungswinkel-Bereiche erfassen will. Dasselbe gilt für Systeme mit schwenkbaren Bildplatten, wenn man zugleich mit großem Detektorabstand arbeiten will.

- *Detektorabstand.* Je kleiner der Detektorabstand, desto größer ist der Beugungswinkelbereich, der erfasst wird, aber desto näher liegen die Reflexe beieinander. Es kommt deshalb auf die Länge der größten Gitterkonstante an und auf die Reflexbreite, wie kurz man den Detektorabstand wählen kann. Bei Bildplattensystemen mit nicht schwenkbarer Plattenposition wird durch den minimalen Abstand, bei dem noch keine wesentliche Reflexüberlappung zu erwarten ist, der zugängliche Beugungswinkelbereich begrenzt. Bei Geräten mit kleinem Detektor resultieren erheblich längere Messzeiten, wenn man zugleich mit hoher Auflösung (großer Detektorabstand) *und* über einen hohen Beugungswinkelbereich messen will.

- *Winkelinkrement.* Sind die Gitterkonstanten klein, so sind die Abstände der Punkte im reziproken Gitter groß, so dass man für eine einzelne Aufnahme einen größeren ω-Schwenkbereich, bis ca. 2° wählen kann, ohne Gefahr zu laufen, schon einen weiteren Reflex zu erfassen. Je größer die maximale Gitterkonstante, desto kleiner muss der Schwenkbereich sein. Bei Bildplatten-Systemen wählt man eher große Schwenkbereiche, wenn möglich, um durch geringere Zahl an Aufnahmen Auslesezeit zu sparen. Bei CCD- und CMOS-Systemen kann man eher ohne großen Zeitverlust in Schritten von z. B. 0,3 bis 0.5° arbeiten, und erhält so dreidimensionale Reflexprofil-Information, da ein Reflex auf mehreren Aufnahmen registriert wird. Wenn man kristallographische Probleme wie Verzwillingung (s. Abschn. 11.2) erwartet, ist es wichtig, kleine Schrittweiten zu wählen, um dicht beieinander liegende Reflexe auflösen zu können.

Integration Findet man keine Anomalitäten, so schließt sich nun die eigentliche Intensitätsmessung, die "Integration" an. Zuvor empfiehlt es sich, aus einer neuen Peaksuche mit vielen Aufnahmen eine genauere Orientierungsmatrix zu verfeinern. Dann werden mit Software-Unterstützung die beugungswinkelabhängigen Reflexprofile bestimmt. Wodurch diese bedingt sind, wird im nächsten Abschnitt erläutert. Aus der Orientierungsmatrix und dieser Profilfunktion wird nun nacheinander für jeden Reflex *hkl* berechnet, auf welchen Aufnahmen und an welchen Stellen dort Beiträge zu diesem Reflex zu messen sind. Je nach Gerät wird um die berechneten Positionen auf den fraglichen Aufnahmen ein Kreis, eine Ellipse oder ein Rechteck mit von der Profilfunktion abhängiger Größe gelegt. Alle Pixelintensitäten innerhalb werden zur Bruttointensität des Reflexes aufsummiert, die auf der Randlinie werden als Untergrund gelesen, auf die Integrationsfläche hochgerechnet und abgezogen. Aus den gemessenen Intensitäten wird für jeden Reflex schließlich eine Standardabweichung gewonnen (s. u.) und aus der Lage des Peakmaximums die Richtungscosinus errechnet. Diese sechs Werte geben die Winkel des einfallenden und des ausfallenden Röntgenstrahls zu den drei reziproken Achsen an. Sie enthalten die Information der aktuellen Kristallorientierung bei der Messung eines bestimmten Reflexes,

die für eine Absorptionskorrektur wichtig ist (s. u.). Außerdem kann man die genaue Information der Reflexpositionen aus dem Integrationsvorgang dazu benutzen, um nun mit
allen stärkeren gemessenen Reflexen die Gitterkonstanten nochmals zu verfeinern. Wenn
man alle im Raum verteilten Reflexe dazu benutzt, werden systematische Fehler durch
Kristall- oder Geräte-Zentrierfehler weitgehend herausgemittelt.

Reflexprofile Die Reflexbreite (von Fuß zu Fuß) beträgt bei einem guten kleinen Kristall
0,5–0.8°, sie kann bei schlecht kristallisierenden Verbindungen oder nach mechanischer
Beanspruchung bis ca. 2–3° gehen. Kristalle mit noch schlechterem Profil lassen sich
meist nicht mehr sinnvoll vermessen. Gelegentlich findet man auch Aufspaltungen im
Reflexprofil.

Mosaikstruktur Solche Verbreiterungen und Störungen im Reflexprofil sind durch die
Mosaikstruktur der Kristalle bedingt (Abb. 7.12). Reale Kristalle haben nur in kleinen
Bereichen den idealen, durch dreidimensionales Aneinanderreihen von Elementarzellen
beschriebenen Aufbau. Solche *Mosaikblöcke* sind dann infolge von Baufehlern um kleine
Winkelbeträge gegeneinander verkippt: bei „guten" Kristallen sind dies nur ca. 0,1–0.2°.
Solche Störungen sind für die Intensitätsmessungen sogar nützlich, da sie die Vorausset-
zung für die Gültigkeit der in den Strukturfaktor-Berechnungen verwendeten Streutheorie
sind (siehe Abschn. 10.5).

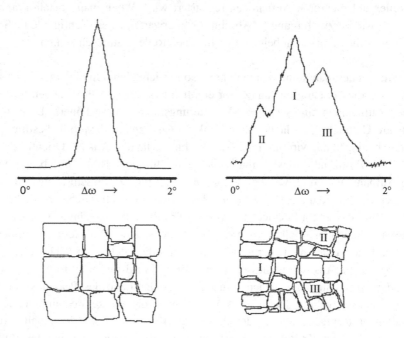

Abb. 7.12 Reflexprofile und Mosaikstruktur (stark übertrieben)

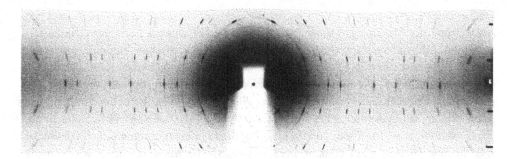

Abb. 7.13 Drehkristallaufnahme eines Kristalls mit sehr grober Mosaikstruktur, so dass sich schon Charakteristika von Pulveraufnahmen andeuten (Debye-Scherrer-Ringe)

Bei schlechteren Kristallen verbreitern sie das Profil, was zu einem schlechteren Peak/Untergrundverhältnis führt und zu ungenauer bestimmbaren Winkelpositionen. Dies reduziert wiederum die Genauigkeit von Orientierungsmatrix und Gitterkonstanten. In Abb. 7.13 ist die Reflexverbreiterung durch grobe Mosaikstruktur in einer klassischen Drehkristallaufnahme (Filmaufnahme mit justiertem Kristall in zylindrischer Kamera) gezeigt, worauf man Reflexprofile besonders gut sehen kann. Aus Flächendetektoraufnahmen lassen sich, wie anschließend erwähnt, Abbildungen reziproker Schichten berechnen. Dort sind die Reflexprofile allerdings meist nur verzerrt und verfälscht zu sehen.

Darstellung des Beugungsbilds im reziproken Raum Trotzdem empfiehlt es sich, den grundlegenden Vorteil der Flächendetektorsysteme, dass die gesamten Beugungseigenschaften des Kristalls erfasst werden, nicht nur – wie bei Vierkreis-Diffraktometern – am Ort erwarteter Reflexe, auch zu nutzen. Man sollte sich nicht nur auf die Auswertung der Reflexdatei beschränken, sondern Schnitte durch Ebenen im reziproken Gitter rechnen (s. Beispiel einer $hk0$-Ebene (Abb. 7.14)). Dazu werden aus allen Aufnahmen die zu dieser Ebene beitragenden Pixel gesammelt. Diese Möglichkeit, die in der Software moderner

Abb. 7.14 Beispiel für eine aus den Messdaten berechnete Darstellung der $hk0$-Schicht im reziproken Gitter einer monoklinen Struktur

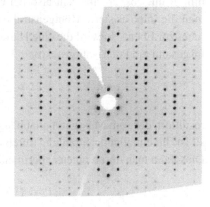

Flächendetektor-Systeme enthalten ist, ist der – natürlich schnelleren – automatischen Auswertung der Maxima aus einer Peaksuchroutine bei weitem überlegen. Die entstehenden Abbildungen entsprechen den früher üblichen klassischen Filmaufnahmen mit einer Präzessionskamera. Rechnet man Sätze reziproker Ebenen in allen Raumrichtungen, so erkennt man leicht die Symmetrie im reziproken Raum, die Auslöschungsbedingungen, aber auch eventuelle Fremdreflexe, Verzwillingungen, Satellitenreflexe oder diffuse Streubeiträge, deren Auftreten bei der weiteren Behandlung der Struktur in Betracht gezogen werden muss. Insbesondere die Tatsache, dass bei einer automatischen Peaksuche z. B. diffuse Streifen nicht erkannt werden, sondern die Maxima darauf wie normale Braggreflexe in die Peakliste eingehen, stellt eine gefährliche Fehlerquelle dar, die bei routinemäßigem Arbeiten zu schweren Fehlern führen kann.

Ein weiterer Anlass dafür, vor weiteren Rechnungen das Beugungsbild des Kristalls auf diese Weise zu studieren, liegt darin, dass so viel klarer zu beurteilen ist, ob die Elementarzelle und die Raumgruppe auch wirklich korrekt bestimmt sind. Dies hängt oft davon ab, ob schwache Reflexe, die eine Zellverdopplung bedingen oder eine Auslöschungsregel durchbrechen, richtig erkannt und interpretiert werden (s. Abschn. 10.6, 10.7, 11.2 und 11.4).

Nach der Gewinnung der Nettointensitäten durch die Integration, müssen die Rohdaten noch so aufbereitet und korrigiert werden, dass daraus beobachtete Strukturfaktoren F_o bzw. die Quadrate davon entstehen, die mit den berechneten F_c-Werten (siehe Kap. 5) direkt verglichen werden können. Man nennt alles zusammen auch Datenreduktion. Dazu sind folgende Korrekturen nötig:

7.5 LP-Korrektur

Polarisationsfaktor Bei der Reflektion von elektromagnetischer Strahlung wird der Strahlungsanteil mit Polarisationsrichtung des elektrischen Feldvektors *parallel* zur Reflektions-Ebene unabhängig vom Einfallswinkel reflektiert, der Anteil mit *senkrecht* dazu stehendem Vektor erfährt winkelabhängige Schwächung bei der Reflexion: sie nimmt mit $\cos^2 2\theta$ ab, geht also bei einem Einfallswinkel von 45° gegen Null. Zerlegt man die unpolarisierte Röntgenstrahlung in die beiden Komponenten parallel und senkrecht zur Ebene, so wird die eine Hälfte nicht, die andere mit $\cos^2 2\theta$ geschwächt, so dass insgesamt ein Polarisationsfaktor

$$P = (1 + \cos^2 2\theta)/2 \qquad (7.1)$$

resultiert, der vom Messgerät unabhängig ist. Wird mit Graphitmonochromator gearbeitet, so ist die einfallende Strahlung durch eben diesen Effekt geringfügig vorpolarisiert [19]. Dies kann man durch einen experimentell zu bestimmenden Faktor K korrigieren:

$$P = (1 + K \cos^2 2\theta)/(1 + K) \qquad (7.2)$$

Abb. 7.15 Zur Entstehung des
Lorentzfaktors (Ewaldkon-
struktion)

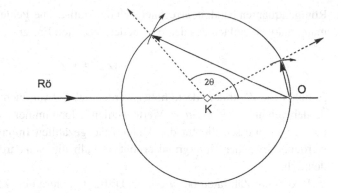

Da wegen des relativ geringen Polarisationsgrades diese Korrektur nur gering ist (bei Mo-Strahlung ist die Abweichung zu Gl. 7.1 meist unter 1 %), wird sie häufig vernachlässigt.

Lorentzfaktor Eine weitere Korrektur berücksichtigt, dass abhängig von der Aufnahmetechnik bei der Messung der Reflexintensitäten keine „Chancengleichheit" herrscht. Bei einer Messung wird, wie man in der Ewaldkonstruktion gut erkennt (Abb. 7.15), beim ω-Scan mit konstanter Winkelgeschwindigkeit ein kurzer Streuvektor kürzer in der Reflexionsstellung verweilen als ein langer, der nahezu tangential in die Ewaldkugelschale eintaucht. Dieser winkelabhängige Effekt wird als *Lorentzfaktor L* korrigiert:

$$L = 1/\sin 2\theta \qquad (7.3)$$

Bei Flächendetektormessungen kann wegen der raumabhängig unterschiedlichen Reflexionsbedingungen die LP-Korrektur etwas komplizierter werden.

Meist werden beide Korrekturen gemeinsam als „LP-Korrektur"

$$LP = (1 + \cos^2 2\theta)/2\sin 2\theta \qquad (7.4)$$

angebracht, so dass nun beobachtete Strukturfaktoren F_o (mit noch willkürlicher Skalierung) berechnet werden können:

$$F_o = \sqrt{I_{\text{Netto}}/LP} \qquad (7.5)$$

7.6 Berechnung der Standardabweichungen

Bei der Umrechnung der Rohdaten auf beobachtete Strukturfaktoren wird auch der Fehler der Messdaten bestimmt. Bei den früher üblichen Messungen auf einem Vierkreis-Diffraktometer wurden die Intensitäten mit einem Zählrohr registriert. Hier konnte man die Fehleranalyse leicht nachvollziehen: Da es sich um die Zählung der auftreffenden

Röntgenquanten handelt, errechnet sich der statistische Fehler, die Standardabweichung, mathematisch einfach aus der Wurzel der gezählten Ereignisse.

$$\sigma(Z) = \sqrt{Z} \tag{7.6}$$

Je höher die Zählraten, desto höher werden dabei zwar auch die Absolutwerte der Standardabweichung, die *relativen* Werte werden jedoch immer niedriger. Bei den Intensitätsmessungen müssen die für den Untergrund gezählten Impulse statt subtrahiert *addiert* werden. Ein hoher Untergrund erhöht deshalb die Standardabweichung der F_o^2-Daten deutlich.

Bilden die Zählraten bei Vierkreis-Diffraktometern eine klare physikalische Basis für die Anwendung der Zählstatistik zur Berechnung der Standardabweichungen, so ist dies bei Flächendetektorsystemen problematischer. Die dort erhaltenen integrierten Pixelintensitäten müssen skaliert werden, um eine vergleichbare Standardabweichung berechnen zu können. Deshalb sind die aus den Integrationsprogrammen erhaltenen Werte offenbar herstellerabhängig und mehr oder weniger deutlich unterschätzt.

Die Standardabweichungen der F_o-Werte lassen sich aus der durch Umstellen von Gl. 7.5 erhältlichen Beziehung

$$I = \mathrm{LP}F_o^2 \tag{7.7}$$

errechnen, wenn man die Ableitung dI/dF_o bildet

$$dI/dF_o = 2\mathrm{LP}F_o \tag{7.8}$$

und näherungsweise $dI = \sigma(I)$ und $dF_o = \sigma(F_o)$ setzt:

$$\sigma(F_o) = \sigma(I)/2\mathrm{LP}F_o \tag{7.9}$$

Das bedeutet, dass die relativen Fehler der F_o-Werte halb so groß sind wie die der Intensitäten oder F_o^2-Daten. Das ist von Bedeutung, wenn man sogenannte σ-Limits einführt: Oft werden sehr schwache Reflexe, z. B. mit $F_o < 2\sigma(F_o)$ bei der später zu behandelnden Strukturlösung (Kap. 8), manchmal sogar bei der Strukturverfeinerung (Kap. 9) nicht verwendet. Diesem Kriterium von $2\sigma(F_o)$ entspricht eines von $1\sigma(I)$ für die Intensitäten oder F_o^2-Werte.

Ein Problem – sowohl bei der Berechnung der F_o-Werte als auch bei der ihrer Standardabweichungen – tritt auf, wenn eine Intensität zu Null oder kleiner Null gemessen wird. Dies ist im Sinne einer statistischen Streuung der Impulszahlen in Untergrund- und Reflexbereich bei „nicht messbaren", z. B. ausgelöschten Reflexen durchaus vernünftig und kommt häufig vor. Man behilft sich dann, indem man den F_o^2-Werten, die < 0 sind, willkürlich kleine positive Werte, z. B. von $\sigma/4$ zuweist, um dann in Gl. 7.5 die Wurzel ziehen und F_o und $\sigma(F_o)$ verwenden zu können. Da man hierbei jedoch systematische Fehler einschleppt, ist es besser, gar nicht mit F_o-Daten sondern nur mit F_o^2-Werten zu arbeiten (s. Abschn. 9.1).

So wird heute üblicherweise eine Reflexdatei erzeugt, die für jeden der meist mehreren Zehntausend Reflexe die *hkl*-Indices, die F_o^2-Werte und deren Standardabweichung $\sigma(F_o^2)$ sowie die erwähnten 6 Richtungscosinus für die Kristallorientierung enthält.

7.7 Absorptionskorrektur

Die Röntgenstrahlung wird auf dem Weg durch den Kristall durch verschiedene physikalische Prozesse wie elastische (Rayleigh-) und inelastische (Compton-)Streuung oder Ionisation geschwächt. Diese Absorptionseffekte wachsen etwa mit der 4. Potenz der Ordnungszahl der absorbierenden Atome und etwa der 3. Potenz der Wellenlänge der Röntgenstrahlung an. Sie können durch den *linearen Absorptionskoeffizienten* μ in Gl. 7.10 beschrieben werden, der früher in cm^{-1} angegeben wurde, heute meist in mm^{-1} (Vorsicht!):

$$dI/I = \mu dx, \quad \text{also} \quad I = I_0 e^{-\mu x} \tag{7.10}$$

Der Absorptionskoeffizient lässt sich für jede Verbindung aus den tabellierten atomaren Inkrementen, den *Massenschwächungskoeffizienten* (Intern. Tables C, Tab. 4.2.4.3), und der Dichte berechnen. Dies wird in den meisten kristallographischen Programmen bereits automatisch erledigt. Der lineare Absorptionskoeffizient kann je nach Verbindung und Strahlung Werte zwischen ca. $0{,}1–100\,mm^{-1}$ annehmen. Ob eine Korrektur erforderlich ist, richtet sich nach seiner Größe und dem Kristallformat. Eine Korrektur ist besonders wichtig, wenn der Kristall groß und sein Format stark anisotrop ist, z. B. wenn ein sehr dünnes Plättchen vorliegt. Dann nimmt der ein- und der ausfallende Röntgenstrahl je nach Orientierung des Kristalls für unterschiedliche Reflexe sehr verschieden lange Wege, so dass stark richtungsabhängige Fehler entstehen. Diese können fehlerhafte Atompositionen verursachen, während bei einem Kristall mit isotroper, d. h. annähernd kugel- oder würfelartiger Form, sich die Fehler überwiegend in den Auslenkungsfaktoren niederschlagen. Je größer μ und je größer und anisotroper der Kristall, desto mehr Mühe muss man sich also mit einer Absorptionskorrektur geben, die für jeden Reflex einen individuellen Korrekturfaktor, den Absorptionsfaktor A liefert. Es gibt zahlreiche Ansätze dafür, drei recht verbreitete Methoden seien im Folgenden beschrieben:

Numerische Absorptionskorrektur Dies ist die beste Methode, bei der für jeden Reflex die Weglänge von ein- und ausfallendem Strahl aus dem Format des Kristalls und seiner Orientierung berechnet wird. In einem geschlossenen mathematischen Ausdruck ist die Korrektur möglich für Kugeln und Zylinder. Für sehr exakte Messungen, z. B. für Elektronendichte-Bestimmungen werden deshalb Kristalle z. T. zu Kugeln geschliffen. In den üblichen Fällen wird der Kristall durch seine Begrenzungsflächen beschrieben: Man bestimmt aus der Kenntnis der Lage des Kristalls (Orientierungsmatrix) die *hkl*-Indices der Begrenzungsflächen und misst deren senkrechten Abstand zu einem gewählten Mittelpunkt im Kristall (Abb. 7.16). Dies geschieht heute meist mit Software-Unterstützung

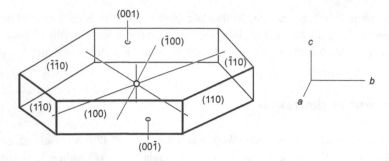

Abb. 7.16   Zur Indizierung und Vermessung eines Kristalls für eine numerische Absorptionskorrektur

mittels der auch für die Kristallzentrierung benutzten CCD-Kamera. Dabei kann man optisch kontrollieren, ob die durch die Flächenangaben definierte Kristallform auch tatsächlich mit der beobachteten übereinstimmt wie in Abb. 7.17.

Aus den *Richtungscosinus* in der Reflexdatei (s. o.) ist für jeden Reflex die Goniometerposition bekannt. Zerlegt man nun den Kristall in ein Raster von kleinen Volumeninkrementen (mindestens 1000), so kann man für jedes den Weg des einfallenden und des ausfallenden Strahls berechnen. Integriert man über alle Volumeninkremente, so kann man die Schwächung in Form des *Transmissionsfaktors* $A^* = 1/A$ für diesen Reflex errechnen (Gaußsche Integrationsmethode).

Semiempirische Absorptionskorrektur mit äquivalenten Reflexen   In vielen Fällen ist das Kristallformat schlecht zu vermessen, die Flächen sind schwierig zu indizieren. Oft sind

Abb. 7.17 Beispiel für die Beschreibung der Kristallform durch indizierte Flächen

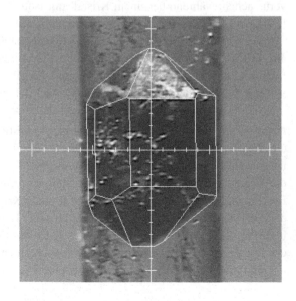

zusätzliche Absorptionseffekte vorhanden, z. B. durch Kleber, Öl, Fett oder den Kristallträger, die mit der numerischen Korrektur natürlich nicht erfasst werden. Hier ist die semiempirische Methode geeignet.

Auf Flächendetektor-Systemen werden die meisten Reflexe bei unterschiedlichen Kristallstellungen mehrfach gemessen, z. B. beim Eintritt und Austritt des reziproken Gitterpunktes aus der Ewaldkugel. Zusätzlich sind ihre symmetrieäquivalenten im Datensatz vorhanden, je höher die Laueklasse, desto mehr äquivalente Reflexe gibt es. Wählt man nun viele, gut im Raum verteilte Reflexe mit möglichst vielen äquivalenten aus, so lässt sich aus den individuellen Abweichungen der äquivalenten Reflexe vom Mittelwert ein richtungsabhängiges Absorptionsprofil ableiten. Damit können dann alle Reflexe unter Berücksichtigung ihrer räumlichen Lage gemäß den Richtungscosinus korrigiert werden.

DIFABS-Methode Eine meist erfolgreiche, jedoch umstrittene empirische Methode [20] versucht, alleine aus systematischen Unterschieden zwischen den gemessenen F_o-Daten und den berechneten F_c-Werten die Information für eine Absorptionskorrektur abzuleiten. Sie setzt voraus, dass die Struktur ohne Absorptionskorrektur gelöst und mit isotropen Auslenkungsfaktoren gut verfeinert wurde. Das Problem bei dieser Methode besteht darin, dass systematische Abweichungen von F_o- und F_c-Werten ihre Ursache auch in Fehlern des Strukturmodells haben können. Diese werden durch eine solche Korrektur dann „weggerechnet". Man sollte die Methode deshalb sehr kritisch anwenden, am besten nur in Fällen, wo eine numerische oder empirische Korrektur nicht möglich ist, z. B. nach Kristallzersetzung. Sie ist aber ein wertvoller Test zur Abschätzung vorhandener systematischer Fehler im Datensatz.

Die Int. Union of Crystallography empfiehlt den Autoren ihrer Zeitschriften eine semiempirische Korrektur durchzuführen, wenn das Produkt $\mu \cdot x$ (x = mittlerer Kristalldurchmesser) > 0.1 ist, möglichst eine numerische Korrektur, wenn $\mu \cdot x > 1$ ist, in jedem Fall aber bei $\mu \cdot x > 3$.

7.8 Andere Beugungsmethoden

Beugungsexperimente an Kristallen sind mit verschiedenen anderen Strahlungen vergleichbarer Wellenlänge ebenso möglich.

7.8.1 Neutronenbeugung

Während die Beugungsgeometrie bei Verwendung von Neutronen mit der Röntgenbeugung übereinstimmt, gibt es einige fundamentale physikalische Unterschiede: Die *Streuung von Neutronen* erfolgt an den *Atomkernen* statt an der Elektronenhülle. Das hat zur Folge, dass die Streufaktoren nicht wie die Atomformfaktoren im Röntgenfall proportional Z sind und mit dem Beugungswinkel stark abfallen, sondern sie variieren individuell von Element zu Element, ja sogar von Isotop zu Isotop eines Elements, sind aber *winkel-unabhängig*. Der Streufaktor von Wasserstoff liegt z. B. im mittleren Bereich, so dass eine wichtige Anwendung der Neutronenbeugung die genaue Lokalisierung von H-Atomen, z. B. in H-Brückensystemen ist. Eine andere Anwendung ist die Unterscheidung direkt im Periodensystem benachbarter schwererer Elemente, die röntgenographisch fast dieselbe Streukraft zeigen, z. B. Co, Ni oder Mn, Fe.

Die Eigenart, dass Neutronen zwar keine Ladung, aber ein magnetisches Moment besitzen, bringt den einzigartigen Vorteil mit sich, dass auch an dreidimensional geordneten magnetischen Momenten Beugung stattfindet. Eine weitere wichtige Anwendung von Neutronenbeugung besteht deshalb in der Bestimmung magnetischer Strukturen. Dabei können bei Vermessung eines ferro- ferri-, oder antiferromagnetischen Einkristalls, manchmal auch nur eines Pulvers, bei einer Temperatur unterhalb des dreidimensionalen Ordnungspunkts die Spinrichtungen und die Größen der magnetischen Momente der magnetischen Atome in der „magnetischen Elementarzelle" bestimmt werden. Letztere kann größer sein als die der Kristallstruktur selbst, die Spinordnung geht in die Beschreibung der Symmetrie mit ein, es muss deshalb auch eine „magnetische Raumgruppe" bestimmt werden. Näheres zur Methode ist z. B. [21] zu entnehmen.

Als Neutronenquellen dienen Kernreaktoren, in denen die gewünschten Neutronenenergien durch Abbremsung mit geeigneten Moderatoren wie Graphit, Wasser, Paraffin oder flüssigem Wasserstoff eingestellt werden. Seit kurzem stehen auch erste Spallationsquellen zur Verfügung. Dabei werden in großen Linearbeschleunigern für Protonen Schweratom-Targets beschossen, wobei Neutronen freigesetzt werden. Wegen der erheblich geringeren Abwärme sind so höhere, normalerweise gepulste Neutronenflüsse erreichbar, allerdings sind solche Anlagen noch teurer als Kernreaktoren. Auch die Erzeugung polarisierter Neutronenstrahlung ist möglich.

In Deutschland kann Neutronenbeugung zur Zeit an der Neutronenquelle Heinz Meier-Leibniz (Forschungsreaktor FRM II) in Garching und in Berlin am Helmholtz-Zentrum Berlin (HZB) für Materialien und Energie (früher Hahn-Meitner-Institut, HMI) am Reaktor BER II durchgeführt werden. Am ILL (Institut Laue-Langevin) in Grenoble, wird der derzeit weltweit stärkste kontinuierliche Neutronenfluss erzielt. Spallationsneutronenquellen stehen in Europa im Rutherford-Appleton Laboratory (RAL) in Oxford (UK) und im Paul-Scherrer-Institut (PSI) in Villigen (Schweiz) zur Verfügung. Die größte Anlage ist derzeit die Spallation Neutron Source (SNS) in Oak Ridge (USA), eine noch deutlich leistungsfähigere Quelle, die European Spallation Source (ESS), soll als Gemeinschaftsprojekt von 17 europäischen Ländern 2019 in Lund (Schweden) in Betrieb gehen. Neutronenbeugungsexperimente erforderten früher große Proben (Einkristalle im mm-Bereich, Pulver in Gramm-Mengen) und meist tagelange Messzeiten, was zusammen mit der beschränkten Verfügbarkeit der teuren Neutronenquellen eine breite Anwendung wie bei Röntgenstrahlung verhindert hat. Durch die Entwicklung von Flächendetektoren auch für Neutronen hat sich das Problem der Probengröße und der Messzeit jedoch erheblich entspannt.

7.8.2 Elektronenbeugung

Elektronenstrahlen wechselwirken sehr stark mit Materie, sowohl mit den *Kernen* als auch mit der *Elektronenhülle*, werden also auch sehr stark absorbiert. Die Elektronenbeugung beschränkt sich deshalb einerseits auf Messungen an der *Gasphase*. Sie erlauben die Strukturbestimmung kleiner Moleküle mit nur wenigen Atomen. Andererseits wird die Elektronenbeugung zusammen mit hochauflösender Transmissions-Elektronenmikroskopie betrieben, wo Beugungsdiagramme sehr dünner Schichten von Festkörpern aufgenommen werden.

Hier ist eine unter zwei Gesichtspunkten interessante Entwicklung zu verfolgen [22, 23]: Einerseits kann durch Fouriertransformation des hochaufgelösten Transmissionsbildes (der realen Struktur) Phaseninformation für das Elektronenbeugungsdiagramm (das reziproke Gitter) gewonnen werden, so dass eine direkte Strukturlösung und z. T. sogar Verfeinerung mit Elektronenbeugungsdaten möglich wird. Andererseits genügen mikroskopisch kleine geordnete Bereiche zur Aufnahme eines Beugungsdiagramms, so dass selbst Verbindungen untersucht werden können, die keine geeigneten Kristalle für Röntgenbeugungsmessungen ausbilden. Allerdings bleiben erhebliche Probleme, da bei der Durchstrahlung primär nur zweidimensionale Strukturinformation anfällt, und die Anwendung der Methode mit starker thermischer Belastung der Proben einhergeht. Da es experimentell schwieriger ist, genügend gute Reflexe zu vermessen, und zugleich bei den Rechnungen das Problem dazukommt, dass Elektronenbeugung nicht mehr alleine mit der kinematischen Streutheorie beschrieben werden kann, sondern erhebliche dynamische Anteile eine Rolle spielen, sind bislang bei Verfeinerungen kaum R-Werte unter 20 % erzielt worden.

Auf die Verwendung von Synchrotronstrahlung als alternativer Röntgenquelle wurde bereits in Abschn. 3.1 eingegangen.

7.9 Zeitaufgelöste Kristallographie

Der elementare Beugungsprozess beim Durchgang eines Röntgen-Photons durch einen Kristall ist mit einer Dauer von ca. 10^{-18} s (1 Atto-Sekunde) extrem kurz. Bei der hier behandelten klassischen Kristallstrukturanalyse werden jedoch – auch bei den heutigen starken Röntgenquellen und modernen Flächendetektoren – Messzeiten im Bereich von Minuten bis Stunden angesetzt, um durch Mittelung über viele solche Prozesse Intensitätsdaten hoher Genauigkeit zu sammeln. Dann erhält man, gemittelt über diese Zeit, die dreidimensionale Strukturinformation mit hoher Präzision. Man kann jedoch auch durch den Einsatz besonders starker aber im Picosekunden- bis Femtosekunden-Bereich (10^{-12}–10^{-15} s) gepulster Röntgenquellen die Belichtungszeit kurz halten und so zeitabhängige, also dynamische Strukturänderungen verfolgen [24–26]. Die wichtigsten Techniken dazu sind folgende:

- Statt der kontinuierlichen elektrischen Heizung der Kathode (Wolframwendel) in einer konventionellen Röntgenröhre, wird die Kathode durch einen Puls aus einem Femtosekunden-Laser geheizt. Der dadurch ausgelöste Elektronenpuls wird durch ein elektrisches Feld auf die Anode gelenkt und löst einen Puls aus Bremsstrahlung und charakteristischer Röntgenstrahlung aus. Damit können Röntgenpulse bis herab zu einigen Picosekunden Dauer erzeugt werden.
- Noch kürzere Pulse kann man mit einer „Laser-Plasma-Röntgenquelle" erhalten . Dabei wird direkt im emittierenden Material durch einen starken Femtosekunden-Laserpuls ein Plasma erzeugt. Die dabei entstehenden energiereichen Elektronen erzeugen dann einen „Röntgenblitz" aus Bremsstrahlung und charakteristischer Strahlung von der Dauer des Laserpulses.
- Die in Teilchenbeschleunigern abfallende Synchrotronstrahlung kann gepulst mit Pulsdauern bis herab zu etwa 10 ps erzeugt werden.
- Als neueste Entwicklung seien die Freie-Elektronen-Laser (FEL) genannt, die, z. B. am DESY in Hamburg den Bereich weicher Röntgenstrahlung erreichen (X-FEL, Röntgenlaser). Sie bauen ebenfalls auf starken Teilchenbeschleunigern auf.

Eine mögliche Anwendung ist die Untersuchung von Molekülstrukturen im angeregten Zustand. Bei dieser Anwendung, die besonders kurze Pulse, möglichst im Femtosekunden-Bereich, erfordert, kann z. B. bei photochemischen Reaktionen zuerst durch den „Pump-Puls" eines optischen Lasers ein Molekül in den angeregten Zustand versetzt werden. Dem folgt dann in kurzem Zeitabstand der „Röntgenpuls" („Photokristallographie"). Handelt es sich um einen reversiblen Prozess, so kann dieser Vorgang stroboskopartig beliebig oft wiederholt werden, so dass durch Summierung gute Intensitätsdaten gesammelt werden können, die eine hohe Qualität der Strukturbestimmung erlauben.

Eine andere Anwendung ist die Untersuchung der Topochemie chemischer Reaktionen im Kristall. Nach dem Start einer Reaktion werden in kurzen Zeitabständen mit Röntgenpulsen „Momentaufnahmen" der aktuellen Struktur geschossen, so dass man dann wie im Film den Reaktionspfad verfolgen und Zwischenzustände abbilden kann. Dies setzt voraus, dass die Reaktion am Kristall ohne dessen Zerstörung und ohne zu großen Qualitätsverlust abläuft. Zudem muss trotz der kurzen Belichtungszeit in dem nur durch einen einzigen „Schuss" erhaltenen Beugungsbild noch genügend Information enthalten sein, um hinreichend genaue Aussagen treffen zu können. Daher wurde für diesen Zweck die Laue-Methode wiederbelebt, bei der in einer einzigen Aufnahme ein großer Teil aller möglichen Reflexe erfasst werden kann.

Besondere Aufmerksamkeit erfährt derzeit die Untersuchung von Vorgängen in Proteinen und anderen Makromolekülen. Dass auch solche empfindlichen Kristalle, die an normalen Röntgenquellen selbst bei Kühlung oft durch die Strahlung zerstört werden, an solchen um mehrere Zehnerpotenzen intensiveren Quellen wie dem Röntgenlaser tatsächlich vermessen werden können, sogar bei Raumtemperatur, liegt daran, dass der ausgelöste Zerfall langsamer ist als die Dauer eines Pulses. Bevor der Kristall die Hitze „merkt", ist die Messung schon fertig. Um jedoch genügend Reflexe vermessen zu können, müssen viele Einzelmessungen an vielen Kristallen zusammengeführt werden. Dazu wurde vorgeschlagen, einen Flüssigkeitsstrahl mit aufgeschlämmten Kriställchen kontinuierlich durch den in schneller Abfolge gepulsten Röntgenstrahl zu schießen. Immer wenn ein Puls einen Kristall trifft, wird – je nach dessen Orientierung – eine kleine Auswahl an Reflexen erzeugt und gelangt auf den Detektor. Je mehr Kristalle getroffen wurden, desto vollständiger und besser wird der Datensatz. Inzwischen kann an Elektronenmikroskopen auch zeitaufgelöste Elektronenbeugung bis in den Femtosekundenbereich betrieben werden [27].

Die folgenden Kapitel befassen sich jedoch nun wieder mit der Auswertung konventionell langsam gemessener Beugungsdaten.

Strukturlösung

8

Nachdem die experimentell zugänglichen Basisinformationen über eine Kristallstruktur vorliegen: Elementarzelle, Raumgruppe (zumindest eine Auswahl) und die Intensitätsdaten, geht es nun um die Kernfrage, wie man damit zu den Lagen der Atome in der asymmetrischen Einheit der Elementarzelle gelangt, deren Bestimmung das eigentliche Ziel einer Kristallstrukturbestimmung darstellt.

8.1 Fouriertransformationen

Man kann den Beugungsvorgang so verstehen, dass die komplizierte dreidimensional periodische Elektronendichtefunktion, mit der ein Kristall die Interferenzerscheinungen auslöst, den kohärenten Röntgenstrahl durch eine *Fouriertransformation* in lauter Einzelwellen $F_0(hkl)$ zerlegt. Das Beugungsbild, das intensitätsgewichtete reziproke Gitter, ist als Fouriertransformierte des Kristalls zu sehen. Eine gewisse akustische Analogie kann man in der *Fourieranalyse* der komplizierten periodischen Funktion eines Geigentones sehen, nämlich der rechnerischen Zerlegung in lauter einfache harmonische Sinus-Wellen. Kennt man diese Einzelwellen, die *Fourierkoeffizienten*, mit Amplitude und Phase, so kann man daraus – im Synthesizer – umgekehrt durch *Fouriersummation* oder *Fouriersynthese* wieder den Geigenton erzeugen. Ganz ähnlich ist es im Falle der Röntgenbeugung: Kennt man alle Einzelwellen, die Strukturfaktoren F_0, mit ihren Phasen, so kann man durch *Fouriersynthese* die Elektronendichtefunktion ρ, also die Kristallstruktur zurückberechnen. Die grundlegende Gleichung für diese Fourier-Summation ist

$$\rho_{XYZ} = \frac{1}{V} \sum_{hkl} F_{hkl} \cdot e^{-i2\pi(hX+kY+lZ)} \tag{8.1}$$

Damit kann man für jeden Punkt XYZ in der Elementarzelle (es genügt natürlich die asymmetrische Einheit) die Elektronendichte ρ_{XYZ} berechnen. In der Praxis genügt es, in

© Springer Fachmedien Wiesbaden 2015
W. Massa, *Kristallstrukturbestimmung*, Studienbücher Chemie,
DOI 10.1007/978-3-658-09412-6_8

einem Punkteraster mit 0,2–0,3 Å Abstand die Dichtewerte zu berechnen, um dann durch Interpolation Elektronendichtemaxima lokalisieren zu können, die die Koordinaten xyz von Atomlagen liefern. Man kann den Elektronendichteverlauf auch in Schnitten durch die Elementarzelle mittels Konturdiagrammen, wie in geographischen Höhenlinien-Karten, graphisch darstellen (s. Abb. 8.1).

Da man bei den Messungen nur Intensitäten bestimmen kann, kennt man bei den Fourierkoeffizienten F_o jedoch bislang nur den Betrag, die Amplitude der Streuwelle, die Phaseninformation ist verloren gegangen. Dies ist das zentrale *Phasenproblem* der Röntgenstrukturanalyse, dessen Lösung Gegenstand dieses Kapitels ist. Wenn man von der Lösung einer Struktur spricht, meint man meist die Lösung dieses Phasenproblems.

Strukturmodelle Alle hierfür eingesetzten Methoden arbeiten früher oder später mit einem *Strukturmodell*, das zumindest für wichtige Teile der Struktur konkrete Atomlagen xyz, bezogen auf eine bestimmte Raumgruppe enthält. Ist dieses Modell prinzipiell richtig und enthält es genügend dreidimensionale Strukturinformation, so lassen sich damit nach der bereits in Kap. 5 behandelten Strukturfaktorgleichung (Gl. 5.5) theoretische Strukturfaktoren F_c berechnen.

$$F_c = \sum_n f_n [\cos 2\pi (hx_n + ky_n + lz_n) + i \sin 2\pi (hx_n + ky_n + lz_n)] \qquad (8.2)$$

Sie enthalten nun, wenn auch mit gewissen Fehlern, die gesuchte Phaseninformation. Vor allem in zentrosymmetrischen Raumgruppen, wo das Phasenproblem nur ein Vorzeichenproblem ist, ist die Wahrscheinlichkeit einer richtigen Vorzeichenberechnung groß, während die Amplituden eher noch fehlerhaft sein können. Erfahrungsgemäß genügt es bereits, wenn ca. 30–50 % aller in der asymmetrischen Einheit enthaltenen Elektronen im Modell richtig beschrieben werden, um zu einem brauchbaren Phasensatz zu kommen. Diese *berechneten* Phasen überträgt man nun auf die *gemessenen* F_o-Werte und kann nun durch eine Fouriersynthese die gesamte Struktur zu Tage bringen, zumindest ein verbessertes Modell, mit dem man diese Prozedur wiederholen kann.

Differenz-Fouriersynthesen Bei einer Fouriersynthese nach Gl. 8.1 muss über alle Reflexe hkl summiert werden. Da man jedoch nur einen begrenzten Datensatz gemessen hat, entstehen Abbrucheffekte, die sich in „Wellen" und Pseudomaxima von Elektronendichte äußern können. Diesen Effekt kann man elegant reduzieren, indem man an jedem Punkt der Fourierdarstellung vom Ergebnis der Summation mit den (mit Phasen versehenen) *beobachteten* F_o-Werten das Ergebnis einer analogen Summation mit den *berechneten* F_c-Werten des Modells abzieht. Da man mit dem gleichen Reflexsatz rechnet, heben sich die Abbrucheffekte weitgehend auf. Zudem hat man den Vorteil, dass nur noch an den Stellen deutliche Elektronendichtemaxima auftreten, wo im Strukturmodell noch Atome fehlen, denn man subtrahiert die Elektronendichte des Strukturmodells von der „tatsächlichen" Elektronendichte. Solche *Differenz-Fouriersynthesen* sind deshalb die übliche Methode, um ein Strukturmodell schrittweise zu vervollständigen. Bei

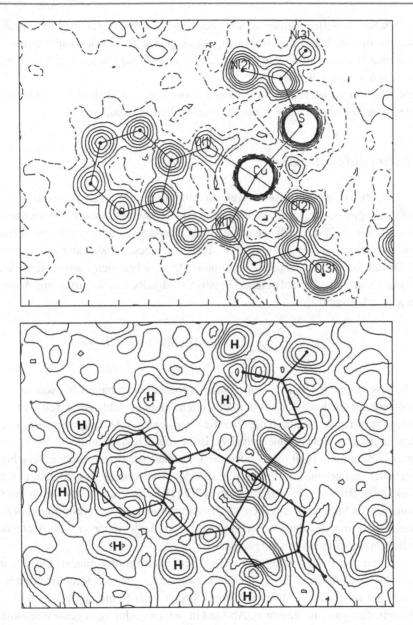

Abb. 8.1 **a** F_o-Fouriersynthese (*oben*) und **b** Differenz-Fouriersynthese (*unten*): Schnitte durch die Molekülebene des Thioharnstoff-Addukts von N-Salicyliden-glycinato-kupfer(II) („CUHABS", s. Kap. 15). Konturlinien in Abständen von **a** $1\,e/Å^3$, **b** $0.1\,e/Å^3$, *gestrichelt*: Nulllinie. In **b** zeichnen sich außer den H-Atomen bereits auch Bindungselektronen in den Ringen ab

organischen Strukturteilen werden so vor allem im Endstadium der Strukturbestimmung die Wasserstoffatome lokalisiert. Abbildung 8.1 zeigt eine F_0-Fouriersynthese (oben) und eine Differenz-Fouriersynthese (unten) auf der Basis eines nur die schwereren Atome enthaltenden Strukturmodells.

Bevor man so weit ist, ist es jedoch zuerst notwendig, die Methoden kennenzulernen, mit denen man zu einem solchen Strukturmodell gelangen kann.

8.2 Patterson-Methoden

Ein von *A. L. Patterson* erschlossener Weg zur Ableitung eines Strukturmodells führt über eine ganz analoge Fouriersynthese wie die von Gl. 8.1, nur dass man zur Berechnung der *Pattersonfunktion* P_{uvw} direkt die gemessenen F_0^2-Werte als Fourierkoeffizienten einsetzt. Zur Unterscheidung von der „normalen" F_0-Fouriersynthese verwendet man die Symbole u, v, w für die Koordinaten im *Pattersonraum*. Sie beziehen sich zwar genauso auf die Achsen der Elementarzelle, auftretende Maxima sind jedoch *nicht* direkt mit Atomkoordinaten x, y, z korreliert.

$$P_{uvw} = \frac{2}{V^2} \sum_{hkl} F_{hkl}^2 \cdot \cos[2\pi(hu + kv + lw)] \tag{8.3}$$

Dadurch, dass in den F_0^2-Werten keine Phaseninformation enthalten ist, kommt in einer Pattersonsynthese nur noch der allein in den Intensitäten verschlüsselte Teil an Strukturinformation zum Tragen, nämlich die über die *interatomaren Abstandsvektoren*: Wie man nach dem in Abschn. 5.3 Gesagten einsieht, ist bei der Überlagerung von Wellen für die resultierende *Amplitude* (und damit auch die Intensität) nur deren *relative* Verschiebung gegeneinander maßgebend. Sie hängt nur von der Komponente des interatomaren Abstandsvektors in Richtung des Streuvektors $d^*(hkl)$ ab. Erst wenn man auch die Phase der resultierenden Streuwelle angeben will, muss man sich auf einen Nullpunkt beziehen. Umgekehrt erhält man bei der Fouriersynthese *nur* mit Intensitäten *nur* die Abstandsvektoren, alle von einem Punkt aus aufgetragen.

Rechnet man die Pattersonfunktion wieder punktweise in der ganzen Elementarzelle aus, so erhält man Maxima, die die Endpunkte dieser Abstandsvektoren markieren. Dies ist in Abb. 8.2 schematisch für eine 2-Atom-Struktur mit Symmetriezentrum skizziert. Man erkennt, dass jeder interatomare Abstand in beiden Richtungen gemessen auftaucht, und dass durch das Symmetriezentrum in der Struktur die Vektoren **1** und **2** doppeltes Gewicht erhalten.

Intensitäten Die relative Intensität I_P eines Patterson-Maximums errechnet sich aus dem *Produkt der Elektronenzahlen* (also der Ordnungszahlen Z_n) der beteiligten Atome.

$$I_P = Z_1 \cdot Z_2$$

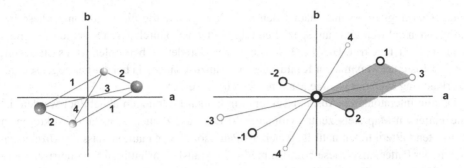

Abb. 8.2 Zur Entstehung der Maxima in der Pattersonsynthese. Maxima mit doppeltem Gewicht fett gezeichnet. Eine der enthaltenen Abbildungen der Struktur ist schattiert hervorgehoben

Im Nullpunkt der Zelle berechnet sich stets der höchste Peak, da jedes Atom zu sich selbst den Abstand 0 hat, und sich so die Quadrate der Ordnungszahlen aller Atome der Zelle addieren. Bei der Erstellung einer Liste von Maxima per Programm wird dieser Nullpunkt normalerweise auf 999 skaliert, so dass man mit einem Skalierungsfaktor

$$k = \frac{999}{\sum Z_n^2} \tag{8.4}$$

die Pattersonmaxima „normieren" kann. Man sieht sofort, dass bei Anwesenheit vieler ähnlich schwerer Atome wie bei organischen Verbindungen die ‚Patterson map' sehr unübersichtlich und schwer zu interpretieren wird. Sind jedoch nur wenige schwere neben leichten Atomen vorhanden, wie in einer typischen metallorganischen Verbindung, so heben sich die Vektoren zwischen den Schweratomen stark ab. Die der Leichtatome untereinander verschwinden im Untergrund. Dies ist weiter unten in Tab. 8.1 am Beispiel $(C_5H_5)_3Sb$ gezeigt.

8.2.1 Symmetrie im Pattersonraum

Symmetrie in den Atomlagen der Elementarzelle muss sich natürlich auch in der Symmetrie ihrer Abstandsvektoren niederschlagen. Liegt z. B. entlang b eine 2-zählige Achse, so existiert für jedes Atom auf der Lage x, y, z ein zweites mit der Lage $\bar{x}, y, \bar{z}$. Die Abstandvektoren sind dann durch Subtraktion in beiden Richtungen zu $2x, 0, 2z$ und $-2x, 0, -2z$ zu berechnen. Solche Maxima, die von zwei Atomen in symmetrieäquivalenten Lagen verursacht sind, nennt man *Harker-Peaks*. Im Beispiel einer 2-zähligen Achse bedeutet dies, dass dann die $u0w$-Ebene der Pattersonsynthese besonders stark besetzt sein sollte (‚*Harker-Ebene*'). Liegt stattdessen senkrecht zu b eine Spiegelebene, so liefern alle gespiegelten Atompaare nur Vektoren auf einer $[0v0]$-Geraden im Pattersonraum (‚*Harker-Gerade*'). Die Inspektion der „Patterson-Map" ist also eine Möglichkeit, mit der man solche in der Lauegruppe nicht zu unterscheidende Symmetrieelemente lokalisieren

kann. Allerdings findet man häufig den Fall, dass gerade die die Pattersonsynthese bestimmenden Schweratome auf speziellen Lagen sitzen, wodurch deren Symmetrieelement
nicht mehr zu Tage tritt. Um die Besetzung einer Geraden zu beurteilen, ist es oft besser,
statt der Liste der Maxima ein Konturdiagramm anzuschauen, da bei starker gegenseitiger
Überlagerung auch nur wenige Maxima berechnet werden.

Da alle interatomaren Abstandsvektoren in beiden Richtungen abgebildet werden, ist
eine Patterson-Map stets zentrosymmetrisch. Die zusätzlichen Translationsvektoren in
zentrierten Gittern treten natürlich auch als Pattersonmaxima auf, so dass der *Bravaistyp*
auch in der Pattersonsynthese *erhalten* bleibt. Die translationshaltigen Symmetrieelemente der Gleitspiegelebenen und Schraubenachsen werden im Pattersonraum zu einfachen
Spiegelebenen bzw. Drehachsen. Die dadurch erzeugten Maxima sind jedoch um die
Translationskomponente vom Nullpunkt verschoben und liegen alle auf Harkergeraden
bzw. -ebenen.

Beispiel: Die Gleitspiegelebene $c \perp b$ in der Raumgruppe $P2_1/c$ bildet ein Atom x, y, z
auch auf die Lage $x, \frac{1}{2} - y, \frac{1}{2} + z$ ab. Der Abstandsvektor zwischen beiden Lagen und sein
„Gegenvektor" ergeben sich durch wechselseitige Subtraktion zu $0, \frac{1}{2} - 2y, \frac{1}{2}$ und $0, \frac{1}{2} +$
$2y, \frac{1}{2}$, die Patterson-Maxima werden also durch eine Spiegelebene in $x, \frac{1}{2}, y$ ineinander überführt, die c-Gleitkomponente wird im Wert $w = \frac{1}{2}$ beider Peaks sichtbar.

8.2.2   Strukturlösung mit Harker-Peaks

Die Symmetrie kann auch der Schlüssel zur „Lösung" einer Pattersonsynthese sein, also
zur Ableitung von Atompositionen x, y, z eines Strukturmodells aus Patterson- Maxima.
Dies sei am Beispiel von $(C_5H_5)_3Sb$ gezeigt, das in der verbreiteten Raumgruppe $P2_1/c$
mit $Z = 4$ Formeleinheiten pro Elementarzelle kristallisiert (Tab. 8.1).

Da die allgemeine Lage der Raumgruppe $P2_1/c$ 4-zählig ist, und vier Sb-Atome in der
Elementarzelle sind, kann Sb *nicht* auf einem Symmetriezentrum sitzen, was für das Molekül ohnehin nicht möglich wäre, sondern nur auf dieser allgemeinen Lage. Nun kann man
einfach durch Subtraktion aller Kombinationen der vier äquivalenten Lagen algebraische
Ausdrücke für die möglichen Abstandsvektoren zwischen symmetrieäquivalenten Lagen,
die *Harker-Peaks* berechnen. Man sieht, dass manche doppeltes Gewicht bekommen und
dass sie z. T. auf den erwähnten *Harker-Ebenen* (ein Parameter konstant) oder -*Geraden*
(zwei Parameter konstant) im Pattersonraum angeordnet sind. Durch Vergleich mit dieser Tabelle und unter Berücksichtigung der erwarteten Intensitäten lassen sich die drei –
nach dem Nullpunkt – stärksten Maxima der Pattersonsynthese solchen Harkerpeaks zuordnen und damit durch Einsetzen der experimentellen Werte u, v, w die Atomparameter
x, y, z für Sb ausrechnen. Das so gewonnene Strukturmodell, bei dem noch alle 15 C-
und 15 H-Atome fehlen, umfasst zwar nur 33 % der Elektronen. Da diese jedoch am
Schweratom sehr scharf lokalisiert sind, ist ihr Beitrag zu den Strukturfaktoren schon so
bestimmend, dass die Vorzeichen der F_c-Werte weitgehend richtig berechnet werden. In

Tab. 8.1 Ermittlung der Atomparameter x, y, z für Sb in $(C_5H_5)_3Sb$ aus den *Harker-Peaks* einer Pattersonsynthese

a) Patterson-Normierung durch Berechnung des Nullpunkts-Peaks
(für 4 Formeleinheiten $(C_5H_5)_3Sb$ pro Zelle)

n	Atom	Z	Z^2	nZ^2	
4	Sb	51	2601	10404	$f = 999/12\,564 = 0.0795$
60	C	6	36	2160	
				12564	

Ber. Peakhöhen ($f \cdot Z_1 Z_2$): Sb-Sb 207, Sb-C 24, C-C 3

b) *Harker-Peaks* in der Raumgruppe $P2_1/c$

	x, y, z	$\bar{x}, \bar{y}, \bar{z}$	$\bar{x}, \frac{1}{2}+y, \frac{1}{2}-z$	$x, \frac{1}{2}-y, \frac{1}{2}+z$
x, y, z	–	$-2x, -2y, -2z$	$-2x, \frac{1}{2}, \frac{1}{2}-2z$	$0, \frac{1}{2}-2y, \frac{1}{2}$
$\bar{x}, \bar{y}, \bar{z}$	$2x, 2y, 2z$	–	$0, \frac{1}{2}+2y, \frac{1}{2}$	$2x, \frac{1}{2}, \frac{1}{2}+2z$
$\bar{x}, \frac{1}{2}+y, \frac{1}{2}-z$	$2x, \frac{1}{2}, \frac{1}{2}+2z$	$0, \frac{1}{2}-2y, \frac{1}{2}$	–	$2x, -2y, 2z$
$x, \frac{1}{2}-y, \frac{1}{2}+z$	$0, \frac{1}{2}+2y, \frac{1}{2}$	$-2x, \frac{1}{2}, \frac{1}{2}-2z$	$-2x, 2y, -2z$	–

c) Die stärksten Maxima der Pattersonsynthese

Nr.	Höhe	u	v	w	Zuordnung	
1	999	0	0	0	Nullpunktspeak	
2	460	0	0.396	0.5	Harker-Peak $0, \frac{1}{2}-2y, \frac{1}{2}$	$2 \times$ Sb-Sb
3	452	0.420	0.5	0.705	Harker-Peak $2x, \frac{1}{2}, \frac{1}{2}+2z$	$2 \times$ Sb-Sb
4	216	0.421	0.104	0.206	Harker-Peak $2x, 2y, 2z$	$1 \times$ Sb-Sb

d) Berechnung der Sb-Lage aus Vergleich von b) und c)

aus Peak 2	$\frac{1}{2}-2y$	$= 0.396 \Longrightarrow y = 0.052$
aus Peak 3	$2x$	$= 0.420 \Longrightarrow x = 0.210$
	$\frac{1}{2}+2z$	$= 0.705 \Longrightarrow z = 0.103$

einer Differenz-Fouriersynthese erscheinen bereits alle C-Atome als Maxima. Der Weg, eine Kristallstruktur über die Lokalisierung eines Schweratoms aus Pattersonsynthesen zu lösen, wird oft auch als *Schweratommethode* bezeichnet.

Auf demselben Prinzip beruht die in der Proteinkristallographie mit großem Erfolg eingesetzte Methode des „isomorphen Ersatzes": hierzu werden mehrere Kristalle gezüchtet, bei denen – ohne dass merkliche Änderungen in Zelle und Atomlagen der Reststruktur resultieren dürfen – verschiedene Schweratome (Br, I, Metalle) an verschiedenen Stellen der Struktur eingebaut sind. Für jeden Kristall, einschließlich des unsubstituierten, wird ein kompletter Datensatz gemessen. Aus Patterson-Maps werden die Schweratome lokalisiert, damit sind Phasenberechnungen, auch für den unsubstituierten „nativen" Proteinkristall möglich. Oft wird dabei die Pattersonfunktion mit den Intensitätsdifferenzen in den Reflexen eines substituierten und des nativen Kristalls berechnet („**M**ultiple **I**somorphous **R**eplacement", **MIR**-Methode) . Heute nutzt man eher Unterschiede in der anomalen Dispersion aus, die man bei Verwendung von Synchrotronstrahlung ideal nutzen kann (siehe auch Abschn. 10.4). Dabei misst man denselben Kristall, der ein Schweratom wie Se, Br enthält, bei verschiedenen Wellenlängen, unterhalb und oberhalb der Absorptionskante des schweren Elements („**M**ulti-**W**avelength **A**nomalous **D**ispersion", **MAD**-Methode) und gewinnt wieder aus der Subtraktion der Datensätze Information über die Schweratomlage und daraus über die Phasen. Bei deren Kenntnis wird die dreidimensionale Proteinstruktur durch Fouriersynthese zugänglich. Zu näheren Informationen über dieses rasch wachsende Gebiet sei auf Spezialliteratur wie [28, 29] verwiesen. Auch die im Folgenden erwähnten Methoden finden in der Proteinkristallographie Anwendung.

8.2.3 Bildsuchmethoden

Die Lösung einer Struktur allein aufgrund der Harker-Peaks ist normalerweise nur möglich, wenn lediglich ein oder zwei unabhängige Schweratome vorhanden sind, die sich in der Streukraft stark vom Rest der Struktur abheben. In Fällen kleinerer Gruppen (Fragmenten) von ähnlich schweren Atomen sind andere Techniken der Interpretation der Patterson-Map möglich, die hier nur vom Prinzip her erläutert werden sollen.

Man kann sich die Pattersonfunktion als aus lauter parallel verschobenen Strukturbildern entstanden denken: Der Vektorsatz vom Atom 1 aus zu seinen Nachbarn beschreibt durch seine Endpunkte ein Bild der Struktur selbst, verschoben um den umgekehrten Abstandsvektor dieses Atoms 1 vom Nullpunkt (Abb. 8.3). Dem überlagern sich alle Bilder mit den anderen Atomen als Ursprungsatomen. Kennt man also ein wichtiges Strukturfragment, – meist weiß der Chemiker ja, was er zu erwarten hat, – so kann man sich die zugehörige Pattersonfunktion ausrechnen. Das Problem ist nun, die Orientierung und die Position zu bestimmen, indem man die berechnete „Vektor-Map" mit der aktuellen Pattersonfunktion vergleicht. In verschiedenen Programmen ist diese Bildsuchmethode automatisiert, wobei normalerweise zuerst ein „Rotations-", dann ein „Translations-Suchlauf" durchgeführt wird. Bei der „Superpositions-Methode", wie sie z. B. im SHELXL-97-

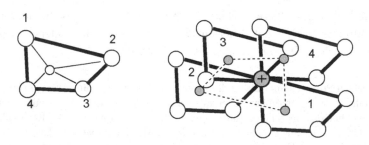

Abb. 8.3   Schema zur Patterson-Bildsuchmethode

Programm angewandt wird, wird ein einfacher Harker-Vektor gesucht (z. B. $2x, 2y, 2z$ im Beispiel von Tab. 8.1). Ein Duplikat der Patterson-Map, um diesen Vektor verschoben, wird nun der Original-Map überlagert und die sog. *Minimumfunktion* gebildet. Wo in beiden Positionen der Patterson-Map Maxima liegen, bleibt Intensität übrig und die Struktur oder ein Strukturfragment wird sichtbar. Hat man ein genügend großes Fragment durch eine der Methoden lokalisiert, kann man die Struktur durch Differenzfouriersynthesen weiter vervollständigen.

Die Patterson-Methoden stoßen zunehmend auf Schwierigkeiten, wenn die Struktur aus zu vielen ähnlich schweren Atomen besteht. Hier setzt man besser andere Lösungsmethoden ein.

8.3 Direkte Methoden

Man nennt diese *Direkte Methoden*, weil sie auf der Ausnutzung von Zusammenhängen zwischen den Intensitäten innerhalb von Reflexgruppen und den Phasen beruhen, also eine direkte Lösung des Phasenproblems versuchen.

8.3.1 Harker-Kasper-Ungleichungen

Die Ursprünge der Direkten Methoden liegen in Arbeiten von Harker und Kasper, die 1948 fanden, dass bei Vorhandensein von Symmetrieelementen Zusammenhänge zwischen den Strukturamplituden bestimmter Reflexpaare auftreten. Statt der Strukturfaktoren selbst werden dabei die sog. *unitären Strukturamplituden U* benutzt,

$$U = F / F(000) \qquad (8.5)$$

die auf die Gesamtelektronenzahl $F(000)$ in der Elementarzelle der Struktur normiert sind. Sie geben einen Eindruck, welcher Anteil der Elektronen bei einem bestimmten Reflex zur Strukturamplitude beiträgt. Ein wichtiges Beispiel ist die Wirkung des Symmetriezentrums in der Raumgruppe $P\bar{1}$: Die hierfür abgeleitete Ungleichung ist

$$U_{hkl}^2 \le \frac{1}{2} + \frac{1}{2} U_{2h2k2l} \qquad (8.6)$$

Ihr kann man entnehmen, dass dann, wenn U_{hkl}^2 sehr groß ist, also über $1/2$ liegt, die höhere Beugungsordnung dieses Reflexes U_{2h2k2l} ein positives Vorzeichen haben muss und zwar mit umso höherer Wahrscheinlichkeit, je größer der Betrag von U für beide Reflexe ist. Mit solchen allein über die Symmetrie gewonnenen Beziehungen sind allerdings nicht genügend Phasen zu bestimmen, um eine Struktur lösen zu können. Später wurden jedoch genereller anwendbare Beziehungen entdeckt, die ebenfalls besonders starke Reflexe betreffen.

8.3.2 Normalisierte Strukturfaktoren

Hier gibt es das Problem, dass die Amplituden von Reflexen, die bei verschiedenen Beugungswinkeln 2θ gemessen werden, nicht direkt miteinander verglichen werden können, da ja wegen der Winkelabhängigkeit der Atomformfaktoren die Streukraft zu höherem θ hin stark abnimmt. Diesen Effekt kann man korrigieren, indem man die Strukturamplituden auf einen Erwartungswert für den aktuellen Beugungswinkel bezieht, also „normalisierte Strukturfaktoren" oder E-Werte benutzt:

$$E^2 = k\,\frac{F^2}{F_{\mathrm{erw}}^2} \quad (\text{k = Skalierungsfaktor}) \tag{8.7}$$

Die Erwartungswerte kann man nach der *Wilson-Statistik* berechnen, indem man über die Werte der Atomformfaktoren aller Atome in der Zelle beim jeweiligen Beugungswinkel summiert.

$$F_{\mathrm{erw}}^2 = \epsilon \sum f_n^2 \tag{8.8}$$

Für manche Reflexklassen ist ein Gewichtungsfaktor ϵ (kleine ganze Zahl) notwendig [Int. Tables B [3], Kap. 2.2.3]. Da die Winkelabhängigkeit auch vom Auslenkungsfaktor beeinflusst wird, kann man umgekehrt aus der Beugungswinkel-Abhängigkeit der mittleren experimentellen F-Werte einen mittleren „overall" Auslenkungsfaktor ableiten. Gleichzeitig fällt dabei ein vorläufiger Skalierungsfaktor k an, mit dem man die F_o^2-Daten auf die Erwartungswerte, also im Grunde die Elektronenzahl in der Elementarzelle normiert.

Meist berechnet man heute jedoch den Erwartungswert aus dem Datensatz selbst, indem man einfach den F_o^2-Mittelwert über alle Reflexe im ähnlichen Beugungswinkelbereich bildet. Dies ist einer der Gründe, weshalb es bei der Anwendung direkter Methoden wichtig ist, dass *alle* möglichen Reflexe, einschließlich der schwachen, im Datensatz vorhanden sind.

E-Wert-Statistik Ein E-Wert größer 1 zeigt einen über dem Erwartungswert liegenden Reflex an, von starken Reflexen spricht man meist bei E-Werten über 2. Man kann zeigen, dass generell in zentrosymmetrischen Strukturen die statistische Häufigkeit von besonders starken E-Werten, aber auch die von besonders schwachen Reflexen größer ist als in nicht zentrosymmetrischen. Dies kann man verstehen, wenn man das Zustandekommen eines Strukturfaktors durch vektorielle Addition der einzelnen Atomformfaktorbeiträge mit ihren Phasenwinkeln in der Gaußschen Zahlenebene betrachtet, wie es in Kap. 5 in Abb. 5.8 gezeigt wurde. Sind bei statistischer Atomanordnung die Phasen statistisch verteilt, so ist klar, dass sich mit höchster Wahrscheinlichkeit die E-Werte um ihren Mittelwert gruppieren. Dass zufällig alle Vektoren sich in einer Richtung addieren, ist völlig unwahrscheinlich, genauso, wie der Fall, dass sie sich alle zu Null addieren (Abb. 8.4).

Dies ist anders bei Vorhandensein eines Symmetriezentrums im Kristall. Wie in Abschn. 6.4.2 abgeleitet, heben sich für die über das Symmetriezentrum verbundenen Atompaare die Imaginärglieder in den Atomformfaktorbeiträgen auf und die entsprechende

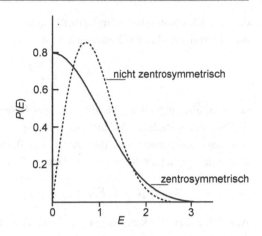

Abb. 8.4 Wahrscheinlichkeit $P(E)$ des Auftretens von E-Werten der Größe E im Beugungsbild von zentrosymmetrischen und nicht-zentrosymmetrischen Kristallen

vektorielle Addition erfolgt nur auf der reellen Achse, d. h. die einzelnen Beiträge werden je nach Vorzeichen addiert (+: Phasenwinkel 0°) oder subtrahiert (−: Phasenwinkel 180°). Deshalb ist hier bei statistischer Verteilung der Vorzeichen die Wahrscheinlichkeit am höchsten, dass sie sich zu Null addieren. Aber es ist auch eher zu erwarten, dass sich viele Vektoren in einer Richtung summieren, da es nur zwei Richtungen gibt. Deshalb ist im zentrosymmetrischen Fall sowohl die Wahrscheinlichkeit für das Auftreten besonders schwacher wie auch das besonders starker Reflexe höher. Den Unterschied erkennt man im gemessenen Datensatz besonders gut, wenn man aus allen Reflexen den Mittelwert von E^2-1 berechnet und mit den theoretischen Werten vergleicht: Sie betragen für nicht zentrosymmetrische Strukturen 0,74, für zentrosymmetrische 0,97. Dies kann man sich bei der Suche nach der Raumgruppe zunutze machen: Hat man aufgrund der Lauegruppe und der systematischen Auslöschungen noch die Auswahl zwischen mehreren Raumgruppen, so ist dabei häufig zwischen einer zentrosymmetrischen und einer alternativen nicht zentrosymmetrischen zu entscheiden. Typische solche Raumgruppenpaare sind $Pnma$ und $Pn2_1a$ ($= Pna2_1$), $P2_1$ und $P2_1/m$, Cc und $C2/c$, $C2$ und $C2/m$. Oft hilft dann die Berechnung des mittleren $E^2 - 1$-Wertes der Struktur und der Vergleich mit den oben angegebenen theoretischen Werten bei dieser Entscheidung. Liegt der Wert nicht in dieser Spanne, sondern deutlich über 1, so kann eine *hyperzentrische* Struktur ('super symmetry') vorliegen. Das ist eine zentrosymmetrische Struktur, bei der zusätzlich zentrosymmetrische Baugruppen auf einer *allgemeinen Lage* sitzen. Hier kommen also zu den Inversionszentren der Raumgruppe zusätzliche Zentren hinzu, die nicht zum Satz der kristallographischen Symmetrieelemente gehören.

8.3.3 Sayre-Gleichung

Von grundlegender Bedeutung für die Anwendung direkter Methoden ist ein von *Sayre* erstmals entdeckter Zusammenhang (Gl. 8.9), dessen Gültigkeit im Grunde darauf beruht, dass die Elektronendichte im Kristall nie negative Werte annehmen kann und in annähernd punktförmigen Maxima konzentriert ist

$$F_{hkl} = s \sum_{h'k'l'} F_{h'k'l'} \cdot F_{h-h',k-k',l-l'} \tag{8.9}$$

(s = Skalierungsfaktor). Gleichung 8.9 besagt, dass man den Strukturfaktor oder den E-Wert eines Reflexes hkl aus der Summe von Produkten der Strukturfaktoren aller Reflexpaare berechnen kann, die jeweils der Bedingung genügen, dass ihre Indices sich zu denen des gesuchten Reflexes addieren, z. B.

$$F_{321} \approx s(F_{100} \cdot F_{221} + F_{110} \cdot F_{211} + F_{111} \cdot F_{210} + \ldots) \tag{8.10}$$

Auf den ersten Blick erscheint die Sayre-Gleichung, die man auch ähnlich mit E-Werten formulieren kann, wenig nützlich, denn, um *einen* Reflex zu berechnen, muss man sehr *viele andere* – mit Phaseninformation – kennen. Bedenkt man aber, dass alle Produkte, bei denen mindestens ein Reflex schwach ist, kaum Beiträge liefern und sich mit gewisser Wahrscheinlichkeit gegenseitig auch teilweise aufheben, so erkennt man die mögliche Anwendung: Enthält ein Produkt zwei besonders hohe E-Werte *und* der gesuchte Reflex ist ebenfalls sehr stark, dann besteht hohe Wahrscheinlichkeit, dass dieses Produkt ihn maßgeblich beeinflusst, also auch seine Phase bestimmt.

8.3.4 Triplett-Beziehungen

Es ist vor allem das Verdienst von *Karle* und *Hauptmann*, die dafür 1985 den Nobelpreis bekamen, dieses Prinzip zu einer praktikablen Methode weiterentwickelt zu haben, mit der heute die meisten Strukturen gelöst werden [30]. Bei zentrosymmetrischen Strukturen, bei denen sich das Phasenproblem auf die Vorzeichen-Bestimmung reduziert, stellten sie die aus Gl. 8.9 abzuleitende sogenannte $\sum_2$-Beziehung für ein Triplett starker Reflexe auf, das der Bedingung der Sayre-Gleichung gehorcht:

$$S_H \approx S_{H'} \cdot S_{H-H'} \tag{8.11}$$

Der Einfachheit halber wird hier und im Folgenden $hkl = H$, $h'k'l' = H'$ abgekürzt. Sind z. B. bei einer Beziehung $S_{321} = S_{210} \cdot S_{111}$ die Vorzeichen der beiden rechtsstehenden Reflexe 210 und 111 beide positiv oder beide negativ, so ist das des links stehenden 321 wahrscheinlich positiv, ist nur eines von beiden negativ, ist das des ersten Reflexes wahrscheinlich negativ.

Das zugrundeliegende Prinzip kann man sich anschaulich vor Augen führen, wenn man sich vergegenwärtigt, dass bei der Bragg-Reflexion an einer Netzebenenschar dann besonders hohe Streuamplituden entstehen, wenn alle Atome *auf* diesen Ebenen liegen (vgl. Abschn. 5.3) oder auf Ebenenscharen mit demselben Abstand d, die dazu parallel verschoben sind. Dann sind alle „in Phase"; liegt der Nullpunkt in der Ebene (Abb. 8.5 links), so

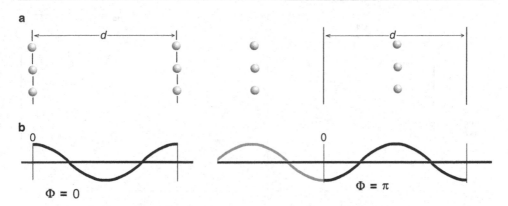

Abb. 8.5 **a** *links*: Atomlagen *auf* den Ebenen, *rechts*: *zwischen* den Ebenen einer Netzebenen-schar. **b** Streuwellen (Cosinus-Anteil) von dieser Netzebene: *links*: mit Phase 0(+), *rechts* mit Phase π(−). Zugleich Beiträge des Reflexes dieser Netzebene zur Elektronendichteberechnung entlang der Netzebenen-Normalen bei der Fouriersynthese

hat der Reflex den Phasenwinkel $0°$ (Vorzeichen +). Umgekehrt liefert ein starker Reflex mit Phasenwinkel $0°$ bei der Fouriersynthese starke positive Elektronendichte-Beiträge auf den Ebenen seiner Netzebenenschar. Liegen dagegen z. B. die Atomschichten nur in der Mitte *zwischen* (und parallel zu) den Ebenen dieser Schar (Abb. 8.5 rechts), so ist die Phase des (genauso starken) Reflexes $180°$ (im Bogenmaß π, Vorzeichen −). Umgekehrt wird sich dann der Elektronendichte-Beitrag eines solchen Reflexes bei der Fouriersyn-these auf die Ebenen bei $d/2, 3d/2$ u.s.w. konzentrieren.

Betrachtet man nun drei über eine Triplettbeziehung miteinander verknüpfte Reflexe H, H' und $H - H'$, z. B. 110, 100 und 010, so ist die Forderung, dass alle drei Reflexe besonders stark sein sollen, mit der Bedingung verbunden, dass gemäß Abb. 8.5 für alle drei die Elektronendichten vorwiegend in Ebenen parallel zu den jeweiligen Netzebenen-richtungen und im jeweiligen Abstand d konzentriert sind. Legt man die Phasen zweier Reflexe fest, so legt man die Lage der Dichtemaxima bezüglich zweier Netzebenensys-teme fest. Wie Abb. 8.6 schematisch zeigt, ist dadurch automatisch die Phase des dritten Reflexes festgelegt.

Die $\sum_2$-Beziehung erlaubt also mit einer gewissen Wahrscheinlichkeit die Berechnung des Vorzeichens des Reflexes H aus denen von H' und $H - H'$, aber nur dann, wenn alle drei Reflexe dieses Reflextripletts stark sind. Es ist dabei wesentlich, zu wissen, wie hoch diese Wahrscheinlichkeit etwa ist. Für eine Struktur mit N gleich schweren Atomen berechnet sich die *Wahrscheinlichkeit p*, dass die Phase richtig bestimmt ist, nach *Cochran und Woolfson* [31] zu

$$p = \frac{1}{2} + \frac{1}{2} \tanh \left[\frac{1}{\sqrt{N}} E_H E_{H'} E_{H-H'} \right] \qquad (8.12)$$

Daraus lässt sich ersehen, dass die direkten Methoden prinzipiell umso schlechter arbeiten, je komplexer die zu bestimmende Kristallstruktur ist. Die Grenzen der Methode liegen

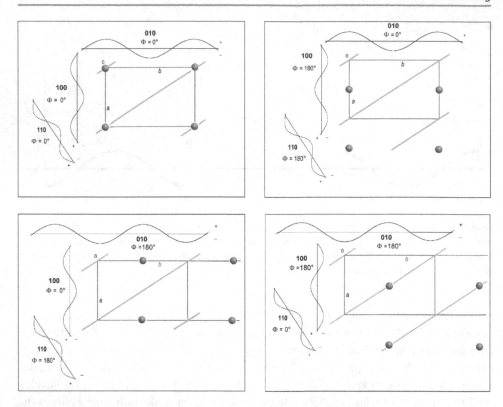

Abb. 8.6 Zusammenhang zwischen Atomlagen und Phasen im Reflextripel 100, 010 und 110. Beiträge der Reflexe entlang der Netzebennormalen bei der Fourier-Summation

derzeit bei ca. 300–500 Atomen (H-Atome nicht gezählt) in der asymmetrischen Einheit. Sie konnten in den letzten Jahren aber durch andere Techniken auf über 1000 Atome ausgedehnt werden (siehe unten, Abschn. 8.3.7).

$\sum_1$-*Beziehung* Als Spezialfall der $\sum_2$-Beziehung ergibt sich die $\sum_1$-Beziehung, wenn die beiden Reflexe $E_{H'}$ und $E_{H-H'}$ identisch sind, z. B. bei den Reflexen

$$S_{222} \approx S_{111} \cdot S_{111} \tag{8.13}$$

Das bedeutet, dass das Vorzeichen des Reflexes $2h\,2k\,2l$ *positiv* ist, wenn ein Reflex *hkl und* seine höhere Beugungsordnung $2h\,2k\,2l$ zugleich sehr stark sind, – unabhängig von dem des Reflexes *hkl*. Hier kommt nichts anderes als die erwähnte Harker-Kasper-Ungleichung (Gl. 8.6) zum Ausdruck. Ein solches, nicht sehr häufig vorkommendes Reflexpaar liefert also ohne weitere Voraussetzungen (mit einer gewissen Wahrscheinlichkeit) das Vorzeichen eines Reflexes.

Nicht zentrosymmetrische Strukturen Bei Abwesenheit eines Symmetriezentrums muss für jeden Reflex statt nur des Vorzeichens der Phasenwinkel Φ bestimmt werden. Man muss also auf die allgemeine Form der Sayre-Gleichung (Gl. 8.9) zurückgreifen, die die Strukturfaktoren als komplexe Zahlen enthält. Analog zur Beziehung zwischen den Vorzeichen in Reflextripletts (Gl. 8.11) kann man eine Beziehung zwischen den Phasenwinkeln ableiten:

$$\Phi_H \approx \Phi_{H'} + \Phi_{H-H'} \tag{8.14}$$

Man versucht, eine Phase Φ_H aus möglichst vielen $\sum_2$-Beziehungen zu bestimmen. *Karle und Hauptmann* leiteten dazu die sog. *Tangensformel* ab,

$$\tan \Phi_H = \frac{\sum_{H'} \kappa \cdot \sin(\Phi_{H'} + \Phi_{H-H'})}{\sum_{H'} \kappa \cdot \cos(\Phi_{H'} + \Phi_{H-H'})} \tag{8.15}$$

in der man über alle geeigneten Tripletts summiert. In den Größen $\kappa = \frac{1}{\sqrt{N}}|E_H E_{H'} E_{H-H'}|$ steckt wieder eine Gewichtung nach Wahrscheinlichkeiten analog zu Gl. 8.12.

Außer der Triplettbeziehung in Gl. 8.13 sind auch noch komplexere Beziehungen verwendet worden. Eine wichtige davon ist die in Quartetts:

$$\Phi_4 \approx \Phi_{H1} + \Phi_{H2} + \Phi_{H3} + \Phi_{H1+H2+H3} \tag{8.16}$$

Wenn das Produkt aller beteiligten E-Werte $E_{H1} E_{H2} E_{H3} E_{H1+H2+H3}$ groß ist, kann man aus den Intensitäten der „Kreuzglieder" E_{H1+H2}, E_{H1+H3} und E_{H2+H3} auf die resultierenden Phasenwinkel Φ_4 schließen: Sind sie stark, so ist Φ_4 bei 0, man spricht dann von einem *positiven Quartett*. Sind sie alle schwach, so liegt Φ_4 bei 180°, und man hat ein *negatives Quartett*. Der Wert solcher komplizierterer Beziehungen liegt nicht so sehr in der Berechnung neuer Phasen, sondern in der Beurteilung der Brauchbarkeit der verschiedenen Lösungsvorschläge (s. unten).

8.3.5 Nullpunktswahl

Hat man eine zentrosymmetrische Struktur vorliegen, so befinden sich ja (siehe Kap. 6, Abb. 6.5) außer im Ursprung der Elementarzelle weitere äquivalente Inversionszentren in den Positionen $\frac{1}{2},0,0$; $0,\frac{1}{2},0$; $0,0,\frac{1}{2}$ auf den Flächenmitten und im Zentrum der Zelle. Man kann eine Struktur natürlich genauso beschreiben, indem man den Ursprung in ein anderes Zentrum verschiebt. Dazu braucht man nur die entsprechenden Verschiebungsvektoren zu allen Atomparametern der Struktur zu addieren, zu allen x-Parametern z. B. 0.5. Das wirkt sich nicht auf die Amplituden der gebeugten Wellen aus, wohl aber auf ihre Phasen, die sich alle gleichsinnig verschieben (Tab. 8.2). Dies kann man sich leicht am Beispiel eines Reflexes 100 klarmachen. Sitzt das phasenbestimmende Atom im Nullpunkt, so ist die Phase 0°, das Vorzeichen positiv, verschiebt man nach $\frac{1}{2},0,0$, wird die

Tab. 8.2　Phasenänderungen bei Nullpunktsverschiebungen

Nullpunkt	Reflexklasse							
	ggg	ugg	gug	ggu	uug	ugu	guu	uuu
$0, 0, 0$	+	+	+	+	+	+	+	+
$\frac{1}{2}, 0, 0$	+	−	+	+	−	−	+	−
$0, \frac{1}{2}, 0$	+	+	−	+	−	+	−	−
$0, 0, \frac{1}{2}$	+	+	+	−	+	−	−	−
$\frac{1}{2}, \frac{1}{2}, 0$	+	−	−	+	+	−	−	+
$\frac{1}{2}, 0, \frac{1}{2}$	+	−	+	−	−	+	−	+
$0, \frac{1}{2}, \frac{1}{2}$	+	+	−	−	−	−	+	+
$\frac{1}{2}, \frac{1}{2}, \frac{1}{2}$	+	−	−	−	+	+	+	−

Phase 180°, das Vorzeichen negativ. Durch Festlegung eines positiven Vorzeichens für diesen Reflex legt man also den Nullpunkt auf die erste Möglichkeit fest. Entsprechendes kann man nun für die beiden anderen Raumrichtungen tun, wobei man geeignete „unabhängige" Indices wählen muss.

Nicht geeignet sind z. B. Reflexe mit nur geraden Indices, da sie auf jede Verschiebung um $\frac{1}{2}$ mit einer Phasenverschiebung von $2\pi = 360°$ reagieren (wie man durch Einsetzen von $hkl = 222$ in Gl. 8.12 nachvollziehen kann). Man nennt sie *strukturinvariant*. Man wird zweckmäßigerweise solche Reflexe zur Nullpunktsdefinition auswählen, die in vielen $\sum_2$-Beziehungen mit guten Wahrscheinlichkeiten beteiligt sind. Man nennt die $\sum_2$-Beziehungen in Tripletts auch *seminvariant*, da die Phasenbeziehung selbst *unabhängig vom gewählten Nullpunkt* gilt, die tatsächlichen Werte der drei Phasen aber vom aktuellen Nullpunkt abhängen.

8.3.6　Strategien zur Phasenbestimmung

Alle wichtigen Strategien, eine Struktur mit direkten Methoden zu lösen, basieren darauf, am Anfang einen Startsatz von Reflexen mit *bekannten Phasen* aufzustellen. Dann wird in einer Liste der stärksten E-Werte, meist einige hundert umfassend, nach Reflextripletts gesucht, in denen mit möglichst hoher Wahrscheinlichkeit neue Phasen aus den bekannten des Startsatzes gewonnen werden können. Wie man nun auf dieser Basis mit der Phasenberechnung weiter verfährt, darin unterscheiden sich die in verschiedenen Arbeitsgruppen entwickelten Methoden, die in Programmsystemen verfügbar sind (s. unten). Sind für genügend E-Werte die Phasen richtig bestimmt, so kann damit, wie mit den Strukturfaktoren selbst, eine Fouriersynthese gerechnet werden, die ein meist schon recht vollständiges Strukturmodell liefert, das dann weiter komplettiert wird.

Startsätze Für den Startsatz werden natürlich stets die den Nullpunkt definierenden Reflexe verwendet, dann werden z. T. die über die erwähnten $\sum_1$-Beziehungen gewonnenen Phasen hinzugenommen. Meist genügt ein solcher Startsatz jedoch immer noch nicht für eine problemlose Phasenbestimmung des ganzen Datensatzes. Beim weiteren Vorgehen haben sich hauptsächlich folgende Varianten durchgesetzt:

Symbolische Addition Man nimmt wenige (z. B. 4) in möglichst vielen Tripletts beteiligte Reflexe und gibt den unbekannten Phasen „Symbole" $a, b, c \ldots$ Nun sucht man im Satz der Tripletts nach Beziehungen, in denen diese Symbole untereinander verknüpft sind. Hat man mehr unabhängige Beziehungen als unbekannte Symbole, so kann man daraus dann die Phasenwerte selbst ausrechnen. Nach dieser auf Zachariasen [32] zurückgehenden Methode wurden früher viele Strukturen organischer Verbindungen „von Hand" gelöst. Heute arbeitet z. B. das Programm SIMPEL von H. Schenk anfangs nach dieser Technik, wobei auch Quartetts einbezogen werden. Sind auf diese Weise die stärksten Reflexe mit Phasen versehen, werden die des restlichen Datensatzes numerisch durch Ausnutzen der $\sum_2$-Beziehungen oder, bei nicht zentrosymmetrischen Strukturen, durch Anwendung der Tangensformel bestimmt.

,Multisolution' Methoden Bei dieser Methode werden für alle zusätzlich in den Startsatz aufgenommenen Reflexe die Phasen willkürlich auf einen bestimmten Wert festgesetzt und alle Kombinationsmöglichkeiten permutiert. Bei zentrosymmetrischen Strukturen müssen dazu alle Kombinationen der Vorzeichen $+$ oder $-$ für die n zusätzlichen Reflexe eingesetzt werden, was zu 2^n möglichen Startsätzen führt. Bei 20 Reflexen sind dies bereits über 10^6 Varianten. Von jedem dieser Startsätze aus wird nun eine Ausdehnung der Phasen auf die restlichen Reflexe aufgrund der Triplettbeziehungen versucht. Nur beim „richtigen" oder beinahe richtigen Start führt dies ohne Widersprüche zum Ziel. Im nicht zentrosymmetrischen Fall enthält der Startsatz Reflexe, bei denen der Phasenwinkel in Schritten von ca. 30–50° variiert wird, was die Zahl der Permutationen natürlich noch erheblich erhöht. Die Berechnung und Verfeinerung der Phasenwinkel geschieht dann über die Tangensformel (Gl. 8.15). Wegen der höheren Ungenauigkeit einer solchen Winkelbestimmung sind nicht zentrosymmetrische Strukturen generell schwieriger zu lösen als zentrosymmetrische. Das in einer abschließenden Fouriersynthese auf Grund der besten Lösung sich abzeichnende Strukturmodell ist oft noch unvollständig.

Bei der praktischen Durchführung dieser Prozeduren gibt es verschiedene Philosophien. Waren frühere Konzepte, einen relativ kleinen Startsatz von etwa 6–12 Reflexen sehr sorgfältig zusammenzustellen und die Phasenausbreitung über kritisch ausgewählte Tripletts vorzunehmen, wegen der optimalen Nutzung damals knapper Rechenzeit sehr erfolgreich, so werden heute eher Methoden mit großem Startsatz, dessen Phasen durch Zufallsgenerator erzeugt werden, bevorzugt. War früher *MULTAN* das am meisten verbreitete Programme für die Direkten Methoden, so sind es heute vor allem *SHELXS* und SIR (siehe Übersicht im Anhang). In den letzten Jahren richtete sich die Entwicklung der direkten Methoden hauptsächlich auf die Bestimmung sehr großer Strukturen. Die dabei eingesetzten alternativen Methode sind weiter unten (Abschn. 8.3.7) erwähnt.

‚Figures of Merit' Da bei all diesen Methoden eine enorme Anzahl an Lösungsversuchen anfällt, die nicht einzeln durch Fouriersynthesen auf chemisch vernünftige Strukturfragmente durchsucht werden können, sind eine Reihe von sogenannten *‚Figures of Merit'* (*FOM*) eingeführt worden, die z. T. noch während des Phasenbestimmungsprozesses eine Beurteilung der Lösungsqualität im Programm ermöglichen sollen, so dass am Ende der Rechnung nur eine kleine Auswahl möglicher Lösungen übrigbleibt. Die im Programm *MULTAN* benutzten *FOM*s sind z. B. ‚*ABSFOM*', ‚*Psi*(0)' und ein ‚residual R_α'. Der *ABSFOM*-Wert wird nur aus den starken E-Werten berechnet und ist ein Maß für die Konsistenz der zur Phasenbestimmung verwendeten Triplett-Beziehungen. Sein Wert sollte bei einer richtigen Lösung über 1 liegen, meist ist er bei 1,1–1,3.

Psi(0) wird nur aus den schwächsten E-Werten berechnet, es sollte möglichst kleine Werte annehmen. Mit *Psi*(0) werden die Spezialfälle der Sayre-Gleichung (Gl. 8.9) ausgenutzt, in denen zwei Produkte jeweils starker E-Werte sich etwa zu Null addieren. In zentrosymmetrischen Fällen, vor allem in Raumgruppe $P\bar{1}$, kann es zu sog. „Uranatom-Lösungen" kommen, bei denen alle Phasen positiv werden und deshalb in der Fouriersynthese nur ein schweres Atom im Ursprung erscheint. Dabei wird M_{abs} groß, *Psi*(0) jedoch ermöglicht oft trotzdem die Identifizierung der richtigen Lösung.

Der R_α-Wert entspricht von der Größe her etwa dem konventionellen Zuverlässigkeitsfaktor, wie er am Ende von Verfeinerungen berechnet wird (siehe Abschn. 9.3), jedoch werden hier statt der Strukturfaktoren die Differenzen zwischen den tatsächlich ermittelten Wahrscheinlichkeiten für die Phasenbestimmung aus den aktuellen Triplettbeziehungen und theoretischen Erwartungswerten verwendet. Er sollte unter ca. 0,3 liegen. Aus allen drei Werten zusammengesetzt ist schließlich der „Combined Figure of Merit" CFOM, der wieder möglichst groß sein sollte.

Im *SHELXS*-Programm entspricht dabei der *FOM*-Wert M_{abs} dem *ABSFOM*-Wert aus dem *MULTAN*-Programm, während der *NQUAL*-Wert schwache E-Werte benutzt, also mit dem *Psi*(0)-Wert korreliert ist. Er sollte möglichst negative Werte annehmen. Die Verwendung von Beziehungen in ‚negativen Quartetts' macht diesen *FOM* besonders unanfällig für Pseudolösungen. Auch im *SHELXS*-Programm wird der R_α-Wert verwendet. Der aus diesem und dem *NQUAL*-Wert kombinierte *CFOM*-Wert sollte für die richtige Lösung möglichst klein sein.

Problemstrukturen Die erwähnten Programmsysteme sind inzwischen so leistungsfähig und komfortabel, die Schnelligkeit der modernen Rechner so groß, dass die meisten Molekülstrukturen fast zur Enttäuschung des Kristallographen ohne sein großes Zutun automatisch gelöst werden. Geschieht dies nicht auf Anhieb, so doch oft nach Erweiterung des Startsatzes und/oder nach Vergrößerung der verwendeten Liste von starken E-Werten. Die direkten Methoden greifen am besten, wenn viele translationshaltige Symmetrieelemente vorhanden sind. Gelegentlich treten Nullpunkts-Probleme in Raumgruppe $P\bar{1}$ auf, die eine Lösung mit direkten Methoden verhindern können (s. Abschn. 11.5). Ein vor allem beim Arbeiten mit kleinem Startsatz bewährter Trick bei auftretenden Problemen ist das Weglassen von aus $\sum_1$-Beziehungen stammenden Reflexen oder das vorübergehende Eliminieren des stärksten E-Werts. Erfahrungsgemäß liegt in Fällen, wo trotzdem keine Lösung gefunden wird, der Grund meist nicht in den angewandten Methoden, sondern im gemessenen Datensatz, in der Wahl eines falschen Raumgruppentyps und/oder der falschen Elementarzelle (siehe Kap. 11).

In Fällen, in denen reine Pattersonmethoden nicht mehr zum Erfolg führen und reine Direkte Methoden nicht greifen, können eventuell kombinierte Methoden helfen: Das Programm *DIRDIF* benutzt z. B. direkte Methoden zur Lösung von „Differenzstrukturen". Wenn man aus einer Pattersonsynthese eine Schweratomlage entnehmen kann, die noch nicht ausreicht, um mit Fouriermethoden weiterzukommen, oder wenn man mit den direkten Methoden alleine nur ein unzureichendes Strukturfragment erkennen kann, so kann man die mit dieser Teilstruktur berechneten F_c-Werte von den gemessenen F_o-Daten subtrahieren:

$$F_{rest} = F_o - F_{c(Teil)} \qquad (8.17)$$

Die F-Werte der Reststruktur werden nun normalisiert und über Triplett-Beziehungen bzw. die Tangensformel eine Bestimmung und Verfeinerung der Phasen versucht. Bei Erfolg wird damit auch die Reststruktur durch Fouriersynthese zugänglich.

Eine andere, im Programm *PATSEE* realisierte Methode verknüpft Patterson-Fragment-Suchverfahren und direkte Methoden.

8.3.7 Alternative Direkte Methoden

Mit dem Ziel, besonders große Strukturen zu lösen, die über Triplettbeziehungen und Patterson-Methoden nicht mehr erfolgreich zu behandeln sind, wurden in den letzten Jahren alternative Methoden entwickelt, die zunehmend auch bei kleineren Strukturen Anwendung finden. Sie nutzen im Grunde alle die Tatsache aus, dass in einer Kristallstruktur die Elektronendichte an wenigen Stellen des Raums konzentriert auftritt. Die dabei eingesetzten Grundprinzipien und Strategien seien hier kurz skizziert:

Shake and bake Diese von R. Miller [33] eingeführte Methode (Programm SnB) geht zuerst von einem per Zufallsgenerator erzeugten („shake") Strukturmodell (im realen Raum) aus und berechnet damit durch Fouriertransformation (in den reziproken Raum) die Strukturfaktoren mit Phasen. Nun nutzt man die auf der Sayre-Gleichung basierenden Triplettbeziehungen zur Optimierung der berechneten Phasen („bake"). Mit den neuen Phasen, die auf die gemessenen Strukturfaktoren übertragen werden, wird nun eine Fouriersynthese gerechnet. Mit den daraus gewonnenen neuen Atomlagen des Modells werden durch Fouriertransformation wieder neue Phasen gerechnet und optimiert. Dies wird solange im Wechsel wiederholt, bis Konvergenz erreicht wird. Wenn dies nicht gelingt, wird das Ganze mit neuem Zufallsstart wiederholt.

Eine Variante dieser Methode wurde von Sheldrick in seinem SHELXD-Programm implementiert. Dort wird jedoch das Startmodell nicht ganz dem Zufall überlassen, sondern es werden Atompositionen weniger schwererer Atome aus der Patterson-Map verwendet, daher der anfängliche Name „half baked".

Charge-Flipping-Methode Bei dieser von Oszlányi und Sütő [34] vorgeschlagenen Methode wird die Elementarzelle ohne Symmetrieinformation in ein 3-dimensionales Rasterfeld aufgeteilt. Im ersten Schritt wird für jedes „Pixel" durch Fourier-Summation (s. Abschn. 8.1) eine Elektronendichte berechnet, wobei als Fourierkoeffizienten die gemessenen Strukturfaktoren mit Zufalls-Phasen eingesetzt werden. Im zweiten Schritt wird pixelweise geprüft, ob die Elektronendichte kleiner ist als ein nieder gewählter Schwellenwert δ. Ist sie kleiner, wird das Vorzeichen des Dichtewerts umgekehrt („charge flipping"). Dahinter steckt der Gedanke, dass ein schwaches Pixel im Bereich zwischen den Atomen liegen wird und in Wirklichkeit noch schwächer ist. Nun wird im dritten Schritt mit diesen manipulierten Elektronendichten eine Fouriertransformation vom realen in den reziproken Raum durchgeführt, d. h. man berechnet mit der neuen „Struktur" die geänderten Strukturfaktoren F_c aller Reflexe mit ihren geänderten Phasen. Diese neuen Phasen werden nun an die gemessenen Strukturfaktoren F_0 übertragen und eine erneute Fouriertransformation zurück in den realen Raum gerechnet. Dieser auch Fourier-Recycling genannte Vorgang wird – ggf. mit variiertem δ – bis zur Konvergenz wiederholt. Der Vorteil dieser Methode ist, dass keine Symmetrieinformation benutzt wird, so dass Raumgruppenfehler keine Rolle spielen. Außerdem lässt sie sich auch auf modulierte und quasikristalline Strukturen anwenden und wurde deshalb im Programmsystem JANA implementiert.

Strukturverfeinerung 9

Mit den im Kap. 8 beschriebenen Methoden gelingt es normalerweise, ein *Strukturmodell* zu erhalten, das durch einen Satz von Atomkoordinaten x_n, y_n, z_n für jedes der n Atome der asymmetrischen Einheit die Struktur im Wesentlichen richtig beschreibt. Es enthält jedoch noch mehr oder weniger große Fehler in diesen Parametern, die in Unzulänglichkeiten der Lösungsmethoden, der Bestimmung von Elektronendichtemaxima aus Fouriersynthesen und natürlich Fehlern im Datensatz begründet sind. Dies führt dazu, dass die mit diesem Modell für die einzelnen Reflexe *hkl* berechneten Strukturfaktoren F_c bzw. die Intensitäten F_c^2 mit den beobachteten Werten nicht genau übereinstimmen, sondern dass für jeden Reflex ein Fehler Δ_1 bzw. Δ_2 auftritt:

$$\Delta_1 = \left| |F_o| - |F_c| \right|$$
$$\Delta_2 = |F_o^2 - F_c^2|$$

(9.1)

Darin sind Fehler im Modell *und* im Datensatz enthalten. Man führt deshalb nun Optimierungsschritte ein, die „Strukturverfeinerung", durch die die Parameter des Strukturmodells so variiert werden, dass diese Differenzen möglichst klein werden. Dieses so gut wie möglich optimierte Strukturmodell ist dann das, was man als Ergebnis der Röntgenstrukturanalyse betrachtet, ist „die Kristallstruktur". Dieser Verfeinerungs-Schritt bei einer Kristallstrukuranalyse ist wichtig und oft kritisch. Deshalb soll entgegen der sonst in diesem Buch gepflegten Zurückhaltung gegenüber den mathematischen Grundlagen etwas detaillierter auf die Vorgehensweise eingegangen werden. Nur wenn man die mathematischen Voraussetzungen kennt, kann man einschätzen, was man einer Verfeinerung zumuten kann, wo ihre Grenzen sind, und wie man optimale Qualität der Resultate erreichen kann.

© Springer Fachmedien Wiesbaden 2015
W. Massa, *Kristallstrukturbestimmung*, Studienbücher Chemie,
DOI 10.1007/978-3-658-09412-6_9

9.1   Methode der kleinsten Fehlerquadrate

Die mathematische Methode, derer man sich dabei meist bedient, ist als Methode der kleinsten Fehlerquadrate („*least squares*"-Methode) wohlbekannt. Sie lässt sich immer anwenden, wenn eine physikalische Größe (z. B. Q), die der Messung zugänglich ist, linear von den interessierenden Variablen (z. B. x, y, z) abhängt wie in Gl. 9.2

$$Q_N = A_N x + B_N y + C_N z \tag{9.2}$$

und durch Variation von bekannten Parametern A, B, C eine Reihe von n Messungen ($N = 1, 2 \ldots n$) möglich wird, deren theoretische Resultate sich alle durch diese Gleichung beschreiben lassen. Ist die Zahl n der Messungen größer als die Zahl der zu bestimmenden Variablen, sind diese „überbestimmt" und lassen sich aufgrund der Messwerte berechnen. Der „richtige" Wert $Q_{N(c)}$, wie er bei optimalen Variablen x, y, z zu berechnen wäre, wird bei jedem Messwert $Q_{N(o)}$ durch einen Messfehler Δ_N verfälscht, aber auch durch noch nicht optimale Variablen x, y, z:

$$Q_{N(c)} = Q_{N(o)} + \Delta_N = A_N x + B_N y + C_N z$$
$$\Delta_N = A_N x + B_N y + C_N z - Q_{N(o)} \tag{9.3}$$

Die besten Variablen x, y, z erhält man nun dadurch, dass man sie so korrigiert, dass die Summe der Fehlerquadrate Δ_N^2 über alle n Messungen ein Minimum ergibt, also nach der „Methode der kleinsten Fehlerquadrate". Ein Minimum von $\sum \Delta^2$ wird erreicht, wenn bei einer kleinen Änderung einer Variablen sich die Q-Werte nicht mehr ändern, mathematisch ausgedrückt, wenn ihre partiellen Ableitungen nach den Variablen Null ergeben:

$$\sum_n \Delta_N \frac{\partial Q_{N(c)}}{\partial x} = \sum_n \Delta_N \frac{\partial Q_{N(c)}}{\partial y} = \sum_n \Delta_N \frac{\partial Q_{N(c)}}{\partial z} = 0 \tag{9.4}$$

Bei einer Strukturbestimmung sind die zu minimalisierenden Fehlerquadratsummen aus den in Gl. 9.1 formulierten Unterschieden Δ_1 bzw. Δ_2 zwischen beobachteten und mit dem Strukturmodell berechneten Strukturfaktoren F_o bzw. F_c, oder den (korrigierten) Intensitäten F_o^2 bzw. F_c^2 für alle Reflexe zu erhalten:

$$\sum_{hkl} w \Delta_1^2 = \sum_{hkl} w (|F_o| - |F_c|)^2 = \text{Min.}$$
$$\sum_{hkl} w' \Delta_2^2 = \sum_{hkl} w' (F_o^2 - F_c^2)^2 = \text{Min.} \tag{9.5}$$

Verwendet man Δ_1-Werte, so sagt man auch, man verfeinert „gegen F_o-Daten", benutzt man Δ_2-Werte, verfeinert man „gegen F_o^2-Daten". Auf die Unterschiede beider Methoden wird weiter unten eingegangen, das Symbol Δ soll beide Möglichkeiten einschließen. Der Faktor w in Gl. 9.5 gibt den einzelnen Differenzen *Gewichte*, die dafür sorgen sollen, dass Fehler bei weniger gut bestimmten Reflexen weniger stark „zählen" als solche bei genau vermessenen Größen (siehe unten Abschn. 9.2). Damit beobachtete und berechnete Größen direkt vergleichbar sind, werden sie nach jeder Veränderung mit einem *Skalierungsfaktor k* aufeinander skaliert:

$$k_1 = \frac{\sum |F_o|}{\sum |F_c|} \qquad k_2 = \frac{\sum F_o^2}{\sum F_c^2} \qquad (9.6)$$

Er wird in den folgenden Gleichungen nicht extra mitgeführt.

Zur Minimalisierung der Fehlerquadratsummen müssen wir nun die partiellen Ableitungen nach allen zu bestimmenden Variablen, den Atomparametern p_i bilden und deren Summe = Null setzen. Die Atomparameter umfassen die Ortskoordinaten und Auslenkungsfaktorkoeffizienten für jedes Atom der Elementarzelle und evtl. weitere Parameter:

$$p_i = x_1, y_1, z_1, U^{11(1)}, U^{22(1)}, U^{33(1)}, U^{23(1)}, U^{13(1)}, U^{12(1)}, x_2, y_2, z_2, U^{11(2)}, U^{22(2)} \cdots,$$

$$\sum_{hkl} w(|F_o| - |F_c|) \frac{\partial F_c}{\partial p_i} = 0 \qquad (9.7)$$

Pro Atom sind also normalerweise 9, wird ein isotroper Auslenkungsfaktor verfeinert, nur 4 Parameter zu optimieren.

Da die Variable F_c nicht linear von den zu optimierenden n Parametern p_i abhängt, zerlegt man sie in einen konstanten Startwert $F_{c(0)}$, der durch das Strukturmodell vorgegeben ist, und in die kleinen(!) Änderungen

$$\Delta F_c = \frac{\partial F_c}{\partial p_i} \Delta p_i \qquad (9.8)$$

mit den Atomparametern p_i. Damit ergibt sich der Ausdruck

$$F_c = F_{c(0)} + \frac{\partial F_c}{\partial p_1} \Delta p_1 + \frac{\partial F_c}{\partial p_2} \Delta p_2 + \cdots \frac{\partial F_c}{\partial p_n} \Delta p_n \qquad (9.9)$$

Sind die Verschiebungen Δp_i der Parameter p_i klein gegen die Startwerte $p_{i(0)}$ des Strukturmodells (das ist nur dann der Fall, wenn es weitgehend richtig ist!), so kann man, von diesen ausgehend, die Strukturfaktorbeiträge dieser kleinen Verschiebungen in eine *Taylorreihe* entwickeln, z. B. für den ersten Parameter x_1:

$$F_c(x_1) = f \cdot e^{i2\pi h x_1} \qquad (9.10)$$

$$= f \cdot e^{i2\pi h(x_{1(0)} + \Delta x_1)}$$

$$= f \cdot e^{i2\pi h x_{1(0)}} \cdot e^{i2\pi h \Delta x_1}$$

$$= f \cdot e^{i2\pi h x_{1(0)}} \cdot \left[1 + \frac{i2\pi h \Delta x_1}{1!} + \frac{i2\pi h \Delta x_1^2}{2!} \cdots \right]$$

Bricht man die Taylor-Reihe nach dem zweiten linearen Glied ab, so bleibt

$$F_c(x_1) = f \cdot e^{i2\pi h x_{1(0)}} + f \cdot i2\pi h \Delta x_1 \cdot e^{i2\pi h x_{1(0)}} \qquad (9.11)$$

Damit kann man leicht die partielle Ableitung bilden, da die e-Funktionen nun Konstanten sind.

$$\frac{\partial F_c}{\partial x_1} = f \cdot i 2\pi h \cdot e^{i 2\pi h x_1(0)} \tag{9.12}$$

Setzt man die nach Gl. 9.9 zerlegten F_c-Werte in die ursprüngliche Minimalisierungsbedingung der Gl. 9.7 ein, so erhält man

$$\sum_{hkl} w \left\{ F_o - F_{c(0)} - \frac{\partial F_c}{\partial p_1} \Delta p_1 - \frac{\partial F_c}{\partial p_2} \Delta p_2 - \cdots \frac{\partial F_c}{\partial p_n} \Delta p_n \right\} \frac{\partial F_c}{\partial p_i} = 0 \tag{9.13}$$

Umordnung und Vorzeichenwechsel ergibt die *Normalgleichungen* (für jeden Parameter eine):

$$\sum_{hkl} w \left(\frac{\partial F_c}{\partial p_1} \right)^2 \Delta p_1 + \sum_{hkl} w \frac{\partial F_c}{\partial p_1} \frac{\partial F_c}{\partial p_2} \Delta p_2 + \cdots + \sum_{hkl} w \frac{\partial F_c}{\partial p_1} \frac{\partial F_c}{\partial p_n} \Delta p_n = \sum_{hkl} w \Delta_1 \frac{\partial F_c}{\partial p_1}$$

$$\sum_{hkl} w \left(\frac{\partial F_c}{\partial p_2} \frac{\partial F_c}{\partial p_1} \right) \Delta p_1 + \sum_{hkl} w \left(\frac{\partial F_c}{\partial p_2} \right)^2 \Delta p_2 + \cdots + \sum_{hkl} w \frac{\partial F_c}{\partial p_2} \frac{\partial F_c}{\partial p_n} \Delta p_n = \sum_{hkl} w \Delta_1 \frac{\partial F_c}{\partial p_2}$$

$$\vdots \qquad\qquad = \qquad \vdots$$

$$\sum_{hkl} w \left(\frac{\partial F_c}{\partial p_n} \frac{\partial F_c}{\partial p_1} \right) \Delta p_1 + \sum_{hkl} w \left(\frac{\partial F_c}{\partial p_n} \frac{\partial F_c}{\partial p_2} \right) \Delta p_2 + \cdots + \sum_{hkl} w \left(\frac{\partial F_c}{\partial p_n} \right)^2 = \sum_{hkl} w \Delta_1 \frac{\partial F_c}{\partial p_n}$$

Schreibt man für $\sum_{hkl} w \frac{\partial F_c}{\partial p_i} \frac{\partial F_c}{\partial p_j} = a_{ij}$ und für $\sum_{hkl} w \Delta_1 \frac{\partial F_c}{\partial p_i} = v_i$, so bekommen die Normalgleichungen die Form

$$\begin{array}{ccccccc}
a_{11} \Delta p_1 & + & a_{12} \Delta p_2 & \cdots & + & a_{1n} \Delta p_n & = & v_1 \\
a_{21} \Delta p_1 & + & a_{22} \Delta p_2 & \cdots & + & a_{2n} \Delta p_n & = & v_2 \\
\cdots\cdots & & \cdots\cdots & \cdots & & \cdots\cdots & & \cdots \\
a_{n1} \Delta p_1 & + & a_{n2} \Delta p_2 & \cdots & + & a_{nn} \Delta p_n & = & v_n
\end{array} \tag{9.14}$$

Ein solches Gleichungssystem lässt sich in Matrixform schreiben und mit Hilfe der Matrizenrechnung auswerten.

$$\begin{pmatrix} a_{11} & a_{12} & \cdots & a_{1n} \\ a_{21} & a_{22} & \cdots & a_{2n} \\ \cdots & \cdots & \cdots & \cdots \\ a_{n1} & a_{n2} & \cdots & a_{nn} \end{pmatrix} \begin{pmatrix} \Delta p_1 \\ \Delta p_2 \\ \cdots \\ \Delta p_n \end{pmatrix} = \begin{pmatrix} v_1 \\ v_2 \\ \cdots \\ v_n \end{pmatrix} \tag{9.15}$$

abgekürzt: $A \, \Delta p = v$.

Führt man die zu A inverse Matrix A^{-1} mit den Elementen b_{ij} ein, so gilt wegen

$$A^{-1}A\Delta p = A^{-1}v$$

$$\Delta p = A^{-1}v \qquad (9.16)$$

Daraus lassen sich nun die Parameterverschiebungen berechnen, die das Strukturmodell verbessern. Gleichzeitig kann man aus den Diagonalelementen b_{ii} der inversen Matrix A^{-1} die Standardabweichungen dieser Parameter berechnen:

$$\sigma(p_i) = \sqrt{\frac{b_{ii}(\sum w\Delta^2)}{m - n}} \qquad (9.17)$$

($m =$ Zahl der Reflexe, $n =$ Zahl der verfeinerten Parameter).

Wegen der groben Vereinfachung auf eine lineare Abhängigkeit in Gl. 9.8 entspricht das Resultat jedoch nicht einer mathematisch exakten Lösung. Man wiederholt deshalb den Vorgang in mehreren *Zyklen* so oft, bis die Veränderungen der Atomparameter Δp_i klein sind gegenüber ihren Standardabweichungen (normal weniger als 1 %), bis die Verfeinerung „konvergiert".

Korrelationen Dies ist gelegentlich schwierig oder gar nicht zu erreichen, manchmal oszilliert eine Verfeinerung, d. h. positive und negative Parameterverschiebungen („shifts') wechseln von Zyklus zu Zyklus ab, ohne dass deren Beträge kleiner werden. Manchmal „explodiert" eine Verfeinerung, die Parameterverschiebungen wachsen exponentiell, bis das Programm z. B. mit der Fehlermeldung „arithmetic overflow" abgebrochen wird. Dies hat meist seinen Grund darin, dass Paare von Parametern nicht unabhängig voneinander bestimmt werden können, sondern miteinander *korreliert* sind. Das bedeutet anschaulich, dass die physikalische Auswirkung einer Veränderung des ersten Parameters auf das berechnete Beugungsbild ähnlich auch mit einer Änderung des zweiten Parameters bewirkt werden könnte. Ein Maß dafür ist der Korrelationskoeffizient, der Werte von 0 (keine Korrelation) bis 1 (vollständige Korrelation) annehmen kann. Die Korrelationskoeffizienten lassen sich aus den Nichtdiagonalgliedern der inversen Matrix A^{-1} berechnen:

$$\kappa_{ij} = \frac{b_{ij}}{\sqrt{b_{ii}}\,\sqrt{b_{jj}}} \qquad (9.18)$$

Normalerweise liegen sie unter 0,5, ab 0,7–0,8 machen sie sich störend bemerkbar, indem sie die Konvergenz der Verfeinerung verringern und die Standardabweichungen der beteiligten Parameter vergrößern. Oft liegt der Grund für hohe Korrelationen in fehlerhafter Behandlung der Symmetrie begründet, z. B. darin, dass man in einer zu niedrigen Raumgruppe rechnet (siehe Abschn. 11.4).

Als Beispiel sei eine Struktur richtig in der Raumgruppe $C2/c$ beschrieben, jedoch in Cc verfeinert. Ein solcher Fehler findet sich in der Literatur häufig [35]. Für ein Atompaar, das in $C2/c$ durch die 2-zählige Achse erzeugt wird, genügt die Verfeinerung eines Parametersatzes x, y, z, denn die Koordinaten des zweiten Atoms werden durch die

Symmetrieoperation $\bar{x}, y, \frac{1}{2} - z$ daraus generiert. In Cc müssen dafür zwei unabhängige Atomlagen $x_1 y_1 z_1$ und $x_2 y_2 z_2$ verfeinert werden. Da sie in Wirklichkeit jedoch über die Symmetrieoperation miteinander zusammenhängen, findet man Korrelationskoeffizienten nahe 1 für die Parameterpaare $x_1/x_2, y_1/y_2, z_1/z_2$ und natürlich auch für die Auslenkungsfaktoren.

Die Ordnung der quadratischen Matrizen entspricht der Zahl der zu bestimmenden Parameter: bei einer größeren Struktur mit z. B. 80 Nicht-H-Atomen in der asymmetrischen Einheit, die alle mit anisotropen Auslenkungsfaktoren verfeinert werden sollen, ist diese Ordnung z. B. $80 \times 9 = 720$. Das Aufstellen, Invertieren und Ausmultiplizieren solch großer Matrizen stieß bei früheren Computern schnell an Grenzen sowohl beim Speicherplatz als auch bei der Rechenzeit. Deshalb wurden bei größeren Strukturen nicht alle Parameter gleichzeitig in einem Zyklus verfeinert, sondern im *Block-Diagonalmatrix*-Verfahren Teile der Struktur abwechselnd. Bei modernen Rechnern und Programmen ist dies nicht mehr nötig, so dass auf eine weitere Behandlung dieser Methode verzichtet wird.

9.1.1 Verfeinerung gegen F_0- oder F_0^2-Daten

Wie eingangs erwähnt, kann man sowohl die Fehler in den Beträgen der Strukturfaktoren $\Delta_1 = \left| |F_0| - |F_c| \right|$ als auch die in den Intensitäten $\Delta_2 = |F_0^2 - F_c^2|$ zur Grundlage der Verfeinerung machen, bei der dann $\sum w\Delta^2$ minimalisiert wird. Bis in die Neunziger-Jahre wurde ganz überwiegend „gegen F_0-Daten verfeinert", also Δ_1 verwendet. Bei dieser Methode tritt bei sehr schwachen Reflexen das Problem auf, dass auf Grund der Zählstatistik gelegentlich auch negative F_0^2-Werte erhalten werden, wenn zufällig der Untergrund etwas höher gemessen wird als der Reflexbereich. Bei der Umrechnung auf F_0-Werte können diese Daten nicht direkt verwendet werden, da man aus einer negativen Zahl nicht die Wurzel ziehen kann. Man behilft sich dann dadurch, dass man z. B. bei allen F_0^2-Werten, die „nicht beobachtbar", z. B. kleiner als ihr $\sigma(F_0^2)$ sind, einen kleinen positiven F_0-Wert (z. B. $\sigma(F_0)/4$) zuordnet, um sie bei den direkten Methoden verwenden zu können. Damit bringt man jedoch einen systematischen Fehler in den Datensatz. Bei den Verfeinerungen werden die schwachen Reflexe deshalb meist unterdrückt, indem man ein sogenanntes σ-Limit einführt, also nur Reflexe benützt, die größer als z. B. 2–$4 \, \sigma(F_0)$ sind. Dabei verliert man jedoch Information, denn in der Tatsache, dass ein Reflex schwach ist, sich also die Streuamplituden aller Atome der Zelle vektoriell etwa zu 0 addieren, ist prinzipiell ähnlich signifikante Information enthalten wie in der Tatsache, dass sie sich zu einem großen Wert addieren.

Dieses Problem taucht nicht auf, wenn die F_0^2-Daten direkt verwendet werden, wenn man also $\sum w\Delta^2 = \sum w(F_0^2 - F_c^2)^2$ minimalisiert. Hier können alle gemessenen Daten, einschließlich negativer F_0^2-Werte zur Verfeinerung herangezogen werden. Die Erfahrung zeigt, dass bei guten Datensätzen mit wenig schwachen Reflexen die Ergebnisse nach beiden Verfeinerungsmethoden sehr ähnlich sind. Bei schwachen Datensätzen und in Problemfällen wie z. B. bei Überstrukturen (siehe Kap. 11) ist die Verfeinerung gegen F_o^2-Daten deutlich überlegen, die erzielten Standardabweichungen der verfeinerten Atomparameter liegen meist 10–50 % unter denen bei Verfeinerung gegen F_o-Daten, die Auslenkungsfaktoren nehmen physikalisch sinnvollere Werte an, die abgeleiteten Bindungslängen werden chemisch plausibler. Deshalb ist diese Verfeinerungstechnik generell vorzuziehen. Nachdem seit 1993 das bei Strukturbestimmungen am meisten benutzte SHELX-Programmsystem im Verfeinerungs-Programm SHELXL gegen F_o^2-Daten verfeinert, hat diese Methode große Verbreitung gefunden. Bei dem in Kap. 15 aufgeführten praktischen Beispiel einer Strukturbestimmung wird sie deshalb auch benutzt.

Außer den geschilderten üblichen linearen Kleinste-Fehlerquadrate-Methoden gibt es auch verschiedene Algorithmen für nicht-lineare „least squares"-Verfeinerungen. Außerdem werden z. T. ganz andere Wege zur Strukturverfeinerung beschritten wie die der „Entropie-Maximierung". Hier sei z. B. auf eine Übersicht in den Intern. Tables C, Kap. 8.2 verwiesen.

9.2 Gewichte

In Gl. 9.5 wurden für die Δ_1- bzw. Δ_2-Werte Gewichtungsfaktoren w eingeführt, die bei der Verfeinerung berücksichtigen sollen, dass die Reflexe eines Datensatzes mit unterschiedlicher Genauigkeit gemessen wurden. Der wichtigste Beitrag zum Fehler einer gemessenen Intensität F_o^2 bzw. des daraus abgeleiteten Strukturfaktors F_o ist die Standardabweichung σ aus der Zählstatistik der Diffraktometermessung (siehe Abschn. 7.6). Sie ist bei schwachen Reflexen höher als bei starken. In vielen Fällen, vor allem wenn man gegen F_o-Daten verfeinert, genügt es, nur diesen Fehler in das Gewichtsschema aufzunehmen und für jeden Reflex das Gewicht nach

$$w = 1/\sigma^2 \qquad (9.19)$$

zu berechnen. Verfeinert man gegen F_o-Daten, wird $\sigma(F_o)$ eingesetzt, bei Verwendung von F_o^2-Daten entsprechend $\sigma(F_o^2)$. Bei Intensitätsdaten, die auf Flächendetektorsystemen vermessen wurden, ist die Berechnung von Standardabweichungen offenbar ein kritischer Punkt. Im Vergleich mit denen von Vierkreisdiffraktometern erscheinen sie deutlich unterschätzt und variieren von Gerät zu Gerät. Einen gewissen Ausgleich schafft hier die unten erwähnte Optimierung des Gewichtsschemata.

Leider enthalten die Messdaten jedoch nicht nur die statistischen Fehler sondern auch meist mehr oder weniger deutliche systematische Fehler. Sie sind hauptsächlich auf unzureichend oder nicht korrigierte *Absorptions-* (Abschn. 7.7) und/oder in Abschn. 10.5 behandelte *Extinktionseffekte* zurückzuführen und betreffen, hauptsächlich bei letzteren, besonders die starken Reflexe bei niedrigen Beugungswinkeln. Es ist natürlich stets besser, solche Fehler sorgfältig zu korrigieren. Da dies jedoch nur selten optimal gelingt, pflegt man dies durch eine Absenkung der – von der Zählstatistik her besonders hohen –

Gewichte der starken Reflexe zu berücksichtigen. Dies hat sich besonders bei der Verfeinerung gegen F_o^2-Werte als wichtig erwiesen, da sie wegen der doppelten Quadrierung
(Gl. 9.5) auf hohe Einzelfehler $|F_o| - |F_c|$ sehr empfindlich reagiert.

Eine einfache Gewichtsfunktion, die dies bewirkt, ist

$$w = 1/(\sigma^2 + kF_o^2) \tag{9.20}$$

Dabei wird der Faktor k (meist bei 0,001–0,2) empirisch ermittelt, indem man ihn als
zusätzlichen Parameter verfeinert oder, da dies oft zu Instabilitäten führt, durch Variation
optimiert.

Es wurden auch kompliziertere Gewichtsschemata vorgeschlagen, die noch weitere
Parameter enthalten. Dadurch soll erreicht werden, dass die gewogenen Fehlerquadrate (Varianzen) in allen Reflexklassen, den schwachen, mittleren und starken, möglichst
gleichverteilt sind. Im erwähnten Programm SHELXL kann dies z. B. durch die Funktion

$$w = 1/\left(\sigma^2(F_o^2) + (a \cdot P)^2 + b \cdot P\right) \quad \left(P = \frac{1}{3}\max\left(0, F_o^2\right) + \frac{2}{3}F_c^2\right) \tag{9.21}$$

bewerkstelligt werden, in der die Parameter a und b durch automatische Optimierung so
angepasst werden, dass möglichst eine Gleichverteilung der Varianzen über die verschiedenen Beugungswinkel- und Intensitäts-Bereiche erreicht wird.

> Besondere Vorsicht ist geboten, wenn Strukturen in hochsymmetrischen Raumgruppen ver-
> feinert werden. Da z. B. in kubischen Systemen mit der hohen Lauegruppe $m\bar{3}m$ meist viele
> symmetrieäquivalente Reflexe pro „unabhängigen" gemessen werden ($N = 2, 4, 6, 8...48$
> sind möglich), werden bei der anfänglichen Mittelung die Standardabweichungen mathema-
> tisch korrekt gemittelt und durch N dividiert. Dadurch können sie sehr klein werden, so dass
> der statistische Fehler gegenüber dem systematischen praktisch verschwindet. Vor allem aber
> werden sie je nach Reflexklasse verschieden groß. Ein Reflex $h00$ hat nämlich z. B. maximal
> 6 symmetrieäquivalente Reflexe: $\pm h00, 0 \pm k0, 00 \pm l$, während ein „allgemeiner" Reflex
> hkl in Lauegruppe $m\bar{3}m$ maximal 48 äquivalente besitzt: $\pm h \pm k \pm l, \pm h \pm l \pm k, \pm k \pm h \pm l,$
> $\pm k \pm l \pm h, \pm l \pm h \pm k, \pm l \pm k \pm h$. Rechnet man in einem solchen Fall mit Gewichten
> $w = 1/\sigma^2$, so erhält man Bevorzugung der letzteren Reflexklasse, obwohl die tatsächli-
> chen Fehler bei ähnlich starken Reflexen sicher annähernd gleichverteilt sind. Hier kann man
> Abhilfe schaffen, indem man entweder die Gewichte nach den Standardabweichungen der
> Einzelreflexe berechnet, oder indem man mit Einheitsgewichten ($w = 1$) arbeitet.

9.3 Kristallographische R-Werte

Um beurteilen zu können, wie gut ein Strukturmodell mit der „Wirklichkeit" übereinstimmt, berechnet man sogenannte *Zuverlässigkeitsfaktoren* („residuals') oder R-Werte.
Der *„konventionelle R-Wert"*

$$R = \frac{\sum_{hkl} \Delta_1}{\sum_{hkl} |F_o|} = \frac{\sum_{hkl} ||F_o| - |F_c||}{\sum_{hkl} |F_o|} \tag{9.22}$$

gibt, mit 100 multipliziert, die mittlere prozentuale Abweichung zwischen beobachteten und berechneten Strukturamplituden an. Er wird in der Literatur stets angegeben, auch wenn die Verfeinerung gar nicht mit F_o-Daten vorgenommen wurde. Man sollte beim konventionellen R-Wert stets vermerken, mit welchen Reflexen er berechnet wurde (z. B. denen mit $F_o > 4\sigma(F_o)$, wie es im SHELXL-Programm geschieht). Er ist zwar allgemein üblich, man darf jedoch nicht übersehen, dass bei diesem Wert die Gewichte nicht eingehen, die bei der Verfeinerung des Strukturmodells verwendet wurden. Deshalb kann beispielsweise der konventionelle R-Wert durchaus schlechter (größer) werden, wenn man Gewichte (siehe unten) einführt und dadurch das Ergebnis der Verfeinerung verbessert.

Die Gewichte sind enthalten im *gewogenen* R-Wert wR, bei dem direkt die bei der Verfeinerung minimalisierten Fehlerquadratsummen eingehen. Er ist deshalb – bei vernünftiger Verwendung von Gewichten – der wichtigere. Seine Bewegung zeigt an, ob eine Änderung im Strukturmodell sinnvoll ist oder nicht. Er unterscheidet sich je nachdem, ob gegen F_o- oder gegen F_o^2-Daten verfeinert wird.

$$wR = \sqrt{\frac{\sum_{hkl} w\Delta_1^2}{\sum_{hkl} wF_o^2}} \tag{9.23}$$

$$wR_2 = \sqrt{\frac{\sum_{hkl} w\Delta_2^2}{\sum_{hkl} w(F_o^2)^2}} = \sqrt{\frac{\sum_{hkl} w(F_o^2 - F_c^2)^2}{\sum_{hkl} w(F_o^2)^2}} \tag{9.24}$$

Die Nomenklatur ist leider bei den R-Werten nicht einheitlich. Im vorliegenden Buch werden unter R bzw. wR ohne Index die mit F_o-Werten berechneten Werte verstanden, ein tiefgestellter Index 2 gibt an, dass mit F_o^2-Werten gerechnet wurde.

Wegen der Quadrierung der Fehler in Gl. 9.24 sind die wR_2-Werte bei vergleichbarer Qualität des Strukturmodells normalerweise zwei bis drei mal so hoch wie wR bei Verfeinerung gegen F_o-Daten. Sie reagieren wesentlich empfindlicher auf kleine Fehler im Strukturmodell, z. B. auf fehlerhafte oder fehlende H-Atome. Ein anderes Qualitätsmerkmal ist der „*Gütefaktor*" oder „*Goodness of fit*"

$$S = \sqrt{\frac{\sum_{hkl} w\Delta^2}{m - n}} \tag{9.25}$$

m = Zahl der Reflexe
n = Zahl der Parameter.

Hier geht in der Differenz $m-n$ auch der Grad der Überbestimmung der Strukturparameter ein. S sollte bei richtiger Struktur und korrekter Gewichtung Werte um 1 annehmen. Man muss auch hier angeben, ob man mit F_o- oder mit F_o^2-Daten verfeinert hat.

Bei einem guten Datensatz und einer unproblematischen Struktur sollten wR_2-Werte von unter 0,15, wR-Werte und R-Werte von unter 0,05 erreicht werden (siehe Abschn. 9.4). Eine falsche Struktur mit völlig statistischer Verteilung der Atome in der Elementarzelle liefert theoretisch $R = 0.59$ in Raumgruppen ohne, bzw. $R = 0.83$ in

Raumgruppen mit Symmetriezentrum. Wie tief man bei einer richtigen Struktur kommen kann, hängt einerseits von der Qualität der Messung ab, andererseits von Einschränkungen im Strukturmodell. Da die Atomformfaktoren für kugelsymmetrische Elektronenverteilung berechnet sind, werden Bindungselektronen, freie Elektronenpaare etc. im Modell nicht richtig einberechnet. Außerdem ist die Annahme harmonischer Schwingungen, die durch den anisotropen Auslenkungsfaktor beschrieben werden, nicht immer ausreichend. Bei H-Atomen kommen beide Probleme zusammen: Das einzige Elektron ist teilweise in die Bindung verschoben (siehe Abschn. 9.4). Außerdem kann man die Auslenkungen der H-Atome nur mit isotropen Auslenkungsfaktoren verfeinern, ebenfalls eine schlechte Näherung, vor allem bei stark schwingenden peripheren Methylgruppen. Mäßige R-Werte trotz guter Datensätze muss man also bei Strukturen erwarten, bei denen ein merklicher Anteil der Gesamt-Elektronenzahl in Bindungen, H-Atomen oder freien Elektronenpaaren lokalisiert ist. Ein anderer Grund für mäßige R-Werte kann in sehr hoher Absorption liegen. Bei Vorhandensein eines hohen Anteils an Schweratomen wie Bismut, Blei etc. können z. B. leicht Absorptionskoeffizienten von $\mu > 10\,\text{mm}^{-1}$ auftreten (siehe Abschn. 7.7). Dann ist meist keine optimale Absorptionskorrektur möglich. Zudem kann man nur kleine Kristalle vermessen, da sonst die Strahlung weitgehend im Kristall absorbiert wird, und erhält prinzipiell nur schwache Datensätze.

9.4 Verfeinerungstechniken

Anfängliche Verfeinerungsstrategien Hat man mit Patterson- oder Direkten Methoden ein plausibles Strukturmodell gefunden, so pflegt man bereits in diesem Stadium, *vor* einer Differenz-Fouriersynthese, das Modell durch einige Verfeinerungszyklen zu verbessern und durch Beurteilung der resultierenden R-Werte zu entscheiden, ob seine Weiterverfolgung überhaupt sinnvoll ist. Normalerweise ist eine Fouriersynthese erst aussagekräftig, wenn das Modell einen konventionellen R-Wert von ca. 0,4 oder besser liefert. Der wR_2-Wert kann dabei durchaus noch bei 0,5–0,7 liegen. Ist die Zuordnung der Atomtypen noch unsicher, oder ist gar die Zusammensetzung unbekannt, so empfiehlt es sich, zuerst in einem Zyklus nur den Skalierungsfaktor (siehe Gl. 9.6) zu verfeinern. Bei den anschließenden Zyklen kann man, wenn die Struktur nicht zu groß ist, mit den Atomlagen bereits auch isotrope Auslenkungsfaktoren von einem geschätzten Startwert aus (z. B. $U = 0.01$ für Schweratome bis 0,05 für C-Atome) mitverfeinern. Aus deren Bewegung im Verlauf mehrerer Verfeinerungszyklen kann man oft besser entscheiden, ob die Lage des Atoms „echt" und die Atomzuordnung richtig ist, als aus frühen Differenz-Fouriersynthesen. Ist an der angegebenen Stelle in Wirklichkeit gar kein Atom, so steigt meist der Auslenkungsfaktor und seine Standardabweichung von Zyklus zu Zyklus stark an, um so die Elektronendichte an dieser Stelle durch scheinbare extreme Schwingung stark zu verdünnen. Kommt der Auslenkungsfaktor bei einem unnormal hohen Wert zur Ruhe, so ist das eingesetzte Atom in der Position zwar richtig aber vermutlich zu schwer. Umgekehrt zeigt ein sehr kleiner oder gar negativer Auslenkungsfaktor meist an, dass in Wirklichkeit mehr Elektronendichte auf der fraglichen Lage sitzt, also z. B. ein O-Atom statt eines C-Atoms.

Es kann allerdings auch sein, dass in einem Modell mit mehreren falschen Atomen die richtigen (und richtig zugeordneten) sehr niedrige oder negative U-Werte bekommen, da sie dadurch gegenüber den falschen mehr Gewicht bekommen.

Komplettierung des Strukturmodells Eine Differenz-Fouriersynthese mit dem verbesserten Modell sollte nun zu einem weitgehend kompletten Strukturmodell führen, das auf wR_2-Werte von unter 0,3 bzw. R-Werte unter 0,15 zu verfeinern ist. Nun werden, bei größeren Strukturen in Raten, anisotrope Auslenkungsfaktoren für alle schwereren Atome (außer H, vielleicht auch Li, B) zur Verfeinerung freigegeben, wobei man als Startwerte $U^{11} = U^{22} = U^{33} = U_{\text{isotrop}}$ und die gemischten U^{ij}-Glieder $= 0$ setzt (im trigonalen und hexagonalen System $U^{12} = U/2$). In diesem Stadium sollte man auch Gewichte einführen. Auf der Basis dieses verfeinerten Modells sollten sich, wenn vorhanden, die H-Atome in der Differenz-Fouriersynthese lokalisieren lassen (s. unten). Ein komplettes Strukturmodell sollte sich schließlich (evtl. nach den in Kap. 10 behandelten Korrekturen) auf R-Werte von unter 0,05 bzw wR_2-Werte unter 0,15 verfeinern lassen. Schlechtere Werte sind nur akzeptabel, wenn man einen guten Grund dafür angeben kann. Es gibt gelegentlich fehlerhafte Strukturmodelle, deren Verfeinerung trotzdem in einem „*Pseudominimum*" konvergiert. Man sollte deshalb jedes Ergebnis kritisch überprüfen, ob es strukturchemisch vernünftig und mit den physikalischen Eigenschaften vereinbar ist (siehe auch Kap. 11).

9.4.1 Lokalisierung und Behandlung von H-Atomen

Je nach Qualität des Datensatzes, dem Vorhandensein von Schweratomen und der thermischen Beweglichkeit der H-Atome lassen sich diese gut lokalisieren und frei mit isotropen Auslenkungsfaktoren verfeinern oder, im anderen Extrem, überhaupt nicht finden. Die einzelnen H-Atome tragen zwar nur sehr wenig zum Streuvermögen bei, in vielen Fällen, z. B. bei Verwendung von sperrigen Gruppen wie *tert*-Butyl- oder Trimethylsilylresten zur sterischen Abschirmung, stellen sie jedoch durch ihre hohe Anzahl einen deutlichen Anteil (10–20 %) der Elektronendichte. Sie müssen deshalb im Modell möglichst gut berücksichtigt werden, damit nicht die Qualität der Strukturbestimmung insgesamt leidet.

Um eine möglichst gute Basis für die Phasenberechnung bei der Differenz-Fouriersynthese zu gewährleisten, sollte einerseits das vorläufige Modell optimal verfeinert sein, andererseits sollte man vorher alle notwendigen Korrekturen, insbesondere Absorptions- und Extinktionskorrektur (siehe Abschn. 7.7 und 10.5) anbringen. Gerade die beiden letzteren sind wichtig, da sie vor allem die bei niedrigen Beugungswinkeln liegenden Reflexe betreffen, in denen die Information über die H-Atome enthalten ist. Es kann von Vorteil sein, das vorläufige Strukturmodell nur mit „Hochwinkel-Reflexen" (z.B bei Cu-Strahlung Reflexen mit $\theta > 25°$) zu verfeinern. Zu diesen Reflexen tragen überwiegend die Core-Elektronen der schwereren Atome bei, Absorptions- und Extinktionseffekte stören wenig. Überträgt man die mit diesem Modell berechneten Phasen auf den kompletten Datensatz, so heben sich die H-Atome in der Differenz-Fouriersynthese meist besser ab. Ein

Beispiel, wie sich H-Atome als Maxima einer Differenz-Fouriersynthese abzeichnen, gab bereits Abb. 8.1 (Abschn. 8.1).

Es gibt häufig Fälle, in denen man die H-Atome trotzdem nicht oder schlecht lokalisieren kann, oder in denen man sie zwar findet, aber schlecht verfeinern kann. Oft will man sie auch nicht frei verfeinern, da das Reflex/Parameterzahl-Verhältnis zu ungünstig würde. In diesen Fällen pflegt man die H-Atomlagen, wenn möglich, aus der Geometrie der Umgebung zu berechnen und entweder mit dem Bindungspartner zusammen als „starre Gruppe" (s.unten) zu behandeln oder auf ihm „reiten" zu lassen. Letzteres bedeutet, dass man z. B. den Bindungsvektor C-H parallel mitverschiebt, wenn sich das C-Atom beim Verfeinern bewegt.

> Die röntgenographisch bestimmten Bindungslängen zu H-Atomen sind stets deutlich kürzer als die mit anderen Methoden wie der Neutronenbeugung gemessenen Kern-Kern-Abstände. Für eine C–H-Bindung findet man z. B. im Mittel 96 pm statt 108 pm, für N–H 90 pm, für O–H in komplex gebundenen H_2O-Molekülen nur ca. 80–85 pm. Dies liegt daran, dass durch Röntgenbeugung das Elektronendichtemaximum bestimmt wird, das beim einzigen Elektron eines H-Atoms natürlich in Richtung der Bindung verschoben ist. Dieser Effekt muss bei der Diskussion der Bindungslängen berücksichtigt werden, die sich allerdings wegen der geringen Genauigkeit der Lagebestimmung meist nur auf die Richtung der Bindung, z. B. in H-Brückenbindungen beschränken muss.

Generell verwendet man bei H-Atomen nur isotrope Auslenkungsfaktoren. Ist der Datensatz gut, das Reflex/Parameter-Verhältnis groß genug, und sind keine zu schweren Atome vorhanden, so können sie individuell frei verfeinert werden. Muss man „Parameter sparen" oder ergeben sich Schwierigkeiten bei der freien Verfeinerung, so kann man gruppenweise gemeinsame Auslenkungsfaktoren verfeinern, z. B. für die 3 H-Atome einer Methylgruppe oder die 5 H-Atome eines Phenylrests je einen gemeinsamen Wert. Schließlich kann man den Auslenkungsfaktoren auch feste Werte zuordnen, die man aus den entsprechenden äquivalenten isotropen U-Werten ihrer Bindungspartner abschätzt. Erfahrungsgemäß sind die U-Werte der H-Atome 1,2- bis 1,5-fach größer als diese. Auch wenn man mit fixierten Werten arbeitet, ist es – vor allem wenn man von theoretisch berechneten H-Lagen ausgeht – nützlich, zumindest gruppenweise die Auslenkungsfaktoren einmal zur Verfeinerung freizugeben. Dabei erkennt man nämlich am besten, wenn die berechneten Lagen falsch sind. Dann resultieren nämlich anomal hohe U-Werte, oft mehr als doppelt so groß wie beim Bindungspartner, und hohe Standardabweichungen. Solche Fehler treten z. B. häufig auf bei Methylgruppen an aromatischen Ringen, für die es zwei alternative Orientierungen gibt.

9.4.2 Verfeinerung mit Einschränkungen

Es gibt manchmal Strukturen, bei denen die Verschiebung einer Atomlage sich kaum auf die berechneten Strukturfaktoren, also auch kaum auf den zu minimalisierenden R-Wert auswirkt. Das kann bei der Verfeinerung dazu führen, dass die betroffenen Atomparameter nicht nach wenigen Zyklen „einrasten", sondern weiter konstante oder oszillierende Verschiebungen erfahren, die zu chemisch unsinnigen Abständen und Winkeln führen können. Dies geschieht vor allem häufig bei den schwach streuenden H-Atomen, wenn sie in stark schwingenden Gruppen liegen wie z. B. in Kristallwasser- oder Solvensmolekülen, oder wenn sie neben Schweratomen in der Struktur vorkommen, so dass ihr relativer Streubeitrag nur sehr gering ist. Ein anderer Anlass für instabile Verfeinerungen kann in fehlgeordneten Baugruppen (vgl. Abschn. 10.1) wie z. B. Lösungsmittelmolekülen begründet liegen. Kommen sich Atomlagen zweier sich statistisch überlagernder Moleküle räumlich nahe, so kann man ihre Parameter nicht unabhängig voneinander verfeinern, sondern erhält hohe Korrelationen, hohe Standardabweichungen und schlechte Konvergenz der Verfeinerung. In solchen Fällen kann man versuchen, die Verfeinerung durch geometrische Vorgaben zu stabilisieren.

Verfeinerung mit starren Gruppen (‚constraints') Besitzt eine Struktur Baugruppen, deren Geometrie sehr genau vorherzusagen ist, wie z. B. Phenylreste, so kann man diese Einheiten als *„starre Gruppen"* mit idealisierten Bindungslängen und Winkeln verfeinern. Statt für jedes Atom der Gruppe drei Lageparameter und einen oder 6 Auslenkungsparameter zu bestimmen, braucht man dann nur noch die Lageparameter x, y, z *eines* „Leitatoms" und zusätzlich drei Winkelparameter ϕ_x, ϕ_y, ϕ_z zu verfeinern, die die Rotationskomponenten um die drei Gitterkonstantenrichtungen definieren. Dadurch spart man vor allem bei größeren Gruppen viele Parameter, insbesonders wenn man für alle Atome der Gruppe nur einen gemeinsamen isotropen Auslenkungsfaktor verwendet. Dieses Verfahren ist deshalb vor allem interessant, wenn man einen schwachen Datensatz hat, also wenige Reflexe und/oder eine große Struktur, so dass das Reflex/Parameter-Verhältnis bei der Verfeinerung zu niedrig würde. Man sollte möglichst ein Verhältnis von über 10 : 1 anstreben, mindestens jedoch 7:1.

Verfeinerung mit geometrischen Einschränkungen (‚restraints') Bei einer anderen Methode wird zwar jedes Atom individuell verfeinert, jedoch gibt man – wenn hinreichend genau abschätzbar – zu erwartende geometrische Eigenschaften vor. Das können Bindungslängen sein, über zusätzliche Abstände zum übernächsten Nachbarn (1,3-Abstände) auch Bindungswinkel. Bei aromatischen Systemen kann Planarität vorgegeben werden. Diese zusätzlichen Informationen wirken dann stabilisierend auf die Verfeinerung wie eine Erhöhung der Zahl der Reflexe. Technisch geht man so vor, dass zusätzlich zu den Quadraten der Strukturfaktor-Differenzen die der Differenzen in erwarteten und verfeinerten interatomaren Abständen zu der zu minimalisierenden Summe (Gl. 9.5) addiert werden. Dabei spart man natürlich im Gegensatz zu den ‚constraints' keine Parameter, aber im Gegensatz zu diesen kann man die ‚restraints' „weich" anwenden: gewisse Abweichungen sind innerhalb einer vorgegebenen Standardabweichung zulässig.

Verfeinerung von makromolekularen Strukturen In makromolekularen (vorwiegend Protein-)Strukturen ist das Reflex/Parameter-Verhältnis normalerweise viel zu niedrig für die

Verfeinerung der individuellen Atomparameter aller Atome. Da man jedoch die Gestalt
der beteiligten Aminosäuren gut kennt, ist hier die Anwendung von „constraints" und
„restraints" übliches Vorgehen. Auch andere Verfeinerungstechniken außer der Kleinste-
Fehlerquadrate-Methode werden eingesetzt (z. B. „maximum likelihood", „molecular dy-
namics", „simulated annealing", siehe [28, 29]).

9.4.3 Dämpfung

Bei schwierig zu verfeinernden Strukturen, insbesonders wenn man noch weit vom optimalen Strukturmodell entfernt ist, kann man Oszillationen oder Instabilität oft dadurch
vermindern, dass man mit „Dämpfung" verfeinert. Je nach Programm werden dabei die
aus den Normalgleichungen der Kleinsten-Fehlerquadrate-Methode berechneten Parameterverschiebungen einfach mit einem Faktor (z. B. 0,5) multipliziert, um anfängliche unsinnig große Änderungen zu verhindern, oder es wird durch andere mathematische Ein-
griffe das Verfeinerungsverhalten gedämpft. Dies kann allerdings zu Verfälschung der
Standardabweichungen führen. Zumindest in den letzten Zyklen der Verfeinerung sollte man deshalb ohne Dämpfung arbeiten, um ein realistisches Ergebnis zu bekommen. Ist
dies nicht möglich, so ist die Wahrscheinlichkeit einer falschen Raumgruppe oder anderer
Fehler hoch (s. Kap. 11).

9.4.4 Restriktionen durch Symmetrie

Die Symmetrieelemente in der Elementarzelle reduzieren die Zahl der zu verfeinernden
Atome auf die der „asymmetrischen Einheit". Zusätzlich können darin Atome auf spe-
ziellen Lagen sitzen (s. Abschn. 6.4), z. B. auf $x, \frac{1}{4}, z$ (m senkrecht b). Die *speziellen
Parameter* wie hier $y = \frac{1}{4}$ dürfen dann natürlich nicht verfeinert werden. In höhersymmetrischen Raumgruppen können auch Lageparameter miteinander gekoppelt sein.
Die spezielle Lage auf der 3-zähligen Achse entlang der Raumdiagonale einer kubischen
Elementarzelle (z. B. Lage $32f$, x, x, x in $Fm\bar{3}m$, Nr. 225) bedingt, dass $x = y = z$
sein muss, man darf also nur einen gemeinsamen Parameter verfeinern. Da ein Atom mit
einer speziellen Lage auf einem Symmetrieelement sitzt, muss natürlich auch sein Auslenkungsellipsoid der Punktsymmetrie dieser speziellen Lage gehorchen, d. h. man bekommt
Restriktionen in den Gliedern des anisotropen Auslenkungsfaktors. Liegt z. B. ein Atom
in der monoklinen Raumgruppe $C2/c$ auf der Lage $4e$ ($0, y, \frac{1}{4}$), also auf einer 2-zähligen
Achse in b-Richtung, so muss eine Hauptachse des Ellipsoids (U_2) mit dieser zusammenfallen, die beiden anderen folglich senkrecht dazu stehen. Dies hat zur Folge, dass die
gemischten Glieder, die eine y-Komponente enthalten, U^{12} und U^{23}, null sein müssen
und nicht verfeinert werden dürfen. Eine Übersicht über die Restriktionen der speziellen
Lagen aller Raumgruppen findet sich in [36] oder in den Int. Tables C [4], Table 8.3.1.1.
Dabei muss jedoch darauf geachtet werden, dass sich die angegebene Atomlage immer
nur auf das erste Symmetriesymbol für eine Punktlage in der Raumgruppentafel bezieht.

Abb. 9.1 Restriktionen in der
Orientierung der Auslenkungs-
ellipsoide durch Symmetrie am
Beispiel einer Spiegelebene

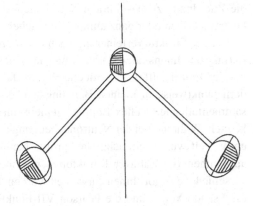

Wie man in Abb. 9.1 am Beispiel einer Spiegelebene erkennt, kann sich die Orientierung eines Auslenkungsellipsoids bei der Anwendung einer Symmetrieoperation ändern,
was sich meist in Vorzeichenwechseln der gemischten U^{ij}-Glieder äußert. Deshalb ist es
eventuell notwendig, die U^{ij}-Werte zu ändern, wenn man nachträglich eine Atomlage in
eine andere, symmetrieäquivalente transformiert, z. B. indem man die Struktur nach der
Transformation nochmals verfeinert.

Die modernen Programme berücksichtigen Restriktionen in den Lageparametern und
Auslenkungsfaktoren automatisch.

9.4.5 Restelektronendichte

Am Ende einer erfolgreichen Strukturverfeinerung pflegt man eine abschließende Differenz-
Fouriersynthese zu rechnen. Sie sollte keine signifikanten Elektronendichtemaxima mehr
zeigen. Bei Leichtatomstrukturen betragen Maxima und Minima dann höchstens noch
$0{,}1$–$0{,}3$ bzw. -0.1–$0{,}3\,\text{e}/\text{Å}^3$. Bei schweren Atomen findet man erfahrungsgemäß stets
noch Restmaxima bis ca. 5 % ihrer Elektronenzahl im Abstand von 60–120 pm.

9.5 Verfeinerung mit der Rietveld-Methode

Bei manchen Verbindungen gelingt es nicht, geeignete Einkristalle für eine Strukturbestimmung zu züchten, während es fast immer und ohne großen Zeitaufwand möglich
ist, eine gute Röntgen-Pulveraufnahme zu erhalten. In solchen Fällen kann man u. U. die
Struktur mit den Pulverdaten verfeinern, wenn es gelingt, ein gutes Strukturmodell aufzustellen.

In einer Pulveraufnahme ist die räumliche Information bei der Entstehung der Reflexe
verloren gegangen. Durch die eindimensionale Auftragung der Reflexe nur gegen den
Beugungswinkel treten häufig Überlagerungen von Reflexen auf, die deren *Indizierung*,

die Zuordnung zu bestimmten Netzebenen *hkl*, und die individuelle Intensitätsmessung beeinträchtigen oder ganz unmöglich machen.

Bei der Strukturverfeinerung nach der *Rietveld-Methode* wird das Problem der Separierung der Intensitäten dadurch elegant gelöst, dass man für das Strukturmodell nicht wie im Einkristallfall individuelle Strukturfaktoren F_c für jeden Reflex berechnet, sondern punktweise in kleinen Beugungswinkel-Schritten alle an diesen Stützpunkten zusammenfallenden Reflex-Beiträge gemeinsam ermittelt. Dazu muss man das Reflexprofil kennen. Während bei der Neutronenbeugung an Pulvern, für die die Methode ursprünglich entwickelt wurde, einfache Gaußprofile benützt werden können, entstehen in Röntgenaufnahmen von Zählrohrdiffraktometern kompliziertere Profile, zu deren Beschreibung verschiedene Algorithmen entwickelt wurden. Die gebräuchlichsten Profilfunktionen sind die Pseudo-Voigt- und die Pearson VII-Funktion. Bei der Verfeinerung werden deshalb zusätzlich zu den Gitterkonstanten, den Atomparametern und den normalerweise nur isotropen Auslenkungsfaktoren noch mehrere Profilparameter verfeinert. Ein anderer Ansatz versucht, die „Abbildungsfunktion" des Diffraktometers analytisch zu beschreiben. Eine wichtige Rolle bei Strukturverfeinerungen mit Pulverdaten spielen oft die in Abschn. 9.4.2 beschriebenen „constraints" und „restraints". Ein bei Pulveraufnahmen mit Flachpräparaten häufig auftretendes Problem ist der „Textureffekt". Haben die Kristallite im Pulver stark anisotrope Form, z. B. von Nadeln oder Plättchen, so legen diese sich bevorzugt parallel zur Fläche des Probenträgers, so dass Reflexe von Netzebenen, die etwa parallel dazu liegen, zu starke Intensitäten bekommen. Dies kann durch einen mit zu verfeinernden Orientierungsparameter korrigiert werden.

Die Qualität einer Rietveld-Verfeinerung wird wie bei den Einkristallmethoden durch „*R*-Werte" belegt. Der wichtigste ist der gewogene Profil-*R*-Wert R_{wp}.

$$R_{wp} = \sqrt{\frac{\sum w_i (y_{i(o)} - y_{i(c)})^2}{\sum w_i (y_{i(o)})^2}} \qquad (9.26)$$

Hier geht die Summe der Fehlerquadrate zwischen beobachtetem Messwert an jedem Stützpunkt des Diagramms $y_{i(o)}$ und dem dort berechneten Wert $y_{i(c)}$ ein, die beim Kleinste-Fehlerquadrate-Verfahren minimalisiert wird. Dagegen wird der „Bragg-*R*-Wert" R_B aus den Intensitäten der einzelnen n Reflexe berechnet.

$$R_B = \frac{\sum |I_{n(o)} - I_{n(c)}|}{\sum I_{n(o)}} \qquad (9.27)$$

Die Aufteilung bei überlappenden Reflexen ist dabei etwas kritisch, da dazu Information aus dem verfeinerten Modell benutzt werden muss. Am besten erkennt man die Qualität einer Anpassung, wenn man in einem Diagramm die experimentellen Messwerte, das mit dem Strukturmodell berechnete Pulverdiagramm, und den „Differenzplot" darstellt (Abb. 9.2).

Die Rietveld-Methode eignet sich vor allem zur Verfeinerung kleiner Strukturen bekannten Strukturtyps, z. B. wenn für eine ähnliche isotype Verbindung eine Einkristall-

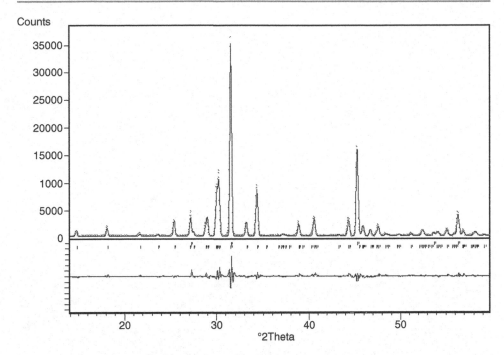

Abb. 9.2 Beispiel einer Rietveld-Verfeinerung. *Punkte*: Experimentelle Daten, *durchgezogene Linie*: berechnetes Diagramm, *darunter*: Differenz-Diagramm

Strukturbestimmung bereits vorliegt und man von den Atomlagen dieses Modells ausgehen kann. Die Bestimmung einer unbekannten Struktur allein aus einer Pulveraufnahme „ab initio" ist schwierig und bisher nur in wenigen tausend Fällen durchgeführt worden. Dazu sind folgende Schritte notwendig:

- Die Elementarzelle muss durch Indizierung der Pulveraufnahme bestimmt werden, was bei schiefwinkligen Systemen oft schwierig ist.
- Durch „Dekonvolution" müssen genügend viele Intensitäten von Einzelreflexen ermittelt werden, so dass direkte oder Patterson-Methoden zur Strukturlösung eingesetzt werden können. Dies ist ein kritischer Punkt, da in Pulveraufnahmen mit konventioneller Röntgenstrahlung meist nur ca. 50–200 Reflexe zu sehen sind. Hier liegt ein weiterer wichtiger Einsatzbereich der Synchrotronstrahlung, da man damit, abgesehen von den besseren Intensitäten, um bis zu fünf mal schmalere Halbwertsbreiten für die Reflexe erzielen kann, so dass das Problem der Reflexüberlappung stark reduziert wird.
- Ebenso muss die Raumgruppe aus diesen Daten abgeleitet werden. Dabei kommt erschwerend hinzu, dass verschiedene Lauegruppen innerhalb eines Kristallsystems wie $4/m$ und $4/mmm$ wegen Überlagerung nicht unterschieden werden können.

Da die Pulvermethoden jedoch nicht Gegenstand dieses Buches sind, sei auf einschlägige Literatur verwiesen, z. B. [37–40].

Spezielle Effekte

10

10.1 Fehlordnung

Der Übergang zwischen einem Kristall mit vollständiger dreidimensionaler Fernordnung zu einem amorphen Festkörper ohne jede Fernordnung ist fließend. Dominiert jedoch noch die Fernordnung und ist sie nur in Teilbereichen gestört, so ist dies im Beugungsbild oft nicht zu erkennen, und die Struktur lässt sich meist auf konventionelle Weise lösen und verfeinern. Nur durch ungewöhnlich große, stark anisotrope Auslenkungsfaktoren und evtl. durch chemisch unsinnige Atomanordnungen gibt sich eine solche *Fehlordnung* zu erkennen. Man muss dann im Strukturmodell die von einer Störung der dreidimensionalen Ordnung betroffenen, fehlgeordneten Bereiche angemessen beschreiben. Die wichtigsten Varianten von *Fehlordnung* seien im Folgenden beschrieben.

10.1.1 Besetzungs-Fehlordnung

Eine Struktur kann zwar wie üblich durch einen Satz von Punktlagen mit Atompositionen für die asymmetrische Einheit korrekt beschrieben sein, aber die Besetzung mancher dieser Lagen kann statistisch durch *verschiedene* Atome erfolgen. Vor allem bei Mineralen findet man häufig, dass eine kristallographische Lage durch zwei oder mehr verschiedene Atome oder Ionen ähnlicher Größe statistisch besetzt wird. In Zeolithen sind z. B. die Si- und Al-Atome oft fehlgeordnet in den Tetraederzentren des dreidimensionalen Alumosilikat-Gerüsts verteilt. Weit verbreitet ist dieser Fehlordnungstyp vor allem auch in den Legierungen und anderen Mischkristallsystemen.

Im Strukturmodell wird ein solcher Fall dadurch beschrieben, dass man für beide Atome nur einen gemeinsamen Satz von Atomparametern x, y, z und Auslenkungsparametern U^{ij} verfeinert und zusätzlich einen Besetzungsfaktor k für das erste Atom, wobei das zweite dann die Besetzung $1-k$ erhält. Häufig treten hierbei starke Korrelationen zwischen Besetzungsfaktor und Auslenkungsfaktor auf. Dann verfeinert man besser alternierend nur die Besetzung oder nur den Auslenkungsfaktor, bis keine Änderung mehr eintritt.

© Springer Fachmedien Wiesbaden 2015
W. Massa, *Kristallstrukturbestimmung*, Studienbücher Chemie,
DOI 10.1007/978-3-658-09412-6_10

Abb. 10.1 Beschreibung eines
fehlgeordneten BF_4-Anions
mit 10 Fluor-Splitlagen

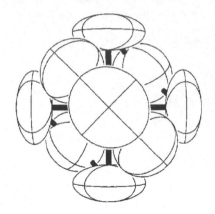

Ein ebenfalls weitverbreiteter Spezialfall einer Besetzungsfehlordnung ist die statistische Unterbesetzung, die man einfach durch Freigabe des Besetzungsfaktors, – eventuell wieder bei festgehaltenem Auslenkungsfaktor, – bestimmt. Typische Beispiele findet man bei den hexagonalen oder tetragonalen Wolframbronzen A_xWO_3 (A = Alkalimetall), in denen Kanäle einer dreidimensionalen Oktaeder-Gerüststruktur statistisch mit mehr oder weniger Alkaliatomen unvollständig besetzt sind. Bei Zeolithen und vielen anderen Verbindungen, auch in Strukturen von Molekülverbindungen, findet man häufig statistische Unterbesetzung bei Kristallwasser- oder anderen Solvensmolekülen.

Es gibt aber auch Verbindungen, die trotz exakt stöchiometrischer Zusammensetzung Besetzungs-Fehlordnung zeigen. Dies ist z. B. in fast allen Verbindungen $A^IM^{II}M^{III}F_6$ (A = Alkalimetall) der pyrochlorverwandten Familie vom kubischen $RbNiCrF_6$-Typ [41] der Fall, in denen auch bei großen Radienunterschieden die 2- und 3-wertigen Metallatome statistisch verteilt auf *einer* Punktlage sitzen.

10.1.2 Lagefehlordnung und Orientierungsfehlordnung

Als *Lagefehlordnung* bezeichnet man, wenn ein Atom, eine Atomgruppe oder ein ganzes Molekül statistisch zwei oder mehr verschiedene kristallographische Lagen einnimmt. Nimmt ein Molekül – meist bei unveränderter Schwerpunktslage – statistisch verschiedene Orientierungen ein, die man durch eine Rotation oder Spiegelung erreichen kann, spricht man von *Orientierungsfehlordnung*. Häufig beobachtet man solche Phänomene bei Strukturen, die annähernd kugelförmige Baugruppen enthalten, wie z. B. NH_4^+-Kationen, ClO_4^--, BF_4^--, PF_6^--Anionen oder CCl_4 (Abb. 10.1).

Oft findet man solche Moleküle auf speziellen Lagen mit höherer Symmetrie als ihrer Punktgruppe entspricht, z. B. ein tetraedrisches Molekül auf einem Symmetriezentrum, so dass die alternative Orientierung durch eine Symmetrieoperation erzeugt wird. In solchen Fällen muss man jedoch sorgfältig prüfen, ob die Fehlordnung nicht nur durch die Wahl einer zu hochsymmetrischen Raumgruppe vorgetäuscht wurde.

Lassen sich verschiedene energetisch ähnliche Konformationen eines Moleküls mit der Packung im Kristall gut vereinen, so kann dies ebenfalls zu Lagefehlordnung führen. Beispiele dafür sind die beiden alternativen Orientierungen eines Methylrests an einem aromatischen Ring oder die verbreiteten Fehlordnungserscheinungen in konformativ beweglichen großen Ringen wie in Kronenethern. Bei π-gebundenen Cyclopentadienyl-Ringen in Metallkomplexen tritt oft eine Fehlordnung auf, bei der die alternativen Lagen durch eine Rotation um die Ringachse ineinander überführt werden können.

Splitatom-Modelle Sind in den beiden alternativen Orientierungen bzw. Lagen die Atome genügend voneinander separiert, mehr als etwa 80 pm, so findet man in Differenz-Fouriersynthesen meist getrennte Maxima und kann die Fehlordnung durch ein *Splitatom-Modell* beschreiben. Darin werden für jedes fehlgeordnete Atom zwei Lagen verfeinert sowie deren sich zu 1 addierende Besetzungsfaktoren. Kommen sich beide so nahe, dass eine Überlappung der Elektronendichten resultiert, so lassen sich die Lagen und vor allem die Auslenkungsfaktoren schlecht gleichzeitig verfeinern. Hier empfiehlt es sich, zuerst einen geschätzten gemeinsamen Auslenkungsfaktor festzuhalten und nur die Lagen zu verfeinern. Bei Erfolg hält man anschließend die Lagen fest und verfeinert einen gemeinsamen Auslenkungsfaktor und wiederholt die Prozedur, bis keine wesentliche Änderung mehr eintritt. Umgekehrt entdeckt man das Auftreten einer solchen Fehlordnung meist auch nur daran, dass man in Differenz-Fouriersynthesen nur *ein* Maximum in der Mittellage beobachtet und bei der Verfeinerung mit anisotropem Auslenkungsfaktor sehr große „zigarrenförmige" Auslenkungsellipsoide findet. Immer wenn eine Hauptachse des Ellipsoids größer als 0,2–0,3 Å^2 wird, sollte man überlegen, ob man die Lage nicht in zwei Positionen „splittet". Es ist meist eine zeitraubende, viel Fingerspitzengefühl erfordernde Arbeit, das optimale Modell für solche fehlgeordneten Gruppen zu verfeinern. Einerseits ist die Verwendung anisotroper Auslenkungsfaktoren wichtig, da zumindest die peripheren Atome tatsächlich meist auch stark anisotrope Schwingungen vollführen (siehe unten). Andererseits sind die Auslenkungsfaktorkomponenten am ehesten durch starke Korrelationen betroffen und daher schlecht zu verfeinern. Kennt man die Form der Gruppe gut, so kann man vielleicht durch Anwendung von geometrischen Einschränkungen („restraints') oder Benutzung starrer Gruppen („constraints') die Verfeinerung erleichtern (s. Abschn. 9.4). Eine möglichst gute Behandlung solcher fehlgeordneter Bereiche der Struktur ist wichtig, auch wenn dieser Strukturteil überhaupt nicht interessiert, da durch jede Schwäche im Strukturmodell die Qualität der Verfeinerungs-Resultate insgesamt, also auch die der „interessanten" Teile der Struktur, betroffen ist. Eine elegante Lösung für manche Fälle bietet das Programmsystem CRYSTALS (siehe Anhang), wo Fehlordnung eines Atoms z. B. entlang einer Linie oder auf einem Kreis auf der Ebene des Atomformfaktors einberechnet werden kann.

Back Fourier Transform-Methode Bei zu komplexer Fehlordnung gelingt es jedoch häufig nicht, ein befriedigendes Strukturmodell für den fehlgeordneten Bereich aufzustellen und zu verfeinern. Die Folge sind schlechte R-Werte und hohe Standardabweichungen bei den Atomparametern und den Bindungslängen. Wenn der fehlgeordnete Strukturteil selbst nicht interessiert, kann man eine alternative von Rae und Baker [66] als „Back Fourier Transform" eingeführte Methode einsetzen. Sie wurde später im Programm PLATON (Programmteil SQUEEZE) eingebaut [67]. Dabei wird nach optimaler Verfeinerung der Struktur die Elektronendichte im fehlgeordneten Bereich punktweise in einem feinen Raster berechnet, durch Fourier Transformation in Beiträge zu den Strukturfaktoren hkl umgerechnet und von den F_o-Werten abgezogen. Mit dem korrigierten Datensatz lässt sich der geordnete Bereich der Struktur nun meist deutlich besser verfeinern. Da der aus der Fouriersynthese gewonnene Elektronendichteverlauf der Realität viel näher kommt als ein schlechtes Splitatommodell, ist diese – von manchen Kristallographen abgelehnte – Methode bei kritischer Anwendung vorzuziehen. Der Nachteil ist dabei, dass das Strukturmodell nun nicht mehr der Zusammensetzung des Kristalls entspricht.

Dynamik oder Fehlordnung? Bisher wurde davon ausgegangen, dass eine fehlgeordnete Gruppe statistisch zwei oder mehr alternative „Ruhelagen" einnimmt, auf denen sie dann auch thermische Schwingungsbewegungen ausführt. Man kann sich nun leicht vorstellen, dass bei ausreichender thermischer Energie auch ein dynamischer Übergang zwischen den beiden Lagen stattfinden kann. Im Beispiel eines Cyclopentadienyl-Komplexes würde das zur freien Rotation des Cp-Ringes um die Metall-Ring-Achse führen. Eine dadurch bedingte ringförmige Verschmierung der Elektronendichte wird durch ein Splitatom-Modell mit hoher Anisotropie des Auslenkungsfaktors in der Ringebene ähnlich gut beschrieben wie eine echte Lagefehlordnung. Röntgenographisch kann man also zwischen Dynamik und Fehlordnung nicht unterscheiden. Hinweise auf die zu treffende Alternative kann man eventuell erhalten, wenn man Einkristalluntersuchungen bei verschiedenen, insbesondere bei sehr tiefen Temperaturen durchführt und die Änderungen in den Auslenkungsfaktoren interpretiert. Auf diesem Wege würde man erkennen, wenn eine rotierende Gruppe auf einer geordneten Lage einfriert. Es kann jedoch auch sein, dass sie von einer dynamischen Situation in eine fehlgeordnete Struktur übergeht, so dass sich röntgenographisch scheinbar kaum etwas ändert. Hier müssen dann andere physikalische Methoden wie die thermische Analyse zu Hilfe genommen werden. Eine dritte Möglichkeit ist die, dass zwar ein Übergang von einer dynamischen in eine geordnete Phase erfolgt, dass aber zwei äquivalente alternative Orientierungen der geordneten Struktur existieren. Sind die einzelnen geordneten Bereiche, die sog. *Domänen*, größer als die Kohärenzlänge der Röntgenstrahlung (ca. 10–20 nm) so handelt es sich um *Verzwillingung*, die im folgenden Kapitel näher behandelt wird. Werden die geordneten Bereiche immer kleiner, so erfolgt nahtloser Übergang zur Fehlordnung, bei der idealerweise die Orientierung statistisch von Elementarzelle zu Elementarzelle wechselt.

Die bei Festkörperstrukturen unvermeidliche Eigenschaft, dass ein mit zunehmender Temperatur wachsender Anteil der Gitterplätze statistisch unbesetzt ist und das fehlende Atom entweder an die Oberfläche diffundiert (Schottky-Fehlordnung) oder einen Zwischengitterplatz besetzt (Frenkel-Fehlordnung), spielen für Strukturrechnungen keine Rolle. Die Konzentrationen der Fehlstellen (unter ca. 10^{-2} % bei RT) sind zu gering, um bei der F_c-Berechnung eine Rolle zu spielen.

10.1.3   1- und 2-Dimensionale Fehlordnung

Es gibt *Schichtstrukturen*, bei denen in zwei Dimensionen gute Fernordnung gefunden wird, – die Schichten sind wohlgeordnet, – wo aber die Ordnung in der 3. Raumrichtung, der Stapelrichtung, gestört ist. Eine solche *eindimensionale Fehlordnung* äußert sich auf Abbildungen geeigneter Schichten des reziproken Gitters in Form diffuser Stäbe, die in der Richtung der Schichtnormale statt scharfer Reflexe zu beobachten sind (Beispiel Abb. 10.2).

Je nach dem Grad der Fehlordnung in dieser Richtung zeichnen sich die bei vollständiger Ordnung zu erwartenden Reflexe noch als Maxima auf den Streifen ab. Es kann deshalb leicht geschehen, dass auf dem Diffraktometer solche Maxima als Reflexe – vielleicht mit etwas erhöhtem Untergrund – registriert werden, so dass man ohne Inspektion der betroffenen reziproken Gitterebenen die Fehlordnung gar nicht erkennt. Dies führt dazu, dass man bei der Strukturlösung eine falsche Struktur der Schichten erhält, die sich durch Überlagerung der verschiedenen Orientierungen der Schichten ergibt. Solche Strukturen lassen sich nur richtig bestimmen, wenn man die Intensitätsverteilung entlang der Streifen vermisst und entsprechend mathematisch auswertet (als Beispiel sei auf die Strukturbestimmung von $MoCl_4$ verwiesen [42]).

Abb. 10.2 Ausschnitt aus einer reziproken Ebene (berechnet aus einer Flächendetektormessung) eines Kristalls mit eindimensionaler Fehlordnung

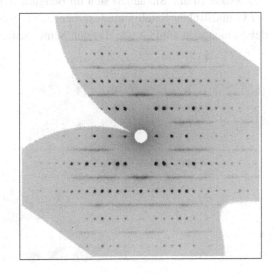

Seltener tritt, z. B. bei Kettenstrukturen, nur in *einer* Dimension Ordnung auf. Sind intakte Ketten in den beiden anderen Richtungen ungeordnet gepackt, so spricht man von *zweidimensionaler Fehlordnung*. Sie zeigt sich auf Filmen darin, dass die reziproken Ebenen senkrecht zur realen Kettenachse diffuse Schwärzung zeigen.

10.2   Modulierte Strukturen

In den letzten zwanzig Jahren wurde eine Reihe von Strukturen entdeckt, die einen neuen Typ fernreichweitiger Ordnung zeigen: Während der Hauptteil der Struktur durch „normale" 3D-Ordnung gemäß einem üblichen Translationsgitter zu beschreiben ist, zeigt eine Teilstruktur periodische Variation von Atomparametern oder auch Besetzungs- bzw. Auslenkungsparametern, die man meist mit einer sinus-Funktion beschreiben kann. Hier spricht man von modulierten Strukturen. Steht die Modulationswellenlänge der Teilstruktur in einem kleinen *ganzzahligen Verhältnis* zur Gitterkonstante der Grundstruktur, so spricht man von einer kommensurablen Modulation. Man kann dann die Struktur meist als *Überstruktur* mit einer vervielfachten Gitterkonstante beschreiben. Im Datensatz findet man neben starken Reflexen der Grundstruktur, die sich auch mit deren kleiner Elementarzelle indizieren lassen, zusätzlich schwache *Überstrukturreflexe* (Abb. 10.3 links). Es ist sehr wichtig, dass man bei den Strukturrechnungen gerade diese Reflexe nicht verliert, darf sie also keinesfalls durch Einführung eines σ-Limits unterdrücken. Gerade hier ist die Verfeinerung gegen F^2-Daten (Abschn. 9.1.1) besonders vorteilhaft.

Ist das Verhältnis von Translationsperiode der Grundstruktur und Modulationsperiode der Teilstruktur jedoch nicht rational, so hat man es mit einer sogenannten *inkommensurablen* Phase zu tun. Sie äußert sich im Beugungsbild darin, dass neben den Hauptreflexen der Grundstruktur Satellitenreflexe beobachtet werden (Abb. 10.3 rechts), deren Zustandekommen man ähnlich wie das von Schwebungen in der Akustik verstehen kann. Eine

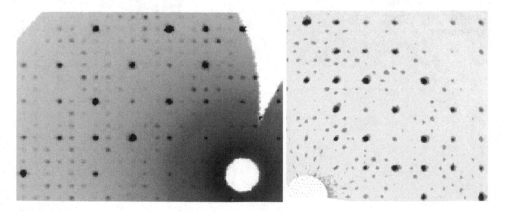

Abb. 10.3 Ausschnitt aus einer reziproken Ebene (aus Flächendetektoraufnahmen) *links* mit 3×3 Überstruktur; *rechts* mit Satellitenreflexen bei einer nicht kommensurabel modulierten Struktur

solche Modulation kann in 1, 2 oder 3 Dimensionen auftreten, entsprechend braucht man zur Indizierung der Satellitenreflexe 1, 2 oder 3 sog. q-Vektoren, die an den Hauptreflexen ansetzen. Insgesamt benutzt man dann also 4–6 Indices. Zur Beschreibung inkommensurabel modulierter Strukturen verwendet man dann 4-, 5- bzw. 6-dimensionale Raumgruppen (Näheres z. B. in [43] und in den Int. Tables C [4], Kap. 9.8). Modulierte Strukturen kann man z. B. mit den Programmsystemen JANA oder REMOS verfeinern (siehe Anhang).

10.3 Quasikristalle

Eine andere Art der Durchbrechung „normaler" dreidimensionaler Translationssymmetrie findet sich in den erst seit 1984 bekannten *Quasikristallen*, die in gewissen Legierungen wie dem Al/Mn-System oder in Tantaltelluriden auftreten können. Für deren Entdeckung [44] erhielt Dan Shechtmann 2011 den Nobelpreis für Chemie. In ihnen beobachtet man sonst „kristallographisch verbotene" 5, 8, 10 oder 12-zählige Symmetrieachsen. Das Beugungsbild zeigt ein einheitliches Muster scharfer Reflexe, das jedoch ebenfalls „verbotene" 5- und höherzählige Drehachsen zeigt. Solche Strukturen kann man deshalb nicht mit einem einheitlichen Translationsgitter beschreiben, sondern man braucht zwei verschiedene Zellen, z. B. zwei verschiedene Rhomboeder, die eine lückenlose Raumerfüllung *ohne* 3-dimensionale Periodizität, jedoch beispielsweise mit der Punktsymmetrie der Ikosaedergruppe 235, erlauben. Inzwischen ist es zwar gelungen, die Entstehung der ungewöhnlichen Beugungsmuster zu verstehen, eine vollständige Strukturbestimmung, d. h. die Lokalisierung aller Atome ist jedoch immer noch eine große Herausforderung. Zweidimensionale Analoga für Quasikristalle finden sich in den bekannten *Penrose-Mustern* (Abb. 10.4) für aperiodische Parkettierungen aus zwei verschiedenen Rautenelementen.

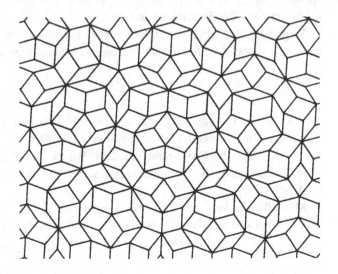

Abb. 10.4 Fünfzählige ‚Penrose'-Parkettierung

10.4   Anomale Dispersion und „absolute Struktur"

Bisher wurde die Berechnung der Strukturfaktoren F_c für das Strukturmodell unter der Annahme klassischer elastischer Streuung der Röntgenstrahlung vorgenommen, also einer Wechselwirkung, bei der die Strahlung am Ort des Atoms weder ihre Energie noch ihre Phase ändert (abgesehen von einer prinzipiell beim Streuvorgang elektromagnetischer Wellen auftretenden π-Verschiebung). Sie wird durch die Atomformfaktoren f_n beschrieben (s. Kap. 5). Deren vektorielle Addition unter Berücksichtigung der durch die räumliche Verschiebung der Atome vom Nullpunkt bedingten Phasenwinkel ergibt den Strukturfaktor eines Reflexes. Bei zentrosymmetrischen Strukturen gilt das *Friedelsche Gesetz*, die Reflexe hkl und $\overline{hkl}$ zeigen dieselbe Intensität (Abschn. 6.5).

Dies gilt nicht mehr streng, wenn die Energie der verwendeten Röntgenstrahlung etwas größer als eine Anregungsenergie einer beteiligten Atomsorte ist, z. B. die für die Ionisation durch Entfernung eines Elektrons der K-Schale. Dann löst ein Teil der auftreffenden Röntgenquanten, – wie der Elektronenstrahl in der Röntgenröhre, – diese Ionisation aus, was zu ungerichteter Emission von K_α-Strahlung des angeregten Elements führt. Solche Substanzen verursachen daher eine erhöhte Untergrundstrahlung. Der restliche gestreute Anteil der Röntgenstrahlung erfährt infolge der stärkeren Wechselwirkung an dieser Atomsorte eine kleine Änderung in Amplitude und Phase, ein Vorgang den man *anomale Streuung* oder *anomale Dispersion* nennt. Diese zusätzlichen Streubeiträge werden wegen ihres Phasenanteils durch einen Realteil $\Delta f'$ und einen Imaginärteil $\Delta f''$ beschrieben. Der Realteil kann positives oder negatives Vorzeichen haben, der Imaginärteil ist immer positiv, d. h. die anomale Streuung *addiert* immer einen kleinen Phasenwinkel. Die Beträge lassen sich anschaulich machen, wenn man die Atomformfaktordarstellung in der Gaußschen Zahlenebene benützt (wie in Abb. 5.7). Da der Streuvorgang am jeweils betrachteten Atom erfolgt, definiert dieses den Nullpunkt für die anomalen Streubeiträge. Die reale Komponente dafür weist deshalb in Verlängerung des betreffenden Atomformfaktor-Vektors f_i, die imaginäre steht senkrecht dazu, so dass der Phasenwinkel gegen den Uhrzeigersinn addiert wird.

Wegen der Parallelität von „normalem" und anomalem realem Streubeitrag f und $\Delta f'$ kann man sie bei der Strukturfaktorrechnung zusammenfassen:

$$f' = f + \Delta f' \tag{10.1}$$

Die Größe der Beiträge lässt sich an den Beispielen der Tab. 10.1 ersehen. Hier sieht man auch den Einfluss der Absorptionskante, die für Co oberhalb und für Ni unterhalb der Wellenlänge der CuK_α-Strahlung liegt. Wegen des physikalischen Zusammenhangs bedeutet hohe anomale Streuung auch einen hohen atomaren Absorptionskoeffizienten (s. Abschn. 7.7).

Man erkennt, dass man, außer bei den leichtesten Atomen bis ca. C bei Cu-Strahlung oder Na bei Mo-Strahlung, den Effekt bei der Strukturfaktorberechnung stets berücksichtigen muss. Die anomalen Streubeiträge sind im Gegensatz zu den „normalen" *nicht*

Tab. 10.1 Beiträge der anomalen Dispersion $\Delta f'$ und $\Delta f''$ sowie Massenschwächungskoeffizienten μ/ρ für einige häufig vorkommende Atomsorten bei CuK_α und MoK_α-Wellenlänge (nach Int. Tables C [4], Table 4.2.6.8 bzw. 4.2.4.3)

	CuK_α			MoK_α		
	$\Delta f'$	$\Delta f''$	μ/ρ [cm^2/g]	$\Delta f'$	$\Delta f''$	μ/ρ [cm^2/g]
C	0.0181	0.0091	4.51	0.0033	0.0016	0.576
N	0.0311	0.0180	7.44	0.0061	0.0033	0.845
O	0.0492	0.0322	11.5	0.0106	0.0060	1.22
F	0.0727	0.0534	15.8	0.0171	0.0103	1.63
Na	0.1353	0.1239	29.7	0.0362	0.0249	3.03
Si	0.2541	0.3302	63.7	0.0817	0.0704	6.64
P	0.2955	0.4335	75.5	0.1023	0.0942	7.97
S	0.3331	0.5567	93.3	0.1246	0.1234	9.99
Cl	0.3639	0.7018	106.	0.1484	0.1585	11.5
Cr	−0.1635	2.4439	247.	0.3209	0.6236	29.9
Mn	−0.5299	2.8052	270.	0.3368	0.7283	33.1
Fe	−1.1336	3.1974	302.	0.3463	0.8444	37.6
Co	−2.3653	3.6143	321.	0.3494	0.9721	41.0
Ni	−3.0029	0.5091	48.8	0.3393	1.1124	46.9
Cu	−1.9646	0.5888	51.8	0.3201	1.2651	49.1
As	−0.9300	1.0051	74.7	0.0499	2.0058	66.1
Br	−0.6763	1.2805	89.0	−0.2901	2.4595	75.6
Mo	−0.0483	2.7339	154.	−1.6832	0.6857	18.8
Sn	0.0259	5.4591	247.	−0.6537	1.4246	31.0
Sb	−0.0562	5.8946	259.	−0.5866	1.5461	32.7
I	−0.3257	6.8362	288.	−0.4742	1.8119	36.7
W	−5.4734	5.5774	168.	−0.8490	6.8722	93.8
Pt	−4.5932	6.9264	188.	−1.7033	8.3905	107.
Bi	−4.0111	8.9310	244.	−4.1077	10.2566	126.

beugungswinkelabhängig. Sie treten deshalb bei höheren Beugungswinkeln relativ deutlicher zutage. Ihre Auswirkung auf die Intensitätsverteilung im Beugungsbild bzw. im gemessenen Datensatz eines Kristalls hängt von der Raumgruppe ab.

Zentrosymmetrische Raumgruppen Ohne anomale Streuung sind die imaginären Anteile der Streubeiträge eines über das Symmetriezentrum verbundenen Atompaars *entgegengesetzt* gleich, der resultierende Phasenwinkel Φ ist stets 0 oder 180° (Abb. 10.5a, s. Abschn. 6.4). Dadurch dass die imaginären Beiträge zur anomalen Streuung bei beiden Atomen gleichsinnig addiert werden, bleibt nun trotz Zentrosymmetrie ein Phasenwinkel Φ übrig (Abb. 10.5 b). Die resultierenden Amplituden-Beiträge beider Atome bleiben jedoch gleich groß.

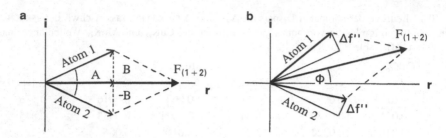

Abb. 10.5 Strukturfaktoren für ein über ein Inversionszentrum verbundenes Atompaar (*Atom 1*: x, y, z; *Atom 2*: $\bar{x},\bar{y},\bar{z}$) **a** ohne, **b** mit anomaler Dispersion

Gilt nun das *Friedelsche Gesetz* $|F_\mathrm{c}(hkl)| = |F_\mathrm{c}(\bar{h}\bar{k}\bar{l})|$ immer noch? Diese Frage kann man leicht beantworten, wenn man berücksichtigt, dass es in der Strukturfaktorgleichung

$$F_\mathrm{c} = \sum f_n \{\cos [2\pi(hx_n + ky_n + lz_n)] + i \ \sin [2\pi(hx_n + ky_n + lz_n)]\}$$

zum selben Resultat, nämlich zum Vorzeichenwechsel in cos- und sin-Glied führt, wenn man eine Atomlage (1) xyz nach (2) $\bar{x}\bar{y}\bar{z}$ invertiert oder wenn man die Indices hkl nach $\bar{h}\bar{k}\bar{l}$ invertiert. Also sind die Beiträge der Atome (1) und (2) zum Strukturfaktor

$$F_{hkl}(1) = F_{\bar{h}\bar{k}\bar{l}}(2)$$
$$\text{und} \quad F_{\bar{h}\bar{k}\bar{l}}(1) = F_{hkl}(2) \tag{10.2}$$

(Für das Atom n ist $F_{hkl}(n) = f_n(\cos \Phi_n + i \sin \Phi_n)$).

Dies gilt auch bei Hinzunahme der anomalen Streubeiträge, da sie sich nach Abb. 10.5 bei beiden identischen Atomen gleich addieren und nur eine konstante Phasenverschiebung $\Delta\Phi$ verursachen. Berechnet man für diese 2-Atom-Struktur die Strukturfaktoren der „Friedel-Paare" F_{hkl} und $F_{\bar{h}\bar{k}\bar{l}}$,

$$F_\mathrm{c}(hkl) = F_{hkl}(1) + F_{hkl}(2)$$
$$F_\mathrm{c}(\bar{h}\bar{k}\bar{l}) = F_{\bar{h}\bar{k}\bar{l}}(1) + F_{\bar{h}\bar{k}\bar{l}}(2) \tag{10.3}$$

so sieht man, dass wegen Gl. 10.2 und, da bei Vektoradditionen die Reihenfolge keine Rolle spielt, das Friedelsche Gesetz

$$|F_\mathrm{c}(hkl)| = |F_\mathrm{c}(\bar{h}\bar{k}\bar{l})|$$

im zentrosymmetrischen Fall immer noch gültig ist. Bei zentrosymmetrischen Strukturen muss man also lediglich bei allen schwereren Atomen die anomalen Streubeiträge $\Delta f'$ und $\Delta f''$ zusammen mit den Atomformfaktoren f bei der Berechnung der Strukturfaktoren miteinbeziehen. Dies wird in den modernen Programmsystemen automatisch vorgenommen.

Abb. 10.6 Zum Einfluss der anomalen Dispersion in nicht zentrosymmetrischen Raumgruppen

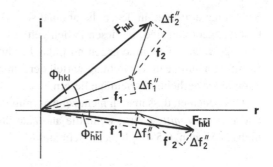

Nicht zentrosymmetrische Raumgruppen Die Gültigkeit des Friedelschen Gesetzes ist jedoch nicht mehr gegeben, wenn kein Symmetriezentrum vorhanden ist (Abb. 10.6). Invertiert man die Indices, so ändert man nur die Vorzeichen der „normalen" imaginären Streubeiträge, nicht aber die der anomalen, so dass bei der vektoriellen Addition für F_{hkl} und $F_{\bar{h}\bar{k}\bar{l}}$ sowohl verschiedene Strukturamplituden als auch verschiedene Beträge des Phasenwinkels resultieren.

Dadurch entstehen Intensitätsunterschiede zwischen den Friedel-Reflexen, die *Bijvoet-Differenzen*, die man folgendermaßen ableiten kann[1]:

Zerlegt man die Beiträge zum Strukturfaktor F in einen Realteil A und einen Imaginärteil B, die aus der Summe der Beiträge der einzelnen Atomformfaktoren f_n zusammengesetzt sind, sowie den Realteil a bzw. Imaginärteil b aus der Summe der Beiträge der anomalen Dispersion $\Delta f_n'$ und $\Delta f_n''$, so kann man für den Strukturfaktor kurz schreiben

$$F(hkl) = (A + iB) + i(a + ib) = (A - b) + i(B + a)$$

Für den Friedel-Reflex $\bar{h}\bar{k}\bar{l}$ gilt dann

$$F(\bar{h}\bar{k}\bar{l}) = (A - iB) + i(a - ib) = (A + b) - i(B - a)$$

Die Quadrate der Strukturfaktoren sind dann

$$F^2(hkl) = F(hkl) * F^*(hkl) = A^2 - 2 * A * b + b^2 + B^2 + 2 * a * B + a^2$$
$$F^2(\bar{h}\bar{k}\bar{l}) = F(\bar{h}\bar{k}\bar{l}) * F^*(\bar{h}\bar{k}\bar{l}) = A^2 + 2 * A * b + b^2 + B^2 - 2 * a * B + a^2$$

Die *Bijvoet-Differenzen* ergeben sich dann zu

$$F^2(hkl) - F^2(\bar{h}\bar{k}\bar{l}) = 4(a * B - A * b)$$

Diese Beziehung hat eine auf den ersten Blick unerwartete und wenig bekannte Konsequenz: Deutliche Bijvoet-Differenzen können auch in solchen nicht-zentrosymmetrischen

---

[1] Nach H. Bärnighausen, Viellingskurs Hünfeld 1995.

Strukturen auftreten, in denen die anomal streuenden Schweratome selbst zentrosymmetrisch angeordnet sind. In diesen Fällen geht zwar der Imaginärteil der Atomformfaktorbeiträge B in der Summe gegen null, das Produkt $A * b$ – aus dem Realteil der Atomformfaktorsumme und dem Imaginärteil der summierten anomalen Dispersions-Anteile – kann jedoch erhebliche Beiträge liefern.

Das bedeutet, dass man in nicht zentrosymmetrischen Raumgruppen Friedel-Paare I_{hkl} und $I_{\bar{h}\bar{k}\bar{l}}$ *nicht mitteln* darf, wenn die anomale Streuung eine Rolle spielt. Die Lauesymmetrie (Abschn. 6.5.4) gilt nicht mehr streng.

Trotzdem bleiben noch (außer in Raumgruppe $P1$) Symmetrieäquivalenzen bestehen, die die Mittelung bestimmter Reflexklassen notwendig machen. Eine umfassende Übersicht ist in den Int. Tables B, Tab. 1.4.4 zu finden.

Die feinen Intensitätsunterschiede auf Grund der anomalen Streuung kann man im Datensatz einer Diffraktometer-Messung normalerweise wegen der geringen Effekte kaum erkennen. Erst am Ende einer Strukturbestimmung, wenn man ein komplettes Strukturmodell optimal verfeinert hat, kann – *und muss* – man die Beiträge der anomalen Streuung korrekt mit einbeziehen. Dies sei an einem vereinfachten Beispiel in Raumgruppe $P2_1$ erläutert:

Da die Raumgruppe $P2_1$ weder eine Spiegelebene noch ein Symmetriezentrum enthält, kann man in ihr die Struktur einer chiralen Molekülverbindung beschreiben, die nur in *einer* enantiomeren Form auskristallisiert. Diese Raumgruppe tritt häufig bei optisch aktiven Naturstoffen auf. Ohne anomale Streueffekte hat das Beugungsbild die Symmetrie der Lauegruppe $2/m$. Hat man das Strukturmodell eines Enantiomeren, z. B. einer R-Form, aufgestellt und verfeinert, so könnte man daraus die enantiomorphe Struktur, also hier das S-Enantiomere, erzeugen, indem man die Struktur am Ursprung invertiert, also alle xyz-Parameter der Atome der asymmetrischen Einheit in die $-x, -y, -z$-Werte umrechnet. Im monoklinen Kristallsystem wäre dasselbe Ergebnis auch durch Spiegelung an der a, c-Ebene zu erreichen, also durch Inversion nur der y-Parameter.

Diese Symmetrieoperationen: $\bar{1}$ oder $.m.$ sind jedoch bereits in der Lauesymmetrie enthalten, d. h. das Beugungsbild unterscheidet sich nicht für die beiden enantiomorphen Strukturen. Man kann sie umgekehrt röntgenographisch deshalb nicht unterscheiden. Der Grund dafür ist die Gültigkeit des Friedelschen Gesetzes, die Addition des Symmetriezentrums im Beugungsbild.

Wird dieses Gesetz jedoch durch die anomalen Streubeiträge deutlich durchbrochen, so hat man mit den experimentell messbaren Abweichungen von der Lauesymmetrie ein Mittel in der Hand, zwischen den möglichen enantiomorphen Strukturen zu unterscheiden. Um dies optimal tun zu können, sollte man, wenn möglich, die Strahlung so wählen, dass die anomale Streuung stark genug ist. Bei Leichtatomstrukturen bedeutet dies, dass man nur mit Cu- oder noch weicherer Strahlung arbeiten darf. Außerdem sollte man jeweils „Friedel-Paare" hkl und $\bar{h}\bar{k}\bar{l}$ mit möglichst guter Genauigkeit und bis zu möglichst hohen Beugungswinkeln messen. Das richtige Enantiomorphe erkennt man dann z. B., indem man für beide Modelle die Strukturfaktoren berechnet und schaut, bei welchem die experimentell gefundenen Bijvoet-Differenzen in den Friedelpaaren in Vorzeichen und Größe richtig wiedergegeben werden. Sind die anomalen Streubeiträge stark genug, kann es genügen, beide Modelle zu verfeinern. Das richtige Enantiomorphe sollte sich dabei durch einen signifikant besseren gewogenen R-Wert auszeichnen. Im Beispiel der Raumgruppe $P2_1$ heißt dies dann z. B., dass man die absolute Konfiguration des Moleküls bestimmt hat.

10.4.1   Chiralität und „absolute Struktur"

Strukturen enantiomerenreiner chiraler Moleküle kann man nur in solchen nicht-zentrosymmetrischen Raumgruppen beschreiben, die weder ein Inversionszentrum noch ein Spiegel-Symmetrieelement enthalten. Diese 65 Raumgruppen nennt man nach einem Vorschlag von Flack [45] „*Sohncke-Raumgruppen*". Häufig findet man in der Literatur dafür auch den Begriff „chirale Raumgruppen". Diese Bezeichnung gilt jedoch im engeren Sinn nur für die 11 enantiomorphen Raumgruppenpaare, z. B. $P4_1$ und $P4_3$, bei denen die Symmetrie der Raumgruppe selbst chiral ist. Man muss also beim Begriff Chiralität klar unterscheiden, ob man ein Molekül meint, – darauf sollte man auch die Verwendung des Begriffs „*absolute Konfiguration*" beschränken, – eine chirale Kristallstruktur (die tatsächlich auch aus achiralen Molekülen aufgebaut sein kann), oder die Symmetrie einer Raumgruppe. Wie im behandelten Beispiel muss in allen diesen 65 Raumgruppen die richtige „Chiralität" der Kristallstruktur ermittelt werden. Dies ist meistens mit der geschilderten Methode der Überprüfung der Bijvoet-Differenzen oder des weiter unten beschriebenen „*Flack-Parameters*" möglich und erfordert ggf. die Inversion der Atomparameter. Die häufigsten Raumgruppen dieser Gruppe sind $P2_12_12_1$, $P2_1$, $C222_1$ und $C2$. Bei chiralen Raumgruppen, also z. B. beim Vorliegen von 3_1 oder 4_1-Schraubenachsen muss außer den Parametern selbst auch der Drehsinn der Schraubenachse invertiert werden, indem man zu den *enantiomorphen Raumgruppen*, z.B von $P3_1$ nach $P3_2$ bzw. von $P4_1$ nach $P4_3$ übergeht.

Jedoch auch bei den anderen nicht-zentrosymmetrischen Raumgruppen, die Spiegelsymmetrien oder Inversionsdrehachsen enthalten, wie z. B. $Pna2_1$, $Imm2$ oder $I4c2$ führt die Inversion der Atomparameter (z. B. Invertieren aller z-Parameter in $Pna2_1$) zu einer unterscheidbaren Struktur, die im Beugungsbild umgekehrte Bijvoet-Differenzen zeigt, obwohl durch die vorhandenen Symmetrieelemente Bild und Spiegelbild von Molekülen bzw. Baugruppen erzeugt werden. Viele von diesen Raumgruppen enthalten sog. *polare Achsen*, bei denen Umkehr der Achsenrichtung den Effekt der anomalen Dispersion beeinflusst. Da man bei der anfänglichen Bestimmung der Elementarzelle willkürlich eine der beiden Achsenrichtungen festlegt, ist es notwendig, durch Vergleich der Verfeinerung beider Alternativen die richtige Orientierung der Struktur zur polaren Achse zu ermitteln. Man hat also in allen nicht-zentrosymmetrischen Raumgruppen die „absolute Struktur" zu bestimmen (zu Nomenklaturfragen siehe [45, 46]).

Erfahrungsgemäß ist es bei rein organischen Verbindungen, die keine schwereren Atome als Sauerstoff enthalten, auch bei Messungen mit Cu-Strahlung, sehr schwierig, die enantiomorphen Strukturen sicher zu unterscheiden. Die R-Wert-Differenzen liegen meist unter 0,001. Schon die Anwesenheit eines S-Atoms reicht jedoch normalerweise für eine Bestimmbarkeit aus. Bei Schweratom-Strukturen können die Unterschiede im R-Wert bis um die 0,03 betragen. Hier ist die Unterscheidung meist auch ohne die Vermessung von Friedel-Paaren möglich.

Die Signifikanz von R-Wert-Unterschieden sollte stets an den gewogenen wR-Werten geprüft werden. Hamilton [47] schlug einen Test vor, bei dem für bestimmte Wahrscheinlichkeiten, z. B. 95 %, aus der Zahl der Reflexe und der Parameter beider Modelle das mindestens zu erreichende R-Wert-Verhältnis $wR(1)/wR(2)$ berechnet wird, um das Modell (1) gegenüber (2) als wahrscheinlich „richtig" annehmen zu können. Diese mathematische Methode setzt statistische Fehlerverteilung im Datensatz voraus. Die Erfahrung zeigt jedoch, dass bei den heute üblichen großen Datensätzen mit relativ geringen statistischen Fehlern der Test fast immer Signifikanz anzeigt, obwohl eine realistischere Fehlerabschätzung unter Berücksichtigung systematischer Fehler offensichtlich zu Vorsicht mahnt.

In Fällen mit deutlichen anomalen Streueffekten führt die Verfeinerung des falschen Enantiomorphen auch zu Fehlern in den Atomparametern, die sich in fehlerhaften Bindungslängen und Winkeln und höheren Standardabweichungen äußern. Die Bestimmung des richtigen Enantiomorphen ist deshalb *notwendig*, um die Geometrie der Struktur optimal zu bestimmen, auch dann, wenn die absolute Struktur nicht von Interesse ist.

Inversionszwillinge (,twins by inversion') Gelegentlich findet man keine oder nur geringe Unterschiede in den wR-Werten beider alternativer Strukturmodelle, obwohl starke anomale Streuer in der Struktur vorhanden sind. Dies kann durch sogenannte Inversionszwillings-Bildung verursacht sein (zu Zwillingsproblemen allgemein siehe Abschn. 11.2). Dabei sind Bereiche (Domänen) des Kristalls des einen Enantiomorphen und Bereiche des anderen Enantiomorphen gesetzmäßig so miteinander verwachsen, dass die kristallographischen Achsen zusammenfallen, jedoch teilweise mit umgekehrter Richtung. Typisches Beispiel ist ein monokliner Zwillingskristall z. B. in Raumgruppe $P2_1$, bei dem an einer (010)-Ebene die b-Achse gespiegelt wird (Abb. 10.7). Er enthält die beiden alternativen Enantiomorphen zugleich. Ein analoges Ergebnis hätte die Inversion aller Achsen am Ursprung.

Eine solche Verzwillingung ist im Beugungsbild nicht zu erkennen, da die (010) Spiegelebene wie das Inversionszentrum ohnehin bereits Bestandteil der Lauegruppe $2/m$ sind. Ohne anomale Streuung wäre sie deshalb also auch unschädlich. Sie verdeckt bzw. mittelt jedoch die Beiträge der anomalen Streuung, so dass die Bestimmung der absoluten Struktur unmöglich oder zweifelhaft wird. Man kann die Inversions-Verzwillingung jedoch im Strukturmodell berücksichtigen.

Flack-Parameter Eine elegante Methode dazu stammt von Flack [48]. Sie beruht darauf, dass bei der Verfeinerung die berechneten Intensitäten F_c^2 aus einem Anteil $1 - x$ des

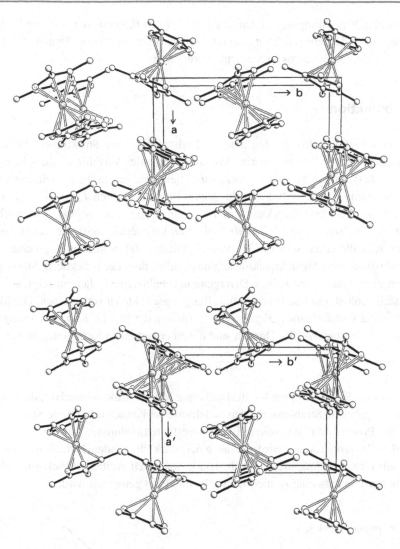

Abb. 10.7   „Bild" (*oben*) und „Spiegelbild" (*unten*) einer nicht zentrosymmetrischen Struktur (Raumgruppe $P2_1$) in der Anordnung einer möglichen Inversions-Verzwilligung

„Bildes" und einem Anteil x des „Spiegelbildes" zusammengesetzt werden, wie bei der Behandlung meroedrischer Zwillinge (siehe unten Gl. 11.3, Abschn. 11.2.4). Der „Flack-Parameter" x wird dann mit in die Verfeinerung einbezogen. Ist der Einfluss der anomalen Dispersion deutlich genug, so gibt er Auskunft über die „absolute Struktur". Ein Wert von $x = 0$ bedeutet,dass das verfeinerte Strukturmodell, das „Bild", richtig ist, ein Wert von $x = 1$ zeigt, dass das Spiegelbild vorliegt. Wird ein Wert dazwischen verfeinert, was natürlich nur bei entsprechend guter Standardabweichung ernst zu nehmen ist, so zeigt dies eine Verzwillingung an. Ein x-Parameter von 0,5 bedeutet z. B. ein Zwillings-Verhältnis von 1 : 1. Berücksichtigt man eine solche Inversionsverzwillingung nicht, kann das leichte Fehler in der Strukturgeometrie verursachen.

10.5   Extinktion

Ein weiterer wichtiger Effekt, den man im Endstadium einer Strukturverfeinerung berücksichtigen muss, äußert sich darin, dass nach optimaler Verfeinerung des kompletten Strukturmodells bei den besonders starken *und* bei niedrigen Beugungswinkeln erscheinenden Reflexen systematisch die beobachteten Strukturfaktoren F_o *niedriger* liegen als die berechneten F_c-Werte. Dies kann durch sogenannte Extinktionseffekte verursacht werden, die man in *Primär-* und *Sekundär-Extinktion* unterteilen kann. Sie treten dann auf, wenn die Kristallqualität sehr gut ist. Wie in Abschn. 7.4 bereits angesprochen, haben reale Einkristalle eine Mosaikstruktur, die dazu führt, dass der reflektierte Strahl gegenüber dem einfallenden eine höhere Divergenz und reduzierte Kohärenz zeigt, so dass er den Kristall verlässt, ohne selbst nochmals Beugungseffekte zu verursachen. Die Mosaikstruktur ist der Idealfall eines „Realkristalls", für den die hier (s. Kap. 5) vorausgesetzte *kinematische Streutheorie* gilt. Danach sind die zu erwartenden Reflexintensitäten

$$I_{hkl} \sim F_{hkl}^2 \tag{10.4}$$

Je mehr sich ein Einkristall dem Idealkristall *ohne* Mosaikstruktur annähert, desto intensiver kann die gebeugte Strahlung werden und desto eher können reflektierte Strahlen selbst wieder als „Primärstrahl" für weitere Beugungseffekte fungieren.

Bei der *Primärextinktion* wird der an einer stark streuenden Netzebene reflektierte Strahl selbst zum „Primärstrahl" (Abb. 10.8), der durch weitere Reflektion selbst geschwächt wird, so dass eine zu niedrige Reflexintensität gemessen wird.

Abb. 10.8 Primär-Extinktion

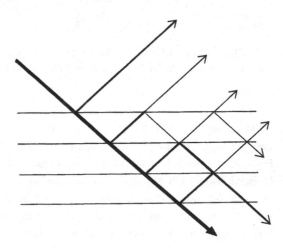

Abb. 10.9 Sekundär-
Extinktion

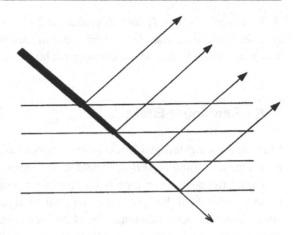

Nähert man sich dem Idealkristall, so wird die Intensität eines Reflexes so geschwächt,
dass im Grenzfall

$$I_{hkl} \sim |F_{hkl}| \tag{10.5}$$

gilt. Zur theoretischen Beschreibung der Beugungsphänomene benötigt man dann eine
andere, die *dynamische Streutheorie*. Solche annähernd idealen Einkristalle gibt es jedoch nur selten, z. B. bei den hochreinen Halbleiterkristallen von Si oder Ge. Bei den
weitaus meisten aus chemischen Labors stammenden Einkristallen genügt es, mit der kinematischen Theorie zu rechnen und die Extinktionseffekte durch einen Korrekturfaktor
zu berücksichtigen. Dort ist schon durch die chemischen Verunreinigungen die Zahl der
Störstellen im Kristall normalerweise so hoch, dass stets eine Mosaikstruktur ausgebildet
wird.

Unter *Sekundär-Extinktion* versteht man einen Vorgang, bei dem nach Abb. 10.9 der
Primärstrahl in den oberen Schichten des Kristall durch eine stark reflektierende Netzebene bereits so stark geschwächt wird, dass die tieferen Schichten nur noch schwächer
„beleuchtet" werden, so dass insgesamt für den ganzen Kristall dieser Reflex geschwächt
wird. Im „idealen Realkristall" ist der Intensitätsverlust des Primärstrahls durch den Streuvorgang so gering (unter 1 %), dass er vernachlässigt werden kann.

Man nimmt an, dass die Sekundärextinktion eine größere Rolle spielt als die Primärextinktion und hat verschiedene Theorien zu ihrer Behandlung entwickelt ([49, 50],
Übersicht in [51]). Da man beide Effekte jedoch schlecht trennen kann, begnügt man sich
in der Praxis „normaler" Strukturbestimmungen mit einem empirischen, an den F_c-Werten
angebrachten Korrekturfaktor ϵ, der mitverfeinert wird. Im SHELXL Programm wird z. B.
die Korrektur nach

$$F_c(\text{korr}) = \frac{F_c}{(1 + \epsilon \, F_c^2 \lambda^3 / \sin 2\theta)^{1/4}} \tag{10.6}$$

vorgenommen (λ = Wellenlänge, θ = Beugungswinkel/2).

Bei Cu-Strahlung spielen Extinktionseffekte eine größere Rolle als bei Mo-Strahlung,
da hier die Ausbeute an gestreuter Strahlung höher ist. Ist der Extinktions-Effekt sehr groß

(Differenzen zwischen F_o und F_c größer als 20 %), so kann man versuchen, ihn dadurch zu reduzieren, dass man den Kristall kurz in flüssige Luft eintaucht und so durch den Temperaturschock seine Mosaikstruktur nachträglich vergröbert.

10.6   Renninger-Effekt

Ein häufig vernachlässigter Effekt ist die von Renninger [52] gefundene und deshalb meist nach ihm als *Renninger-Effekt* benannte *Umweganregung*. Sie kommt folgendermaßen zustande: Betrachtet man eine bestimmte Netzebene $(h_1k_1l_1)$, die unter dem richtigen Einfallswinkel θ_1 in Reflexionsstellung zum Röntgenstrahl steht, so dass ihr Reflex mit einem Detektor beim Beugungswinkel $2\theta_1$ vermessen werden kann, so sind bei dieser Kristallposition mit relativ großer Wahrscheinlichkeit gleichzeitig noch weitere Netzebenen zufällig auch in Reflexionsstellung (z. B. eine Ebene $h_2k_2l_2$). Deren Reflexe fallen jedoch in andere Raumrichtungen, die Beugungswinkel sind anders, so dass kein Problem auftritt.

Es kann aber sein, dass ein an einer solchen Netzebene $(h_2k_2l_2)$ reflektierter Strahl quasi als Primärstrahl auf eine weitere Netzebene $(h_3k_3l_3)$ trifft, die zufällig unter dem richtigen Winkel θ für ihren Netzebenenabstand steht. Dann kann erneute Reflexion erfolgen, die in Richtung des ursprünglich eingestellten Reflexes $h_1k_1l_1$ fällt, wenn sich die Miller-Indices der beiden beteiligten Netzebenen zu denen der ursprünglich betrachteten Ebene summieren (analog zu den Triplett-Beziehungen bei den Direkten Methoden) (Abb. 10.10).

Die Wahrscheinlichkeit, dass die geometrischen Beugungsbedingungen für eine solche Umweganregung erfüllt sind, ist erstaunlich hoch. Normalerweise gibt es für jeden Reflex gleichzeitig eine ganze Reihe möglicher Umweg-Pfade. Bei sehr kleinen Strukturen wie z. B. der von Si oder von Zn, bei denen sich die Intensität der gebeugten Strahlung auf wenige Reflexe verteilt, können dadurch erhebliche Effekte ausgelöst werden [53]. In der Praxis „normaler" Kristallstrukturbestimmungen spielt der Effekt jedoch nur eine Rolle,

Abb. 10.10   Renninger-Effekt

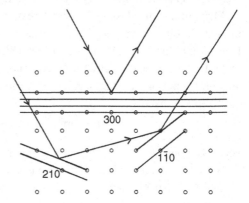

wenn beide am „Umweg" beteiligten Reflexe gleichzeitig sehr stark sind, und der Kristall von sehr guter Qualität ist, denn nur dann bleibt nach doppelter Reflexion überhaupt noch messbare Intensität übrig. Dies sind dann meist nur noch wenige Reflexe. Auch dann richtet der Effekt noch kaum Schaden an, wenn der an sich zu messende Reflex selbst deutliche Intensität hat. Denn dann verursacht die Umweganregung nur einen kleinen Intensitätsfehler. Störend macht sich der Renninger-Effekt jedoch dann bemerkbar, wenn der „Originalreflex", an dessen Stelle der Störreflex fällt, selbst systematisch ausgelöscht ist. Dann durchbricht der Renninger-Reflex die Auslöschungsregel und führt, wenn man dies nicht bemerkt, zur Zuordnung einer falschen Raumgruppe.

„Renninger-Reflexe" kann man auf einem Vierkreis-Diffraktometer – nachträglich – identifizieren, indem man eine Ψ-Rotation um die Normale der Netzebene des „Originalreflexes" ausführt. Ist der Reflex „echt", so bleibt er dabei unverändert, ist er durch Umweganregung entstanden, so verschwindet er schon nach 1–2° Drehung, da die geometrische Bedingung nach Abb. 10.10 dann nicht mehr erfüllt ist. Will man für sehr exakte Messungen den Renninger-Effekt ausschließen, so kann man jeden Reflex bei zwei Azimut-Winkeln, z. B. $\Psi = 0°$ und 5° messen und bei der Datenauswertung auf Intensitätsgleichheit prüfen.

Man sollte auf möglichen Renninger-Effekt vor allem dann prüfen, wenn die Beschreibung der Struktur auch in einer höheren Raumgruppe möglich wäre, deren Auslöschungen nur schwach durchbrochen werden. Die jahrzehntelang offene Kontroverse über die „richtige" Raumgruppe der orthorhombischen Weberite ($Imma$, $Imm2$ oder $I2_12_12_1$) konnte z. B. dadurch zugunsten von $Imma$ entschieden werden, dass alle die Auslöschungsbedingung der a-Gleitspiegelebene in Raumgruppe $Imma$ durchbrechenden Reflexe auf den Renninger-Effekt zurückgeführt werden konnten [54, 55], z. T. aber auch auf den im Folgenden besprochenen $\lambda/2$-Effekt.

10.7 Der $\lambda/2$-Effekt

Bei großen, stark streuenden Kristallen kann der „$\lambda/2$-Effekt" sich störend bemerkbar machen. Er kommt dadurch zustande, dass auch in der monochromatisierten Strahlung noch kleine Anteile von Strahlung der halben Wellenlänge aus dem Bremsstrahlungsbereich enthalten sein kann. Dies ist auch bei Verwendung der üblichen Graphitmonochromatoren der Fall, da nach der Braggschen Gleichung

$$2d \sin \theta = n\lambda$$

die n-te Beugungsordnung (z. B. $n = 1$) an der eingestellten Netzebene für die gewünschte K_α-Wellenlänge λ beim gleichen Beugungswinkel erscheint wie die $2n$-te Beugungsordnung (z. B. $n = 2$) des Reflexes bei der *halben* Wellenlänge $\lambda/2$.

Ob bzw. wie stark $\lambda/2$-Strahlung auftritt, hängt einerseits von der Höhe des $\lambda/2$-Anteils der Strahlungsquelle ab, andererseits von den Diskriminator-Eigenschaften des

Detektors, d. h. dessen Fähigkeit, Photonen mit „falscher" Energie elektronisch zu unterdrücken. Typische Werte für den effektiven Anteil an $\lambda/2$-Strahlung liegen z. B. bei CCD-Geräten bei 0,1–0,7 % ([56, 57]).

Bei einer sehr stark in 2. Ordnung reflektierenden Netzebene (hkl), also bei starkem Reflex $2h, 2k, 2l$ (Beispiel 200) kann mit der $\lambda/2$-Strahlung ein Reflex entstehen, der wegen der Äquivalenz von

$$\sin\theta = \frac{\lambda/2}{d} = \frac{\lambda}{2d}$$

an der Stelle erscheint, wo sonst mit λ die erste Ordnung hkl (Beispiel 100) erwartet würde. Da häufig solche Reflexe mit ungeraden Indices wegen systematischer Auslöschungen keine Intensität zeigen, kann man, wie durch Renninger-Effekte, auch durch einen nicht erkannten $\lambda/2$-Effekt zu einer falschen Raumgruppen-Zuordnung verleitet werden. Diesen Effekt kann man jedoch einfach korrigieren, indem man mit einem Eichkristall (I-Zentrierung ist besonders geeignet) den $\lambda/2$-Anteil des Diffraktometers experimentell bestimmt und in einem kleinen Programm für alle starken Reflexe $2h, 2k, 2l$ die Intensitäten der zugehörigen Reflexe hkl um den danach berechneten Beitrag reduziert. In einem von Dudka stammenden Programm lässt sich der $\lambda/2$-Korrektur empirisch durch einen zusätzlich zu verfeinernden Parameter korrigieren [57].

10.8 Thermisch Diffuse Streuung (TDS)

Die Streuung der Röntgenstrahlung am Kristall wird, wie schon im Abschn. 5.2 angesprochen, durch die Temperaturbewegung der Atome beeinflusst. Der Beitrag der lokalen Schwingungen wurde dabei durch ein Korrekturglied am Atomformfaktor f, den Auslenkungsfaktor U, berücksichtigt. Es gibt jedoch einen weiteren Beitrag, der durch langreichweitig korrelierte Schwingungen, die Gitterschwingungen, verursacht wird. Sie führen zu einem im ganzen reziproken Raum verteilten diffusen Untergrund, der am Ort der Reflexe niedrige, breite, spitz zulaufende Maxima bildet (Abb. 10.11). Bei der Subtraktion des Untergrundes im Verlauf der Datenreduktion (s. Abschn. 7.4) wird wegen der Annahme

Abb. 10.11 Beitrag der thermisch diffusen Streuung zu einem Reflex

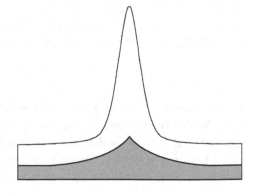

linearen Untergrundverlaufs das Maximum nicht erfasst. Da dieser Fehler, der bei hohen Beugungswinkeln bis zu ca. 25 % der Nettointensität betragen kann, jedoch die Atomlagen normalerweise nicht verfälscht, sondern nur etwas die Auslenkungfaktoren beeinflusst, wird die TDS fast immer vernachlässigt. Bei der Ermittlung von Deformationsdichten ist eine Korrektur jedoch erforderlich, neuere Ansätze zu ihrer Erfassung finden sich z. B. in den Int. Tables C [4], Kap. 7.4.2.

Fehler und Fallen

11

Die auf den geschilderten Wegen gewonnenen und optimierten Ergebnisse einer gelungenen Kristallstrukturbestimmung sind normalerweise von hoher Genauigkeit, wie sie durch andere, z. B. spektroskopische Methoden nur in Ausnahmefällen erreichbar ist. Der indirekte Charakter der Strukturbestimmung, der durch die Notwendigkeit der Aufstellung eines Struktur*modells* bedingt ist, kann jedoch manchmal zu schweren und gelegentlich zudem noch schwer erkennbaren Fehlern führen. Vor allem wenn man die Annehmlichkeiten moderner Programmsysteme zu weitgehend automatischer Sammlung von Diffraktometerdaten, zur Auffindung von Elementarzelle und Bestimmung der Raumgruppe nicht kritisch genug einsetzt, kann man in heimtückische Fallen geraten. Natürlich ist es so gut wie ausgeschlossen, dass ein kristallchemisch völlig unsinniges Strukturmodell zu berechneten F_c-Werten führt, die bei mehreren Tausend Reflexen mit den beobachteten F_o-Daten jeweils auf wenige Prozent genau übereinstimmen. Es gibt jedoch immer wieder Fälle, in denen ein Strukturmodell so viele Eigenschaften des Kristalls richtig beschreibt, dass gute R-Werte berechnet werden, dass aber trotzdem – vielleicht wesentliche – Details der Struktur falsch sind. Dies kann z. B. geschehen, wenn bei der Verfeinerung nicht das eigentlich richtige *Minimum* der Fehlerquadratsumme aufgefunden wurde, sondern nur ein *Pseudominimum*. Ein solches beschreibt eine Pseudo-Strukturlösung, die noch Fehler enthält, von der jedoch durch das Mittel der Verfeinerung kein Weg zur richtigen Lösung führt. Andere Fehlerquellen können darin liegen, dass überhaupt die Voraussetzungen für die Strukturrechnungen wie die Elementarzelle oder die Raumgruppe nicht richtig gewählt wurden. Einige solcher möglicher Fehler und Fallen sind in den folgenden Abschnitten mit konkreten Beispielen vorgestellt.

© Springer Fachmedien Wiesbaden 2015
W. Massa, *Kristallstrukturbestimmung*, Studienbücher Chemie,
DOI 10.1007/978-3-658-09412-6_11

11.1 Falsche Atomzuordnung

Die in Kap. 5 behandelte Proportionalität der Atomformfaktoren zur Ordnungszahl der
Elemente bedingt, dass im Periodensystem aufeinanderfolgende Elemente sich in ihrer
Streukraft nur geringfügig unterscheiden. Meist ist dies kein Problem, da der Chemiker
aus der Strukturgeometrie, den Bindungslängen und der Zahl der Bindungspartner eine
eventuelle Streitfrage leicht entscheiden kann. Bei guten Datensätzen ist normalerweise
eine solche Unterscheidung auch rein „technisch" möglich, wie das in Abb. 11.1 auf-
geführte Beispiel zeigt. Hier wurde eines der N-Atome im Komplex absichtlich nur als
C-Atom verfeinert. Obwohl dabei nur ein einziges Elektron von insgesamt 171 Elektro-

Abb. 11.1 Auswirkung der
Verwendung einer falschen
Atomsorte: „C" statt N1
(*Pfeil*) am Beispiel des
Sandwich-Komplexes
Bis(tetramethyl-η^6-
pyrazin)vanadium

Atom „N1"	= N	= C
wR_2 (alle Refl.)	0.0753	0.0875
R ($I > 2\sigma$)	0.0297	0.0340
GOF	1.048	1.218
U_{eq}(„N1")	0.0320(7)	0.0203(8)
U_{eq}(C2)	0.0292(7)	0.0300(9)

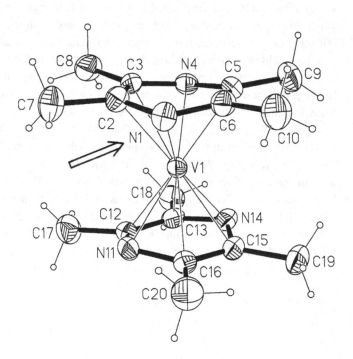

nen im Strukturmodell wegfällt, zeichnet sich die richtige Atomzuordnung durch einen signifikant niedrigeren R-Wert und den sinnvolleren Auslenkungsfaktor aus.

Schwierig zu unterscheiden sind solche alternativen Möglichkeiten, wenn der Datensatz schlecht ist, denn dadurch werden einerseits die R-Wert-Unterschiede verwischt und andererseits die Bindungslängen ungenauer, so dass kristallographische wie chemische Kriterien unscharf werden.

Es gibt auch immer wieder Fälle, in denen aus Syntheseansätzen völlig unvorhergesehene Verbindungen kristallisieren. Dann ist erhebliche Phantasie und Selbstüberwindung erforderlich, um die von der geplanten und erhofften Struktur her geprägten Vorstellungen für das Strukturmodell zu verlassen. Ein besonders einprägsames Beispiel dafür, wie „der Wunsch der Vater des Gedankens" sein und zu einer falsch publizierten Struktur führen kann, wurde durch *von Schnering und Vu* [58] aufgedeckt: Sie konnten zeigen, dass eine aufsehenerregende Publikation über die Struktur von „$[ClF_6]^+[CuF_4]^-$" ($R = 0.07$) in Wirklichkeit ein Hydrolyseprodukt $[Cu(H_2O)_4]^{2+}[SiF_6]^{2-}$ beschreibt. Die fälschliche Zuordnung von Cl statt Si und von F statt O macht sich hauptsächlich in 2–3-fach zu großen Auslenkungsfaktoren bemerkbar. Den Anstoß zur Entdeckung dieses Fehlers gaben die widersprüchlichen magnetischen Eigenschaften und die blaue Farbe. Es ist also immer gut, bei zweifelhaften und ungewöhnlichen Strukturen zu prüfen, ob alle Auslenkungsfaktoren sinnvoll sind, und ob auch die physikalischen Eigenschaften mit der Struktur im Einklang sind.

11.2 Verzwillingung

Zwillingskristalle sind von Mineralen her wohlbekannt, z. B. in Form der sog. „Schwalbenschwanz-Zwillinge" bei Gips oder der „Karlsbader Zwillinge" beim Orthoklas. Aber auch bei im Labor gezüchteten Kristallen ist die Ausbildung von Zwillingen einerseits ein häufiger Grund dafür, dass Kristallstrukturbestimmungen erst gar nicht in Angriff genommen werden, scheitern oder große Schwierigkeiten bereiten, andererseits sind nicht erkannte Verzwillingungen einer der Hauptgründe für fehlerhafte Strukturbestimmungen. Deshalb sollen in diesem Kapitel kurz die wichtigsten Formen von Verzwillingung, ihre Erkennung und Behandlung bei der Strukturverfeinerung besprochen werden (siehe auch Intern. Tables C [4], Kap. 1.3) und [68].

Unter Verzwillingung versteht man die *gesetzmäßige Verwachsung* verschieden orientierter Domänen ein und derselben Struktur zu einem Zwillingskristall. Die beiden Domänentypen haben dabei entweder eine *reale* Achse gemeinsam (also auch eine reziproke Ebene!) oder eine *reale* Ebene (damit eine reziproke Gerade). Die Verzwillingung lässt sich durch ein Symmetrieelement, das *„Zwillingselement"* beschreiben, das nicht wie „normale" kristallographische Symmetrieelemente in jeder Elementarzelle vorkommt, sondern nur makroskopisch ein oder wenige mal im Kristall auftritt. Man kann Zwillingskristalle unter verschiedenen Gesichtspunkten beschreiben und einteilen.

11.2.1 Klassifizierung nach dem Zwillingselement

Ein wichtiger Aspekt ist die Art des Zwillingselements, durch dessen Anwendung, die *Zwillingsoperation*, das erste in das zweite Exemplar überführt wird:

Achsenzwillinge Im ersten Fall einer gemeinsamen Achse kann es sich um eine 2-, 3-, 4- oder 6-zählige Drehachse handeln, wobei diese meistens, aber nicht immer, mit einer der drei Achsen der Elementarzelle zusammenfällt (Beispiel Abb. 11.2b).

Ebenenzwillinge (Reflektionszwillinge) Am häufigsten sind Zwillinge, deren Domänen durch Spiegelung an einer Ebene (hkl) ineinander überführt werden (Beispiel Abb. 11.2a). Man spricht dann z. B. von einem „Ebenenzwilling nach (110)".

Inversionszwillinge (‚twins by inversion, racemic twins') Zwillinge, bei denen „Bild" und „Spiegelbild" einer nicht zentrosymmetrischen Struktur miteinander verwachsen sind, sind häufig, aber harmlos. Wegen der annähernden Gültigkeit des Friedelschen Gesetzes (s. Abschn. 6.5.4) besitzt das Beugungsbild ohnehin annähernd Zentrosymmetrie. Die reziproken Gitter beider Domänen sind also praktisch identisch, die Struktur lässt sich ebensogut als „Bild" wie als „Spiegelbild" lösen und verfeinern. Lediglich die Beiträge der anomalen Streuung (s. Abschn. 10.4) unterscheiden sich. Durch die Verzwillingung können sie überdeckt werden. Bei der Bestimmung der absoluten Struktur muss deshalb auf Inversions-Verzwillingung geprüft werden.

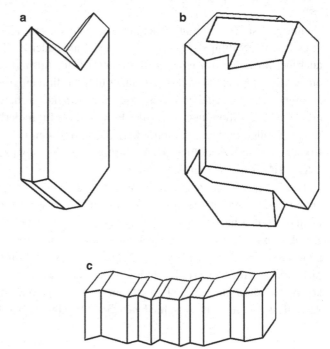

Abb. 11.2 Beispiele für Zwillingskristalle: **a** Berührungszwilling; **b** Durchwachsungszwilling und **c** polysynthetischer Zwilling (übertrieben grob gezeichnet)

11.2.2 Klassifizierung nach dem makroskopischen Erscheinungsbild

Zwillinge wurden schon lange vor dem Zeitalter der Röntgenstrukturanalyse makroskopisch bei Mineralien beobachtet und nach ihrer Wachstumsform klassifiziert. Man unterscheidet z. B. *Berührungszwillinge*, bei denen zwei getrennte Kristallexemplare von der gemeinsamen Zwillingsebene aus wachsen (Abb. 11.2a) und *Durchwachsungs(Penetrations)-Zwillinge*, bei denen sich die beiden Exemplare scheinbar durchdringen (Abb. 11.2b). Bei *polysynthetischen* oder *lamellaren Zwillingen* wechseln sich Schichten der verschiedenen Domänen vielfach ab (Abb. 11.2c). Geschieht dies nach sehr kurzen Abständen (10–100 nm), so kann diese *mikroskopische Verzwillingung* optisch nicht erkannt werden.

Sind die Domänen groß genug, und ist die Struktur mindestens optisch einachsig, so kann man sie – geeignete Blickrichtung vorausgesetzt – im Polarisations-Mikroskop durch ihr unterschiedliches Hell-Dunkel-Verhalten erkennen. Sieht man also unter dem Mikroskop, dass ein Zwilling vorliegt, sollte man zuerst nach einem nicht verzwillingten Exemplar suchen. Manchmal gelingt es auch, mit einem feinen Skalpell oder einer Rasierklinge eines der Exemplare (unter inertem Öl, um Wegspringen der Kristalle zu vermeiden) abzutrennen. Sind alle Kristalle verzwillingt und nicht zu trennen, so kann man versuchen, das Zwillingsgesetz zu ermitteln, am besten durch Analysieren des Beugungsbildes auf einem Flächendetektorsystem. In vielen Fällen ist es dann trotzdem möglich, einen Datensatz zu gewinnen und die Struktur zu lösen.

Mehrlinge Es gibt natürlich auch Kristalle, bei denen mehr als zwei Sorten von Zwillingsdomänen vorkommen, z. B. Drillinge oder Vierlinge.

11.2.3 Klassifizierung nach der Entstehung

Zwillinge mit großen Domänen entstehen gerne, wenn Kristalle – von einem Keim aus in verschiedene Richtungen – aus Lösung oder aus Schmelzen wachsen. Man nennt sie *Wachstumszwillinge*. Dagegen entstehen meist mikroskopische polysynthetische Zwillinge, wenn ein Kristall bei hoher Temperatur gezogen wurde und beim Abkühlen einen kristallographischen Phasenübergang von einer höheren zu einer niedrigeren Kristallklasse durchläuft. Man nennt sie *Transformationszwillinge*.

Verzwillingung bei Phasenübergängen Kennt man die Raumgruppen der Hochtemperatur- und der Tieftemperaturphase, so kann man nach der Landau-Theorie auf Grund der Gruppe/Untergruppe-Beziehung zwischen den beiden Raumgruppen vorhersagen, welche Verzwillingung auftreten wird. Es gibt zwei Typen von Symmetrieabbau beim Phasenübergang: den translationengleichen und den klassengleichen (s. Abschn. 6.4.5). Zum Beispiel fällt beim translationengleichen Abbau von $P4/nmm$ zur Untergruppe $P4/n$

die (100)- und damit auch die (010)- und (110)-Spiegelebene weg. Da die nun erlaub-
te Verzerrung der Struktur sich mit gleicher Wahrscheinlichkeit entlang der *a*- wie der
b-Richtung ausrichten wird, tritt zwangsläufig Verzwillingung ein, bei der das verschwin-
dende Symmetrieelement, z. B. hier die (110)-Spiegelebene zum *Zwillingselement* wird.
Eine solche Verzwillingung ist also nicht zu vermeiden, es sei denn man führt den Übergang unter speziellen anisotropen Bedingungen wie im elektrischen Feld durch, oder man
züchtet die Kristalle unterhalb der Temperatur des Phasenübergangs, z. B. mit Hydrother-
maltechnik. Allerdings kann man dabei natürlich auch Wachstumszwillinge erhalten.

Bei einem *klassengleichen Übergang* fällt Translationssymmetrie weg, z. B. eine Zentrierung, aber die Kristallklasse bleibt erhalten. Dabei können sogenannte Antiphasen-
Domänen entstehen, die einer meist unschädlichen Inversions-Verzwillingung entsprechen.

11.2.4 Beugungsbilder von Zwillingskristallen und deren Interpretation

Im Beugungsbild, dem intensitätsgewichteten reziproken Gitter eines Zwillings, überlagern sich die reziproken Gitter der beiden Domänentypen. Man kann das Zwillingselement, die Drehachse oder Spiegelebene im realen Gitter, direkt auf das reziproke Gitter
anwenden und erhält das überlagernde reziproke Gitter des zweiten Zwillingsexemplars.
Im realen Kristall werden Zwillingsebenen bzw. -achsen nicht immer durch den Ursprung
der Elementarzelle laufen. Sie liegen z. B. bevorzugt in Atomschichten einer dichtes-
ten Kugelpackung bzw. senkrecht dazu. Da das Beugungsbild unabhängig von der Nullpunktswahl ist, kann man die Zwillings-Symmetrieelemente jedoch stets im Ursprung des
reziproken Gitters anwenden. Man kann nun drei Fälle unterscheiden:

Nicht-meroedrische Zwillinge (Zwillinge ohne Koinzidenz der reziproken Gitter)
Fälle von Verzwillingung ohne gegenseitige vollständige Überlagerung der Reflexe
beider Individuen (diese Koinzidenz tritt bei den unten behandelten meroedrischen Zwillingen ein) setzen voraus, dass das Zwillingselement *weder* in der Kristallklasse *noch* im
Kristallsystem vorkommt. Deshalb fallen die Punkte der reziproken Gitter beider Domänentypen nicht oder nur gelegentlich zusammen, so dass man den Typ der Verzwillingung,
das „Zwillingsgesetz" herausfinden kann. Dann ist es möglich, nur die Reflexe eines Exemplars zu vermessen, eventuell überlagerte Reflexe zu eliminieren oder zu korrigieren
und die Struktur mit den üblichen Methoden zu lösen und zu verfeinern. Die meisten Verzwillingungen gehören zu diesem Typ, in Abb. 11.3 ist als Beispiel die *h0l*-Schicht im
reziproken Gitter eines monoklinen Ebenenzwillings nach (100) schematisch gezeigt.

Solche Verzwillingungen sind leicht zu erkennen, wenn man das Beugungsbild im reziproken Raum betrachtet. Vor allem dann, wenn ein deutlicher Anteil der Reflexe mit
der aus den gesammelten Reflexen ermittelten Orientierungsmatrix nicht indiziert werden
kann, ist es wichtig, durch Inspektion der reziproken Gitterebenen in den drei Raumrichtungen Klarheit über die richtige Zelle und ggf. das Zwillingsgesetz zu schaffen. So läuft
man nicht Gefahr, eine Pseudozelle zur Basis der Integration zu machen. Wie im Beispiel

Abb. 11.3 Überlagerung der reziproken Gitter bei einem nicht meroedrischen monoklinen (100)-Zwilling in der *h0l*-Schicht

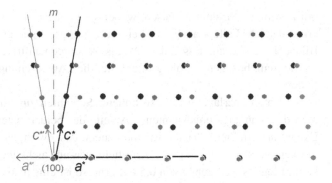

der Abb. 11.3 haben beide Exemplare meist eine 0. Schicht im reziproken Gitter, z. B. die *hk0*-Ebene gemeinsam. Sie enthält nur überlagerte Reflexe beider Exemplare. Ist die Lauesymmetrie wie hier $2/m$ oder höher, so fallen in dieser Schicht nur symmetrieäquivalente Reflexe zusammen. Kennt man aus nicht überlagerten äquivalenten Reflexen beider Exemplare das Zwillingsverhältnis, so kann man die Reflexe der 0. Schicht auf den Anteil des stärkeren Exemplars skalieren und sie zusammen mit den nicht überlagerten Reflexen der höheren Schichten für eine ganz normale Strukturbestimmung verwenden.

Partiell meroedrische Zwillinge Gelegentlich sind die Abmessungen der Elementarzelle so, dass sich bei diesem Typ von Verzwillingung zufällig jede dritte oder gar jede zweite Schicht (Abb. 11.4) im reziproken Gitter überlagert. Man spricht dann von einem partiell meroedrischen Zwilling mit dem Index 3 bzw. 2.

Dies ist eine gefährliche Falle: Wenn man die Zwillingsbildung nicht erkennt, z. B. wenn man die Bestimmung der Elementarzelle automatisch mit dem Indizierungsprogramm des Diffraktometers durchführt, läuft man Gefahr, das überlagerte reziproke Gitter durch eine einzige, zu kleine reziproke (also zu große reale) Zelle zu beschreiben. Die da-

Abb. 11.4 Koinzidenz jeder zweiten Schicht entlang c^* in einem partiell meroedrischen Zwilling. Die scheinbare zu kleine reziproke Zelle ist eingezeichnet

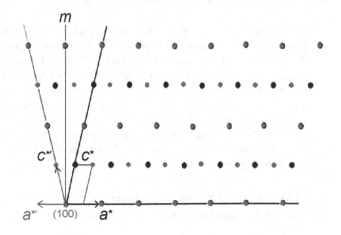

mit bestimmte Struktur ist falsch, wobei die Fehler nicht immer ins Auge springen. Man erkennt solche Fälle, – am besten bei Betrachtung von geeigneten reziproken Schichten am Bildschirm, – daran, dass „falsche" Auslöschungen auftreten. Im Beispiel von Abb. 11.4 würde man, bezogen auf die große Zelle, die „Auslöschung" $hkl : l \neq 2n$ für $h = 2n$ finden.

Will man überlagerte Reflexe höherer Schichten zur Strukturrechnung nutzen, muss man die – anfangs unbekannten – Anteile der beiden beteiligten Reflexe des 1. und 2. Exemplars ermitteln. Dazu muss man zuerst das Zwillingsverhältnis (Volumenanteil des 1. Exemplars) $x = V_1/(V_1 + V_2)$ ermitteln, was aus nicht überlagerten Reflexen geschehen kann. Liegt es weit genug von 0,5 entfernt, so ist eine mathematische Aufteilung der Gesamtintensität eines Reflexes auf den Beitrag des Reflexes hkl des ersten und des Reflexes $h'k'l'$ des zweiten Exemplars möglich (Beispiel in [59]), und die Intensität der Reflexe für das erste Exemplar ist zu berechnen:

$$I_{hkl} = I_1 \frac{x}{2x-1} - I_2 \frac{1-x}{2x-1} \qquad (11.1)$$

(I_1 = beobachtete (überlagerte) Intensität für Reflex hkl bezogen auf die Achsen des 1. Exemplars, I_2 = Intensität des Reflexes mit denselben Indices hkl, bezogen auf die Achsen des 2. Exemplars)

Auch nach einer solchen Behandlung eines Zwillings kann die Strukturbestimmung mit konventionellen Mitteln weitergehen.

Meroedrische Zwillinge Gehört das Zwillings-Symmetrieelement zwar nicht zur Kristallklasse, jedoch zur Symmetrie des Kristallsystems (des Translationsgitters), so bedeutet dies, dass die Translationsgitter der beiden Domänen und damit auch ihre reziproken Gitter genau übereinander fallen (Abb. 11.5). Dies nennt man einen *meroedrischen Zwilling* oder, exakter ausgedrückt, einen Zwilling durch Meroedrie. Meroedrische Zwillinge treten gerne als Transformationszwillinge nach Phasenübergängen von einer Hochtemperatur- in eine niedriger symmetrische Tieftemperaturform auf.

Ein Beispiel dafür bietet die Struktur von $CsMnF_4$ in der tetragonalen Raumgruppe $P4/n$ [60]. Raumgruppe und Kristallklasse $4/m$ zeigen keine Symmetrieelemente in den Blickrichtungen der a- und b-Achse und der [110]-Diagonale. Das tetragonale Translationsgitter besitzt jedoch die Symmetrie $4/mmm$. Der untersuchte Kristall erwies sich nun als Ebenenzwilling nach (110) oder – äquivalent – nach (100). Diese beiden Spiegelebenen sind im Translationsgitter, nicht aber in der Kristallklasse enthalten. Durch sie wird das Translationsgitter auf sich selbst abgebildet, alle Punkte im reziproken Gitter fallen deshalb ebenfalls übereinander. Dabei fällt jedoch ein Reflex hkl des ersten Exemplars auf einen Reflex khl des zweiten und umgekehrt. In der niedrigen Lauegruppe $4/m$ sind hkl und khl jedoch nicht symmetrieäquivalent.

Nun ist entscheidend, wie das Volumenverhältnis der beiden Zwillingsexemplare ist. Ist es etwa 1:1, so entsteht durch die Spiegelebene im reziproken Gitter scheinbar die *höhere*

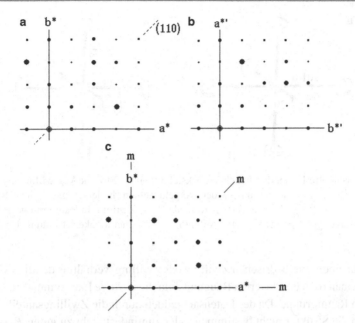

Abb. 11.5 Vollständige Koinzidenz der reziproken Gitter bei einem meroedrischen Zwilling am Beispiel eines tetragonalen (110)-Zwillings mit der Lauesymmetrie $4/m$. **a** $hk0$-Schicht im reziproken Gitter des ersten Individuums mit eingezeichnetem Zwillingselement; **b** Die entsprechende Schicht im zweiten Individuum; **c** Überlagerung der reziproken Gitter beider Individuen im Verhältnis $1:1$ täuscht Lauegruppe $4/mmm$ vor

Lauegruppe, hier $4/mmm$. Bei einem Transformationszwilling ist dies die Symmetrie der Hochtemperaturphase. Rechnet man nicht mit einer Verzwillingung, so gelangt man zu einer falschen, zu hohen Raumgruppe. In dieser kann man, wie im vorliegenden Beispiel, die Struktur oft lösen, erhält jedoch eine aus beiden Orientierungen der Domänen gemittelte *falsche* Struktur. Oft wird dabei eine Fehlordnung vorgetäuscht. Umgekehrt sollte man immer, wenn man „Fehlordnung" findet, prüfen, ob es sich nicht in Wirklichkeit um eine Verzwillingung handeln kann.

Wie das Beispiel von CsMnF$_4$ (Abb. 11.6) zeigt, kann bei der Verfeinerung einer vorgetäuschten „gemittelten" Struktur trotzdem ein guter R-Wert und eine nicht unvernünftige Atomanordnung (hier der vermutlichen Hochtemperaturform) resultieren, wenn große Teile der Struktur (vor allem die Schweratome) auf speziellen Lagen sitzen, die selbst der höheren Raumgruppensymmetrie (hier $P4/nmm$) gehorchen.

Die Verzwillingung macht sich in diesem Fall nur durch etwas zu große Auslenkungsfaktorkomponenten in Bindungsrichtung bei den „äquatorialen" Fluorliganden bemerkbar (Abb. 11.6). Außerdem wird eine für ein d^4-Jahn-Teller-Ion ungewöhnliche Stauchung des [MnF$_6$]-Oktaeders gefunden, die nicht mit den ferromagnetischen Eigenschaften im Einklang ist. Die Berücksichtigung dieser Verzwillingung bei der Verfeinerung führt tatsächlich nun zu den erwarteten gestreckten Oktaedern, plausibleren Auslenkungsellipsoiden und etwas besseren R-Werten.

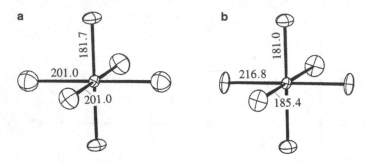

Abb. 11.6 Beispiel für Fehler durch nicht berücksichtigte meroedrische Verzwillingung (CsMnF$_4$): **a** Strukturdetail nach Verfeinerung in der vorgetäuschten höhersymmetrischen Raumgruppe $P4/nmm(wR = 4.85\%)$; **b** nach Verfeinerung als (110)-Zwilling in Raumgruppe $P4/n(wR = 4.39\%)$ (Auslenkungsellipsoide mit 50 % Aufenthaltswahrscheinlichkeit, Bindungslängen in pm)

Weicht bei einem meroedrischen Zwilling das Zwillingsverhältnis deutlich von 1 : 1 ab, so entnimmt man dem überlagerten Beugungsbild die *richtige* Lauesymmetrie und kommt zur richtigen Raumgruppe. Da der Datensatz jedoch durch die Zwillingsanteile verfälscht ist, lässt sich die Struktur nicht bestimmen, oder zumindest nicht zu guten R-Werten verfeinern. Ein solches Problem ist unlösbar, es sei denn, man kann sich aus Analogstrukturen oder mit anderen Methoden ein Strukturmodell ableiten, das man dann unter Berücksichtigung der Verzwillingung verfeinert (siehe unten).

In einigen wenigen Raumgruppen kann man meroedrische Zwillinge daran erkennen, dass – im Beugungsbild des Zwillings – Auslöschungen auftreten, die mit keiner der von der höheren Lauegruppe abzuleitenden Raumgruppen vereinbar sind ($Pa\bar{3}$, $Ia\bar{3}$, $P4_2/n$, $I4_1/a$).

Ein Spezialfall eines meroedrischen Zwillings ist der in Abschn. 10.4 behandelte Inversionszwilling.

Holoedrische Zwillinge Ist das Zwillingselement selbst in der Kristallklasse der Struktur enthalten, so ist das Beugungsbild der beiden Zwillingsexemplare nicht zu unterscheiden. Es überlagern sich nur symmetrieäquivalente Reflexe, solche Zwillinge sind unschädlich und brauchen nicht weiter berücksichtigt zu werden.

Pseudomeroedrische Zwillinge Es gibt manchmal Strukturen, deren Metrik dicht bei der einer höheren Kristallklasse liegt, z. B. monokline mit β-Winkel nahe 90°. Hier führt z. B. eine Verzwillingung nach der (100)-Ebene ebenfalls zu einer Überlagerung aller Reflexe beider Exemplare oder sie fallen so dicht zusammen, dass sie nicht mehr getrennt gemessen werden können. Bei einem Zwillingsverhältnis von 1 : 1 wird hier die orthorhombische Lauegruppe mmm statt $2/m$ vorgetäuscht und die Struktur ist nicht zu lösen. Nur wenn man die Struktur weitgehend kennt, kann man sie als Zwilling verfeinern (s. u.). Wird bereits eine Aufspaltung der Reflexe beobachtet, so ist es bei der Messung des Datensatzes wichtig, so breite Scans zu wählen, dass stets die Reflexe beider Exemplare erfasst werden. Dazu kann es nötig sein, die Orientierungsmatrix aus den Mittellagen der Reflex-Dubletts zu berechnen. Zur Bestimmung der exakten Elementarzelle dagegen darf man nur die Reflexlagen *eines* Exemplars benutzen.

Bei der Überlagerung der reziproken Gitter zweier Zwillingsexemplare können nicht ausgelöschte Reflexe des einen auf die Stelle von ausgelöschten Reflexen des anderen Exemplars fallen und auf diese Weise Auslöschungregeln scheinbar aufheben. Bei nicht erkannter Verzwillingung wird man daher häufig zu Raumgruppen mit wenig translationshaltigen Symmetrieelementen fehlgeleitet (Beispiel $C\,222_1$, $Pmmm$). Umgekehrt sollte man bei Auftreten solcher Raumgruppen, – spätestens, wenn Probleme bei der Strukturlösung auftauchen, – an die Möglichkeit von Verzwillingung denken.

Strukturverfeinerung mit Zwillingsmodellen Die Voraussetzung dafür, dass die Struktur eines meroedrisch oder pseudomeroedrisch verzwillingten Kristalls verfeinert werden kann, ist natürlich, außer der Kenntnis des Zwillingsgesetzes, dass man ein weitgehend richtiges *Strukturmodell* aufstellen kann. Denn „richtige" Intensitäten für eine Strukturlösung mit Patterson- oder Direkten Methoden sind bei vollständiger Koinzidenz der reziproken Gitter prinzipiell nicht zu erhalten.

Es sind folgende Fälle zu unterscheiden: Ist der Anteil des zweiten Zwillingsexemplars nur klein, so wird man die Verzwillingung zuerst kaum bemerken, man findet die richtige Zelle und Raumgruppe und kann die Struktur lösen. Die Verzwillingung macht sich nur dadurch bemerkbar, dass die R-Werte nicht so niedrig sind wie erwartet, und dass kleine Ungereimtheiten in den Abständen und Winkeln der Struktur sowie in den Auslenkungsfaktoren auftreten. Man hat nun nach dem Zwillingsgesetz zu suchen und eine Matrix aufzustellen, die beschreibt, wie die Achsen der Elementarzelle des ersten Exemplars in die des zweiten transformiert werden können. Im gewählten tetragonalen Beispiel lautet sie

$$\begin{pmatrix} 0 & 1 & 0 \\ 1 & 0 & 0 \\ 0 & 0 & -1 \end{pmatrix} \tag{11.2}$$

Diese Matrix gilt zugleich auch für die Transformation der Indices hkl in die Indices $h'k'l'$ des zweiten Exemplars, die sich dem Reflex hkl überlagern. Kennt man das Zwillingsverhältnis, so kann man den Beitrag des zweiten Exemplars zum Strukturfaktor F_c (bzw. F_c^2) berechnen

$$F_c^2(hkl)_{\text{Zwilling}} = x F_c^2(hkl) + (1-x) F_c^2(h'k'l') \tag{11.3}$$

und damit eine Verfeinerung gegen die beobachteten F_o^2(Zwilling)-Werte durchführen, z. B. mit dem SHELXL-Programm. Mit diesem kann man (mit der TWIN-Instruktion) meroedrische oder pseudomeroedrische Zwillinge verfeinern, Mehrlinge mit partieller Überlagerung der Reflexe nach Aufbereitung des Reflexfiles (z. B. mit dem Programm TWINXL, s. Anhang) mit der HKLF5-Option. Dazu muss man jeden Reflex kennzeichnen, ob er zur Zwillingsdomäne 1 oder 2 gehört und mit den auf die jeweilige Orientierungsmatrix bezogenen Indices hkl versehen. Überlappen sich zwei Reflexe an einem Ort, so muss der Reflex zweimal eingetragen werden, mit den jeweiligen Indices für das erste und das zweite Exemplar. Kritisch wird es, wenn sich Reflexe nur partiell überlappen. Je nach verfügbarer Software kann man auf Flächendetektorsystemen versuchen, die Gesamtintensität durch verbreiterte Integrationsflächen zu erfassen, oder man muss sie verwerfen. Zwillingsverfeinerungen sind ebenfalls möglich im CRYSTALS- (gegen die F_o-Werte) und JANA-System (gegen die F_o- oder die F_o^2-Werte).

Besonders heimtückisch sind meroedrische Zwillinge: Ist das Zwillingsverhältnis nahe 0,5, so wird man die falsche Lauesymmetrie und damit auch falsche Raumgruppe ermitteln und darin entweder die Struktur überhaupt nicht lösen können, oder man wird, wie im Beispiel von $CsMnF_4$, eine falsche gemittelte Struktur sehen. Gelingt es, davon die richtige niedrigere Raumgruppe und von der gemittelten Struktur das „richtige" Strukturmodell abzuleiten, so kann die Verfeinerung mit einem „Zwillingsprogramm" wie oben gelingen. Wichtig ist dabei, dass die durch den Symmetrieabbau gewonnene Freiheit im Strukturmodell in die richtige Richtung genutzt wird. Zum Beispiel muss eine vorher symmetrische Mn-F-Mn-Brücke wie die in $CsMnF_4$ (s. o.) nach links oder rechts asymmetrisch gemacht werden. Das Verfeinerungsprogramm ist normalerweise nicht in der Lage, vom höhersymmetrischen Modell aus selbst die richtige Richtung einzuschlagen. Bei komplexen Strukturen kann dies das Durchprobieren zahlreicher Kombinationen von Parameterverschiebungen bedeuten, bis man sicher sein kann, die richtige Struktur mit dem absoluten R-Wert-Minimum zu beschreiben und nicht eine Pseudolösung in einem Nebenminimum zu verfeinern. Gerade in solchen Fällen ist es wichtig, dass möglichst viele andere Kriterien mit zur Beurteilung der Richtigkeit der Struktur herangezogen werden, wie die Auslenkungsfaktoren, die Plausibilität der Bindungsgeometrie und die Vereinbarkeit mit den physikalischen Eigenschaften.

11.2.5   Verzwillingung oder Fehlordnung?

Vielfach werden die angesprochenen Anomalitäten einer „gemittelten" Struktur wie hohe Auslenkungsfaktorkomponenten oder gesplittete Atomlagen auf Fehlordnung (s. o.) zurückgeführt, auch in Fällen, wo eine meroedrische Verzwillingung geometrisch möglich ist. Wegen des fließenden Übergangs sind die Unterschiede zwischen beiden Fällen nicht sehr groß: Bei einer echten Fehlordnung, also einer statistischen Verteilung der beiden alternativen Orientierungen in Bereichen unterhalb der Kohärenzlänge der Röntgenstrahlung, mitteln sich die Beiträge zu den Strukturamplituden F_o, bei einem Zwilling überlagern – und mitteln – sich die Intensitäten, also die F_o^2-Werte. Welcher Fall vorliegt, kann man nur entscheiden, wenn man beide Möglichkeiten durchrechnet. In der Praxis verfeinert man unter sonst gleichen Bedingungen (gleiche Reflexbehandlung) ein geordnetes Modell, ein fehlgeordnetes Modell und das geordnete Modell mit Verzwillingung. Das richtige Ergebnis sollte sich durch signifikant bessere R-Werte *und* sinnvollere Auslenkungsfaktoren auszeichnen. Es gibt sicher viele Beispiele in der Literatur, wo eine meroedrische Verzwillingung als Fehlordnung interpretiert wurde.

Es kommt vor, dass man wegen Unstimmigkeiten bei einer im Prinzip gelungenen Strukturbestimmung nachträglich den Verdacht auf Verzwillingung hat, aber vielleicht wegen Zersetzung des Kristalls keine Flächendetektoraufnahmen mehr aufnehmen kann. Hier kann es nützlich sein, die Struktur auf eine wichtige Packungsebene projiziert abzubilden, auf eine Folie zu kopieren und durch Drehen oder Spiegeln der Folie Orientierungen mit hoher topologischer Übereinstimmung mit der Vorlage zu suchen und so mögliche Zwillingselemente zu ermitteln. Ob die Annahme richtig ist, muss dann natürlich durch sorgfältige Rechnung geprüft werden.

11.3 Fehlerhafte Elementarzellen

Wie schon in Kap. 7 erwähnt, ist ein besonders kritischer Schritt bei der Strukturbestimmung die Festlegung der „richtigen" Elementarzelle und ihrer Orientierung auf dem Diffraktometer vor der Intensitätsmessung bzw. Integration. Die größte Fehlerquelle ist dabei das mögliche Übersehen von schwachen Reflexen, die eine Verdopplung oder Verdreifachung einer oder mehrerer Gitterkonstanten bedingen würden. Dies kann vor allem bei Kristallen mit Überstrukturcharakter (s. Abschn. 10.2) geschehen. Oft lässt sich die Struktur in der falschen Zelle und folglich auch der falschen Raumgruppe trotzdem lösen und verfeinern. Man findet jedoch nur eine „gemittelte" Struktur, in der z. B. die alternierenden Auslenkungen einer Baugruppe aus einer Ideallage nur überlagert zum Ausdruck kommen. Die resultierenden Effekte, hohe Auslenkungsfaktoren oder Aufspaltung von Atomlagen, werden dann oft fälschlicherweise als Fehlordnung interpretiert.

Umgekehrt kann ein falscher Bravais-Typ vorgetäuscht werden, wenn durch den in Abschn. 10.7 behandelten $\lambda/2$-Effekt eine Auslöschungsregel scheinbar durchbrochen wird und zum scheinbaren Verlust einer Zentrierungsoperation führt. In der Verfeinerung macht sich dies durch hohe Korrelationen zwischen den an sich durch eine Translation zusammenhängenden Atomen bemerkbar.

Ein weiterer verbreiteter Fehler ist der, dass man kleine Abweichungen in der Metrik zu ernst nimmt. Fehler bei der Kristallzentrierung oder der Goniometer-Justierung können z. B. die 90°-Winkel einer monoklinen Zelle um bis zu einige Zehntel Grad verfälschen, so dass eine trikline Metrik vorgetäuscht wird. Man muss deshalb stets die Lauesymmetrie überprüfen, ehe man die Zuordnung zu einem Kristallsystem trifft.

Ein ähnlicher Fehler kann unterlaufen, wenn man eine trigonale oder hexagonale Struktur mit einer orthorhombisch C-zentrierten Zelle beschreibt. Dies ist durch eine Transformation mit einer Matrix

$$\begin{pmatrix} 2 & 1 & 0 \\ 0 & 1 & 0 \\ 0 & 0 & 1 \end{pmatrix} \tag{11.4}$$

immer möglich. Die entstehende „orthohexagonale" orthorhombische C-zentrierte Zelle ist durch ein Achsenverhältnis $a/b = \sqrt{3}$ zu erkennen.

Hat man den Verdacht, mit einer falschen Zelle zu arbeiten, so ist es am besten, wenn man mit einem geeigneten Programm den gemessenen Datensatz, in Schichten des reziproken Gitters gegliedert, graphisch auf dem Bildschirm darstellt. Die dabei sichtbar werdende Lauesymmetrie und eventuelle Auslöschungen geben Hinweise auf die richtige Lage der Achsen, so dass man dann noch gezielt nach möglichen Vervielfachungen suchen kann.

Bei der Transformation einer Struktur wird mit der geeigneten Transformationsmatrix die Elementarzelle transformiert. Zugleich müssen jedoch dann auch die Miller-Indizes der Reflexdaten (mit derselben Matrix) transformiert werden und natürlich auch die Atomparameter (mit der inversen Matrix). Ein sehr beliebter Fehler ist es, wenn man Reflexdatei und Parameter transformiert hat, zu vergessen, in der Instruktionsdatei für die Verfeinerung die Elementarzelle zu ändern. Ein solcher Fehler macht sich kaum in den R-Werten bemerkbar, da bei der Strukturfaktorrechnung die Zelle nur eingeht, um die Atomformfaktoren beim richtigen Beugungswinkel zu benutzen. Er führt jedoch zu grob falschen Bindungslängen und Winkeln.

11.4   Raumgruppenfehler

Ein relativ häufiger Fehler, der oft mit einem der oben behandelten Probleme einhergeht, ist die Zuweisung einer falschen Raumgruppe. Man kann zwei Fälle unterscheiden:

1. Die Elementarzelle ist richtig, aber von den auf Grund der systematischen Auslöschungen möglichen Raumgruppen wurde die falsche gewählt. Dies betrifft meistens Raumgruppenpaare, die sich nur im Fehlen oder Vorhandensein eines Symmetriezentrums unterscheiden (Tab. 11.1).

   Jede zentrosymmetrische Struktur lässt sich natürlich auch in der entsprechenden nicht zentrosymmetrischen Raumgruppe beschreiben (z. B. statt in $C2/c$ in Cc), wenn man die Zahl der Atome in der asymmetrischen Einheit und damit auch die der zu verfeinernden Parameter entsprechend vergrößert. Da sich die Fehler im Datensatz bei der Verfeinerung in der niedrigen Raumgruppe auf mehr Parameter verteilen, resultiert stets ein etwas niedrigerer R-Wert. Durch die hohen Korrelationen zwischen den an sich durch Symmetrie verbundenen Parametern erhält man jedoch hohe Standardabweichungen (vgl. Abschn. 9.1). Zudem können durch die mit zunehmenden Korrelationen wachsenden Instabilitäten beim Kleinste-Fehlerquadrate-Verfahren die Lageparameter der Atome Werte annehmen, die zu deutlich fehlerhaften Bindungslängen führen. Man muss also in jedem Fall einer solchen Raumgruppe prüfen, ob es sich wirklich um eine *signifikante* Verbesserung handelt, wenn man zur nicht zentrosymmetrischen Raumgruppe übergeht. Die häufigsten Fehlzuordnungen sind in Tab. 11.2 zusammengestellt.

2. Ist die Elementarzelle bereits falsch (s. vorhergehenden Abschnitt), so muss natürlich auch die Raumgruppe falsch sein. Hat man z. B. eine Überstruktur übersehen, so wird

Tab. 11.1 Auswahl von Raumgruppenpaaren, die sich im Fehlen oder Vorhandensein eines Symmetriezentrums unterscheiden (gleiche Auslöschungsbedingungen)

Triklin	$P1$ (1)	$P\bar{1}$ (2)
Monoklin	$P2_1$ (4)	$P2_1/m$ (11)
	$C2$ (5)	$C2/m$ (12)
	Pc (7)	$P2/c$ (13)
	Cm (8)	$C2/m$ (12)
Orthorhombisch	$P222$ (16)	$Pmmm$ (47)
	$C222$ (21)	$Cmmm$ (65)
	$Pcc2$ (27)	$Pccm$ (49)
	$Pca2_1$ (29)	$Pcam$ ($\rightarrow$ $Pbcm$) (57)
	$Pba2$ (32)	$Pbam$ (55)
	$Pna2_1$ (33)	$Pnam$ ($\rightarrow$ $Pnma$) (62)
	$Cmc2_1$ (36)	$Cmcm$ (63)
	$Ama2$ (40)	$Amam$ ($\rightarrow$ $Cmcm$) (63)
Tetragonal	$I4$ (79)	$I4/m$ (87)
	$I422$ (97)	$I4/mmm$ (139)
	$I4mm$ (107)	$I4/mmm$ (139)
Trigonal	$R3$ (146)	$R\bar{3}$ (148)
	$P3m1$ (156)	$P\bar{3}m1$ (162)
Hexagonal	$P622$ (177)	$P6/mmm$ (191)

Tab. 11.2 Die häufigsten Fehlzuordnungen von Raumgruppen in der Literatur (nach [35])

Angegebene Raumgruppe	Richtige Raumgruppe
Cc (9)	$C2/c$ (15), $Fdd2$ (43), $R\bar{3}c$ (167)
$P\bar{1}$ (2)	$C2/c$ (15)
$P1$ (1)	$P\bar{1}$ (2)
$Pna2_1$ (33)	$Pnam$ ($\rightarrow$ $Pnma$) (62)
$C2/m$ (12)	$R\bar{3}m$ (166)
$C2/c$ (15)	$R\bar{3}c$ (167)
Pc (7)	$P2_1/c$ (14)
$C2$ (5)	$C2/c$ (15), $Fdd2$ (43), $R\bar{3}c$ (167)
$P2_1$ (4)	$P2_1/c$ (14)

man eine Raumgruppe zu hoher Symmetrie finden. Trotzdem kann eine Strukturbestimmung scheinbar erfolgreich verlaufen und eine gemittelte Grundstruktur liefern. Rechnet man wegen eines Metrikfehlers (s. oben) in einer zu niedrigen Kristallklasse und Raumgruppe, so enthält das gefundene Strukturmodell zwei oder mehr scheinbar unabhängige Moleküle bzw. Baugruppen in der asymmetrischen Einheit. Durch Untersuchung ihrer relativen Lage zueinander, z. B. mit Hilfe von Programmen wie ADDSYM kann man die fehlenden Symmetrieelemente ermitteln und zur richtigen höheren Raumgruppe finden. Die nach *Baur* [35] häufigsten Fehlzuordnungen dieser Art findet man bei den Raumgruppen $C2/c$, $R\bar{3}m$ und $R\bar{3}c$ (Tab. 11.2).

11.5 Nullpunktsfehler

Raumgruppe $P1$ *oder* $P\bar{1}$*?* Die weitaus meisten triklinen Strukturen haben ein Symmetriezentrum, also die Raumgruppe $P\bar{1}$. Man versucht deshalb stets, eine trikline Struktur zuerst in Raumgruppe $P\bar{1}$ zu lösen. Es gibt jedoch gelegentlich Fälle, wo die direkten Methoden wegen Nullpunktsproblemen keine Lösung finden, obwohl die Raumgruppe richtig ist. Oft gelingt es dann aber, die Struktur in der alternativen nicht zentrosymmetrischen Raumgruppe $P1$ zu lösen, bei der der Nullpunkt dann jedoch beliebig liegt. Bei jeder in Raumgruppe $P1$ beschriebenen Struktur sollte man deshalb prüfen, ob nicht doch ein Inversionszentrum im gewonnenen Strukturmodell lokalisiert werden kann. Bei Verdacht, z. B. auf Grund einer Strukturzeichnung, prüft man, ob sich für alle Paare möglicherweise symmetrieäquivalenter Atome gleiche Mittelwerte der xyz-Parameter berechnen. Dieser Punkt gibt dann die Lage des Inversionszentrums an. In diesem Fall kann man die Struktur um den Abstandsvektor dieses Punktes verschieben (indem man bei allen Atomen dessen xyz-Parameter abzieht), so dass das Symmetriezentrum nun im Nullpunkt der Elementarzelle liegt. Dann löscht man diejenige Hälfte der Atome, die durch das Symmetriezentrum erzeugt wird, und rechnet in Raumgruppe $P\bar{1}$ weiter.

Nullpunktsprobleme in Raumgruppe $C2/c$ *und* $C2/m$ In diesen beiden relativ häufigen Raumgruppen gibt es alternative Sätze von speziellen Lagen, durch deren Besetzung man das gleiche Atommuster erzeugen kann. In $C2/c$ sind dies einerseits die Symmetriezentren der Lagen $4a$ $(0,0,0; 0,0,\frac{1}{2}; \frac{1}{2},\frac{1}{2},0; \frac{1}{2},\frac{1}{2},\frac{1}{2})$ und $4b(0,\frac{1}{2},0; 0,\frac{1}{2},\frac{1}{2}; \frac{1}{2},0,0; \frac{1}{2},0,\frac{1}{2})$, andererseits die Symmetriezentren in $4c(\frac{1}{4},\frac{1}{4},0; \frac{3}{4},\frac{1}{4},\frac{1}{2}; \frac{3}{4},\frac{3}{4},0; \frac{1}{4},\frac{3}{4},\frac{1}{2})$ und $4d(\frac{1}{4},\frac{1}{4},\frac{1}{2};$ $\frac{3}{4},\frac{1}{4},0; \frac{3}{4},\frac{3}{4},\frac{1}{2}; \frac{1}{4},\frac{3}{4},0)$. Sind nur die jeweiligen Lagen-Paare besetzt, so sind die entstehenden Atommuster gleich, ergeben also dieselben R-Werte. Trotz gleicher Punktsymmetrie $\bar{1}$ sind die beiden Gruppen jedoch kristallographisch nicht gleich, denn sie unterscheiden sich in der Anordnung der restlichen Symmetrieelemente der Raumgruppe. Die Zentren $4a$ und $4b$ liegen z. B. auf einer a-Gleitspiegelebene, die Zentren $4c$ und $4d$ auf einer n-Gleitspiegelebene. Ein ähnlicher Fall tritt in Raumgruppe $C2/m$ auf, wo die Lagen $2a$ bis $2d$ mit $2/m$-Symmetrie dasselbe Atommuster erzeugen wie die Lagen $4e$ und $4f$ mit $\bar{1}$-Symmetrie. Vorwiegend in anorganischen Festkörperstrukturen gibt es Fälle, in denen die Schweratome nur solche speziellen Lagen besetzen. Bei der anfänglichen Strukturlösung kann man dann leicht in den falschen Satz von Lagen geraten, so dass die Ligandenumgebung der Schweratome falsch beschrieben wird. Dies äußert sich meist nur darin, dass die Verfeinerung bei R-Werten von 0,2–0,3 stagniert und in Fouriersynthesen kein komplettes und sinnvolles Strukturbild erscheint. Hier sollte man durch Verschiebung des Nullpunkts um $+$ oder $- (\frac{1}{4}\frac{1}{4}0)$ die alternativen speziellen Lagen einsetzen und mit diesen versuchen weiterzurechnen.

11.6   Schlechte Auslenkungsfaktoren

Schon an mehreren Stellen wurde darauf hingewiesen, dass man Fehler im Struktur-modell häufig an physikalisch nicht sinnvollen Auslenkungsfaktoren erkennen kann. Da tatsächlich die Form der Auslenkungsellipsoide ein sehr empfindliches Kriterium für die Richtigkeit und Qualität einer Strukturbestimmung darstellt, – oft besser als R-Werte oder sogar Standardabweichungen, – seien hier die wichtigsten daraus zu ziehenden Fehlerhin-weise zusammengestellt.

- *Einseitige Orientierung der Anisotropie* ohne Korrelation mit den Bindungsverhältnis-sen gibt Hinweise auf schlechte oder fehlende Absorptionskorrektur bei anisotroper Kristallform (z. B. Nadel) und hohem Absorptionskoeffizienten (s. Abschn. 7.7).
- *Einzelne Auslenkungsfaktoren sind zu klein oder gar negativ.* Dies kann bedeuten, dass in Wirklichkeit ein schwereres Atom an dieser Stelle sitzt (s. Abschn. 11.1).
- *Einzelne Auslenkungsfaktoren sind zu groß.* Entweder sitzt an dieser Stelle ein leich-teres oder sogar überhaupt kein Atom oder die Lage ist, z. B. infolge Fehlordnung (Abschn. 10.1) nur teilweise besetzt.
- *Ein Auslenkungsellipsoid hat eine physikalisch nicht sinnvolle Form.* Auslenkungsel-lipsoide, die ganz flach, stark „zigarrenförmig“ sind oder gar kein positives Volumen besitzen („non positive definite‘), können auftreten, wenn ein schlechter Datensatz vor-liegt. Bei einem zu niedrigen Reflex:Parameter-Verhältnis kann es sein, dass die Verfei-nerung von 9 Komponenten des anisotropen Auslenkungsfaktors nicht mehr sinnvoll möglich ist. Dann bleibt nur die Verwendung isotroper Auslenkungsfaktoren. Der Ef-fekt tritt auch häufig auf, wenn man fehlgeordnete Bereiche einer Struktur durch ein Splitatom-Modell zu verfeinern versucht. Kommen sich dabei Atomlagen zu nahe, so treten hohe Korrelationen auf, die vor allem die empfindlichen Auslenkungsparameter beeinträchtigen. Hier hilft oft die Verwendung gemeinsamer Auslenkungsfaktoren für Atome in strukturell ähnlicher Situation oder der Einsatz isotroper Werte, ggf. sogar geschätzter und festgehaltener Parameter.
Oft ist jedoch das Auftreten anomaler Auslenkungsfaktoren ein Hinweis auf einen prin-zipiellen Fehler bei der Strukturbestimmung, wie falsche Zelle, falsche Raumgruppe oder nicht erkannte Verzwillingung (s. o.), den man stets zuerst verfolgen sollte.

Interpretation der Ergebnisse

Ist man sich sicher, trotz all dieser vielen möglichen Fehler und Fallen ein korrektes Strukturmodell gefunden und verfeinert zu haben, so geht es nun daran, aus der Liste der Atomparameter die für den Chemiker interessanten Struktureigenschaften abzuleiten. Ausführliche Zitate der im Folgenden erwähnten Programme finden sich im Anhang.

12.1 Bindungslängen und Winkel

Die wichtigste Information, der Abstand zwischen zwei Atomen, sei es eine Bindungslänge oder ein nicht bindender Kontakt, lässt sich leicht aus der Differenz der Atomkoordinaten errechnen.

$$\Delta x = x_2 - x_1 \quad \Delta y = y_2 - y_1 \quad \Delta z = z_2 - z_1$$

Um die Abstandsvektoren $\Delta x, \Delta y, \Delta z$ von relativen in absolute Längeneinheiten umzurechnen, muss mit den Gitterkonstanten multipliziert werden, um dann die Abstandsgleichung (im allgemeinen Fall für ein schiefwinkliges Koordinatensystem) anwenden zu können.

$$d = \sqrt{(\Delta x \cdot a)^2 + (\Delta y \cdot b)^2 + (\Delta z \cdot c)^2 + \ldots}$$
$$\overline{\ldots + 2\Delta x \Delta y \, a \, b \, \cos\gamma + 2\Delta x \Delta z \, a \, c \, \cos\beta + 2\Delta y \Delta z \, b \, c \, \cos\alpha}$$

Bindungswinkel errechnen sich dann für ein Dreieck aus den Atomen At1, At2, At3 aus den interatomaren Abständen d nach dem Cosinus-Satz:

$$\cos\phi_{At2,At1,At3} = \frac{d_{12}^2 + d_{13}^2 - d_{23}^2}{2d_{12}d_{13}} \tag{12.1}$$

Die Standardabweichungen der Bindungslängen, die wichtigste Fehlerangabe bei einer Strukturbestimmung, errechnen sich in komplizierter Weise aus den Standardabweichun-

© Springer Fachmedien Wiesbaden 2015
W. Massa, *Kristallstrukturbestimmung*, Studienbücher Chemie,
DOI 10.1007/978-3-658-09412-6_12

gen der Atomparameter beider Atome und der Orientierung des Abstandsvektors (siehe
z. B. [43]). Eine meist ausreichende grobe Abschätzung unter der vereinfachenden Annahme isotroper Fehlerverteilung kann man leicht selbst vornehmen, indem man die Standardabweichungen der Atomparameter der Atome 1 und 2 durch Multiplikation mit den
Gitterkonstanten in Å- bzw. pm-Einheiten umrechnet, mittelt und das geometrische Mittel
für beide Atome bildet:

$$\sigma_d = \sqrt{(\sigma_1^2 + \sigma_2^2)} \tag{12.2}$$

In den meisten modernen Programmen werden dabei auch die Standardabweichungen aus
der Verfeinerung der Gitterkonstanten berücksichtigt. Sie spielen jedoch gegenüber den
Fehlern aus der Strukturverfeinerung eine untergeordnete Rolle.

> Ein Spezialfall sind Abstände zwischen Atomen auf speziellen Lagen ohne freie Parameter
> z. B. Atom 1 auf Lage $0, 0, 0$ und Atom 2 auf $\frac{1}{2}, 0, 0$: hier ist die Standardabweichung allein
> durch die der Gitterkonstanten gegeben.

Bei einer guten Strukturbestimmung an einer Leichtatomstruktur erreicht man normalerweise Standardabweichungen für Bindungslängen zwischen C-, N-, O-Atomen von
$0{,}002$–$0{,}004$ Å bzw. $0{,}2$–$0{,}4$ pm. Bei Abständen zwischen schweren Atomen kann sie bis
in die 4. Nachkomma-Stelle absinken.

Nach der Wahrscheinlichkeitsrechnung liegt der richtige Wert mit 95 % Wahrscheinlichkeit innerhalb eines Intervalls von 1.96σ bzw. mit 99 % Wahrscheinlichkeit innerhalb
von 2.58σ. Dies berücksichtigt nur statistische Fehler, keine systematischen. Diskutiert
man also Bindungslängen, so sollte man Abweichungen erst als signifikant betrachten,
wenn sie mehr als 3–4σ ausmachen.

Schwingungskorrektur Bei Baugruppen, die starke anisotrope Schwingungen ausführen,
insbesondere endständigen –CO– oder –CN-Gruppen, können die Bindungslängen z. T.
erheblich (bis ca. 5 pm) verkürzt erscheinen. Dies kommt daher, dass z. B. bei einer vorwiegend senkrecht zur Bindungsrichtung erfolgenden pendelartigen Schwingung im Mittel die Elektronendichte „bananenartig" im Raum verteilt erscheint. Im Strukturmodell
beschreibt man sie jedoch mit einem symmetrischen Auslenkungsellipsoid, dessen Mit-
telpunktslage dann in Richtung auf den Bindungspartner hin verschoben ist (Abstand d'
in Abb. 12.1). Lassen sich die gefundenen anisotropen Auslenkungsfaktoren der betei-

Abb. 12.1 Schema zur Verfälschung von Bindungslängen
durch starke anisotrope
Schwingung

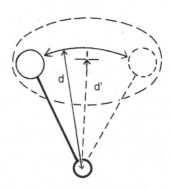

ligten Atome eines Moleküls oder einer Baugruppe mit einem einfachen theoretischen Schwingungsmodell beschreiben wie einer Pendelschwingung („riding' Modell) oder der Schwingung einer starren Gruppe („rigid body' Modell), so kann man den Fehler mathematisch korrigieren. Da bei publizierten Kristallstrukturen eine solche Schwingungskorrektur jedoch relativ selten zu finden ist, sollte man bei der Diskussion „anomal" kurzer Bindungslängen stets auch diesen Effekt im Auge behalten.

12.2 Beste Ebenen und Torsionswinkel

Häufig will man durch eine Kristallstrukturbestimmung feststellen, ob eine Koordination planar ist oder ein Ring eben oder gewellt. Dazu kann man sich nach dem Kleinste-Fehlerquadrate-Verfahren eine Ebene berechnen, für die die Summe der Quadrate der Abweichungen δ über alle n zu berücksichtigenden Atome ein Minimum bildet (mathematische Behandlung siehe z. B. in den Intern. Tables B, Kap. 3.2):

$$\sum_n \delta_n^2 = \text{Min.} \tag{12.3}$$

Die mittlere Standardabweichung der Atome von dieser „besten" Ebene (auch „Kleinste-Fehlerquadrate-Ebene ", ‚least squares plane') ist dann

$$\sigma_p = \sqrt{\sum_n \frac{\delta_n^2}{n-3}} \tag{12.4}$$

und gibt an, wie genau die Ebenenbedingung erfüllt ist.

Bei der Diskussion von Strukturen sind oft *Interplanarwinkel* oder *Diederwinkel* interessant, die Winkel zwischen den Normalen benachbarter bester Ebenen. Als Beispiel seien die *Faltungswinkel* in einem Siebenring genannt (Abb. 12.2), die man erhält, indem man eine beste Ebene (1) für die Atome 1, 2, 3, 4 berechnet, eine Ebene (2) für die Atome 1, 4, 5, 7 und eine dritte (3) mit den Atomen 5, 6, 7.

Die Faltungswinkel an den Achsen 1...4 bzw. 5...7 erhält man dann als Ergänzungswinkel der Interplanarwinkel ϕ zu 180°.

Als Spezialfall eines Diederwinkels ist der *Torsionswinkel* aufzufassen. In einer Anordnung von 4 Atomen errechnet er sich als Winkel zwischen den Ebenen der Atomgruppen 1, 2, 3 und 2, 3, 4 (Abb. 12.3).

Abb. 12.2 Faltungswinkel in einem siebengliedrigen Ring

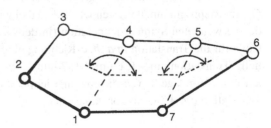

Abb. 12.3 Zur Definition des
Torsionswinkels

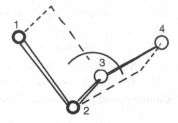

Anders ausgedrückt entspricht er dem Winkel zwischen den Projektionen der Bindungen 1–2 und 3–4 auf die Ebene senkrecht zur Bindung 2–3. Blickt man in einer *Newman-Projektion* entlang dieser Bindung 2–3, so erhält der Torsionswinkel ein *positives* Vorzeichen, wenn man sich von Atom (1) nach Atom (4) *im Uhrzeigersinn* bewegt. Er ändert sich nicht, wenn man in umgekehrter Reihenfolge blickt. Bei Spiegelung des Moleküls ändert sich jedoch das Vorzeichen.

12.3   Struktur und Symmetrie

Meistens genügt es nicht, nur die Atome der asymmetrischen Einheit des Strukturmodells bei der Diskussion der Struktur zu berücksichtigen. Man muss vielmehr prüfen, ob nicht die Anwendung von Symmetrieelementen der Raumgruppe (einschließlich der Translationen) zur Erzeugung der kompletten Baugruppe überhaupt erst notwendig ist oder interessante intermolekulare Kontakte wie Wasserstoffbrückenbindungen aufdeckt. Schließlich ist es zur Diskussion der Packungsverhältnisse im Kristall erforderlich, alle benachbarten symmetrie- oder translationsäquivalenten Baugruppen zu erzeugen. Um Abstände zu solchen Atomen, die außerhalb der asymmetrischen Einheit liegen, eindeutig zu kennzeichnen, ist es üblich, die Operation, die aus den ursprünglichen Koordinaten das fragliche Atom erzeugt, anzugeben: im Beispiel von Abb. 12.4 bedeutet die Angabe $x, y, z - 1$ für F1, dass das ursprüngliche Atom aus der Atomparameterliste der asymmetrischen Einheit entlang der c-Achse um 1 Gitterkonstanteneinheit in der negativen Richtung verschoben wurde. Aus dem F2-Atom entstehen durch verschiedene Symmetrieoperationen entsprechend drei weitere *symmetrieäquivalente* Atome, die insgesamt eine oktaedrische Koordination ausbilden.

Man bezeichnet solche symmetrieäquivalenten Lagen gerne mit einem Code, der ursprünglich aus dem Zeichenprogramm ORTEP stammt, aber z. T. auch ähnlich in anderen Geometrieprogrammen verwendet wird. Dabei wird vor oder nach der laufenden Nummer der verwendeten Symmetrieoperation (in der Notation der Intern. Tables) ein 3-Ziffern-Code für die Translation in a, b, c-Richtung eingefügt: 555 bedeutet keine Translation, 4 heißt Translation um -1, 6 um $+1$, 7 um $+2$ u.s.w. Ein Code 75403 bedeutet also, dass auf eine Atomlage x, y, z die Symmetrieoperation Nr. 3 angewandt und zusätzlich eine Translation um $+2$ Gitterkonstanten in a- und -1 in c-Richtung vorgenommen wurde.

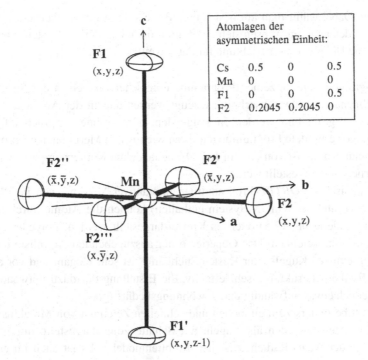

Atomlagen der asymmetrischen Einheit:			
Cs	0.5	0	0.5
Mn	0	0	0
F1	0	0	0.5
F2	0.2045	0.2045	0

Abb. 12.4 Erzeugung symmetrieäquivalenter Lagen am Beispiel einer $[MnF_6]^{3-}$-Gruppe in Cs_2MnF_5, Raumgruppe $P4/mmm$, $a = 642.0$, $c = 422.9$ pm

Besonders wichtig ist bei der Untersuchung der Koordinationsverhältnisse in Komplexen natürlich die Punktsymmetrie, wenn das Zentralatom auf einer speziellen Lage (s. Abschn. 6.4) sitzt. Liegt z. B. in einem 4-fach koordinierten Pd-Komplex das Zentralatom Pd auf einem Inversionszentrum der Raumgruppe, so weiß man bereits, dass der Komplex planar ist.

Programme Die angesprochenen geometrischen Rechnungen sind meist in den großen Programmsystemen enthalten, ein eigenständiges universelles Geometrieprogramm, das auch Zeichnungen erstellen kann, findet sich z. B. im PLATON-Programmsystem.

12.4 Strukturzeichnungen

Dasselbe Problem wie im vorhergehenden Abschnitt, nämlich durch die Auswahl passender Symmetrieoperationen und Translationen den gewünschten charakteristischen Ausschnitt aus einer Kristallstruktur zu definieren, stellt sich beim Anfertigen von Strukturzeichnungen. Auch wenn es inzwischen eine gute Auswahl an Programmen zu diesem Zweck gibt, ist es zumindest für den Anfänger sehr nützlich, gelegentlich auch Handzeichnungen zu machen, um die Struktur und ihre Symmetrieeigenschaften näher kennenzulernen. Dabei wählt man am besten eine Projektion aus einer Achsenrichtung, die senkrecht auf den anderen Achsen steht, z. B. im monoklinen Kristallsystem die *b*-Achse und notiert die Höhe in dieser Richtung für das jeweilige Atom.

Zeichenprogramme Die einzelnen Programme unterscheiden sich in der Strategie, wie die zu zeichnenden Strukturausschnitte erzeugt werden und in der Art, wie die Atome und Baugruppen gezeichnet werden. Im Folgenden sollen – ohne Anspruch auf Vollständigkeit – einige verbreitete Programme mit ihren wichtigsten Merkmalen besprochen und durch Zeichnungen, meist von dem in Kap. 15 behandelten Kupferkomplex „CUHABS" als Strukturbeispiel vorgestellt werden.

Beim „klassischen" *ORTEP*-Programm (in interaktiver Version auch im PLATON-, Nonius-maXus- und im WinGX-System enthalten) können die Atome durch ihre Auslenkungsellipsoide (Abb. 12.5) oder als Kreise dargestellt werden, Polyeder kann man als „Drahtmodelle" zeichnen. Das Generieren der auszugebenden Atomliste durch miteinander verkettbare „Kugel- oder Kasten-Suchläufe" ist sehr elegant und vor allem bei vernetzten Festkörperstrukturen sehr effektiv, die Erstellung der dazu notwendigen Befehlsdatei jedoch etwas aufwändig und gewöhnungsbedürftig.

PLUTO ist besonders zum einfachen und schnellen Zeichnen von Molekülstrukturen geeignet. Die Atome werden als Kugeln mit Schattenzone dargestellt, durch Verwendung von Van-der-Waals-Radien entstehen Kalottenmodelle. Es ist auch im erwähnten

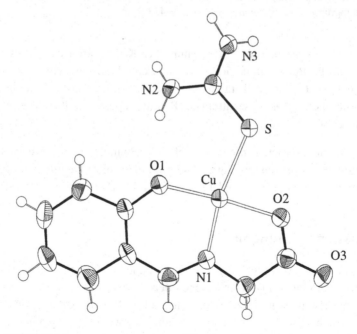

Abb. 12.5 ORTEP-Zeichnung einer monomeren Einheit des Cu-Komplexes „CUHABS", Auslenkungsellipsoide mit 50 % Aufenthaltswahrscheinlichkeit, H-Atome mit willkürlichen Radien

Abb. 12.6 Beipiel einer Schichtstruktur vom Kagoménetz-Typ aus ecken- verknüpften oktaedrischen Baueinheiten ($Cs_2LiMn_3F_{12}$) in Polyederdarstellung

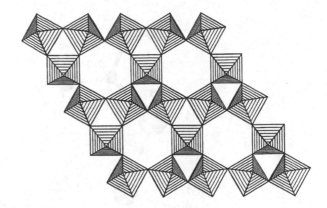

PLATON-Programm enthalten, mit dem aber auch Auslenkungsellipsoide gezeichnet werden können.

STRUPLO eignet sich schließlich besonders zur Darstellung anorganischer Festkörperstrukturen, wenn man „massive" schraffierte Koordinationspolyeder zeichnen möchte (Abb. 12.6).

Über das Internet zugänglich sind verschiedene Programme, wie *RASMOL*, mit denen man auf einfache Weise vor allem Molekülstrukturen auf dem Bildschirm gut darstellen und drehen kann.

MERCURY ist ein leicht zu bedienendes, leistungsfähiges Programm, das zusammen mit dem Cambridge Structural Data (CSD) File vertrieben wird, aber auch in einer vereinfachten freien Version beim Cambridge Crystallographic Data Centre zugänglich ist. Ausser Draht-, Kugel/Stab-, Ellipsoid- und Kalotten-Darstellungen im Rendering-Modus können Berechnungen der Abstände, Winkel, Ebenen, intermolekularer Kontakte etc. vorgenommen werden.

VESTA ist für nicht-kommerzielle Benutzer ebenfalls frei zugänglich und bietet neben anspruchsvollen Bildern von Strukturmodellen z. B. auch graphische Darstellungen von Elektronendichten und Patterson-Maps.

Die folgenden Programme erfordern Lizenzgebühren bzw. sind kommerziell erhältlich:

DIAMOND ist ein unter Windows arbeitendes PC-Programm, das Auslenkungsellipsoide, Kugel-Stab- (z. B. Abb. 12.7), Kalotten-Modelle (Abb. 12.8) und Polyederzeichnungen auf sehr vielseitige und intelligente Weise zu erzeugen und auszugeben erlaubt und zudem gewisse Datenbankfunktion besitzt.

SCHAKAL (von „*Scha*ttierte *Kal*otten") kann keine Auslenkungsellipsoide oder Polyeder zeichnen, jedoch – vor allem auf einem hochauflösenden Farbgraphikschirm – ausgesprochen ästhetische Kugel-Stab- und Kalotten-Modelle in vielen Variationen (Abb. 12.9).

XPW aus SHELXTL bietet ebenfalls alle Darstellungsmöglichkeiten und gewinnt Attraktivität durch seine Anbindung an die SHELX-Programme und die Möglichkeit, Elektronendichte-Karten darzustellen.

ATOMS ist ebenfalls ein vielseitiges und bedienungsfreundliches Plotprogramm.

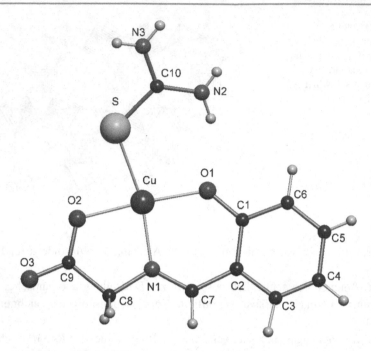

Abb. 12.7 Beispiel für eine DIAMOND-Zeichnung, Kugel-Stab-Modell des „CUHABS"-Monomeren (Kap. 15)

Abb. 12.8 Kalotten-Darstellung des „CUHABS"-Moleküls mit DIAMOND

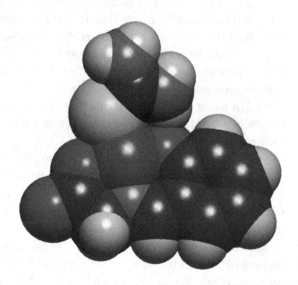

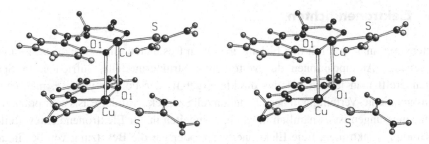

Abb. 12.9 Mit SCHAKAL erstelltes Stereobild eines aus den Einzelmolekülen von „CUHABS" durch eine 2-zählige Achse erzeugten Dimeren

Stereo-Zeichnungen Mit fast allen Programmen kann man auch Stereozeichnungen anfertigen. Dazu muss ein perspektivisches Bild mit einem geeigneten Augenabstand (40–80 cm) zugrundegelegt werden. Für das linke Bild wird um eine vertikal in der Zeichenebene liegende Achse normal um 3° nach rechts, für das rechte Bild um 3° nach links gedreht. Liegt der Abstand der beiden Bilder bei Verkleinerung mit ca. 5–6 cm in der Nähe des Augenabstandes, so können Geübte ohne Hilfsmittel oder nur mit einer Karteikarte, die man zur Trennung senkrecht zwischen die Bilder hält, durch Übereinanderschielen räumlich sehen (Abb. 12.9).

Packungsdiagramme Zur Verdeutlichung der Packungsverhältnisse in der Struktur pflegt man meist auch den Inhalt einer ganzen Elementarzelle oder mehr darzustellen (Abb. 12.10).

Abb. 12.10 Perspektivische Darstellung einer Elementarzelle von „CUHABS" (Diamond)

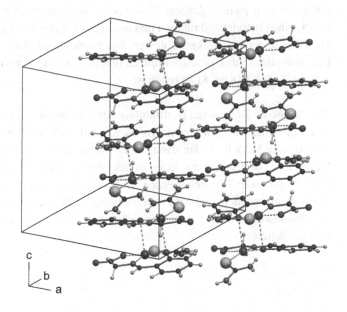

12.5   Elektronendichten

Meistens gibt man sich mit den bislang erörterten Resultaten einer Strukturbestimmung, den genauen Atompositionen des verfeinerten Strukturmodells, zufrieden. In Spezialfällen greift man jedoch auf das direkte Ergebnis der Fouriersynthese, nämlich die Elektronendichte-Verteilung in der Elementarzelle zurück: Auf der Basis sehr präziser Intensitätsmessungen ist es nämlich möglich, Feinheiten in der Elektronendichteverteilung wie Bindungselektronen, freie Elektronenpaare oder gar die Besetzung von bestimmten Orbitalen röntgenographisch „sichtbar" zu machen.

X-X-Methode Dazu nimmt man zuerst bei möglichst tiefer Temperatur (um die thermische Schwingung und TDS-Beiträge zu minimalisieren) einen sorgfältig und zu möglichst hohen Beugungswinkeln gemessenen Datensatz auf. Um die Absorptionseffekte richtungsunabhängig und exakt berechenbar zu halten, schleift man den Kristall oft zur Kugel, alle störenden Effekte (siehe Kap. 11) werden geprüft und ggf. korrigiert. Zuerst wird nur mit den Reflexen bei höheren Beugungswinkeln ein Strukturmodell verfeinert, das die Lagen der *Atomkerne* optimal beschreibt. Wegen der starken räumlichen „Verschmierung" der Valenzelektronen tragen diese nach dem in Abschn. 5.1 Gesagten nämlich nur bei niedrigen Beugungswinkeln zur Streuung bei. Eine *Hochwinkelverfeinerung* liefert also die Schwerpunktslage der Rumpf-Elektronen, die den Kernpositionen entspricht. Dann werden mit den Atomformfaktoren, die ja nur die kugelsymmetrische Elektronenverteilung um ein Atom erfassen, die F_c-Werte für dieses Modell berechnet (s. Kap. 5). Wird nun eine *Differenz-Fouriersynthese* mit *allen* Daten angeschlossen, so treten Abweichungen von einer solchen kugelsymmetrischen Elektronenverteilung in Form der sogenannten *Deformationsdichte* zu Tage, die z. B. im Bereich von Elektronenpaaren oder Doppelbindungen bis zu einigen Zehntel Elektronen pro $Å^3$ ausmachen können. Das Problem ist dabei, einen hinreichend ruhigen und niedrigen Untergrund zu erhalten, auf dem sich solche Effekte noch signifikant abheben. Bei guten Datensätzen sind solche Effekte bereits bei „normalen" Strukturbestimmungen in Differenz-Fouriersynthesen zu beobachten, wie z. B. in Abb. 8.1 (Kap. 8) zu sehen ist.

X-N-Methode Die genaue Bestimmung der Kernlagen gelingt besonders gut, wenn man eine erste Messung (an einem großen Kristall) mit Neutronen durchführt. Mit dem so verfeinerten Modell werden dann die F_c-Werte berechnet, während die F_o-Daten für die Differenz-Fouriersynthese wiederum aus einer Röntgenbeugungsmessung bei (gleicher!) tiefer Temperatur bezogen werden. Der Vorteil der „direkten" Kernlagen-Bestimmung durch Neutronenbeugung wird durch erhebliche Probleme wieder eingeschränkt, die aus der Vermessung zweier *verschiedener* Kristalle auf zwei unterschiedlichen Diffraktometern herrühren.

Kristallographische Datenbanken 13

Die Ergebnisse fast aller Einkristallstrukturbestimmungen sind in Datenbanken gesammelt, von denen die wichtigsten kurz vorgestellt werden sollen.

13.1 Inorganic Crystal Structure Database ICSD

Diese Datenbank enthält alle Kristallstrukturen, die keine C–H-Bindungen enthalten und keine Metalle oder Legierungen betreffen, das sind derzeit über 173 000 anorganische (nicht metallorganische!) Strukturen. Sie wurde am Institut für anorganische Chemie der Universität Bonn (Prof. Bergerhoff) aufgebaut und gehört inzwischen zu den von *STN-International* im Fachinformationszentrum (FIZ) Karlsruhe gemeinsam mit dem NIST (National Institute of Standards and Technology) in den USA im Internet oder auf DVD angebotenen Datenbanken (www.stn-international.de/stndatabases/databases/icsd.html). Eine Datenbanksuche verläuft normalerweise in zwei Stufen: Zuerst werden Einträge *gesucht* (Befehl ‚Search‘), die bestimmte Kriterien erfüllen, z. B. eine Kombination von chemischen Elementen, eine bestimmte Raumgruppe, ein gewisses Zellvolumen. Ein Beispiel für eine solche Recherche mit dem PC-Programmsystem FindIt ist in Abb. 13.1 angegeben. Als Bedingung für die Suche wurde das gleichzeitige Vorhandensein der Elemente Na, Mn und F bei insgesamt max. 4 Elementen gestellt. Als Ausgabe erhält man zunächst eine Liste der gefundenen Einträge, aus der man direkt das Literaturzitat, Elementarzelle, Raumgruppe und Atomparameter entnehmen kann. Über das Menu kann man dann zusätzliche Information abrufen, wie Bindungslängen und Winkel. Ein „Visualizer" liefert ein grobes Strukturbild und ein simuliertes Pulverdiagramm. Die Ausgabe der Strukturdaten im CIF-Format (s. Abschn. 13.7) ermöglicht die Darstellung und Bearbeitung der Struktur mit anderen Programmen. Seit kurzem ist auch eine Klassifizierung der Strukturen nach Strukturtypen enthalten.

© Springer Fachmedien Wiesbaden 2015
W. Massa, *Kristallstrukturbestimmung*, Studienbücher Chemie,
DOI 10.1007/978-3-658-09412-6_13

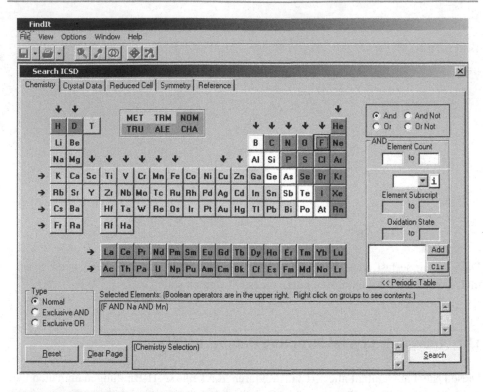

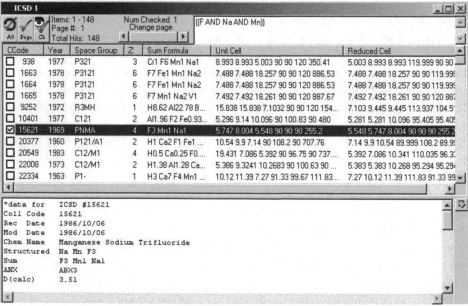

Abb. 13.1 „FindIt"-Suche in der ICSD-Datenbank mit den Elementen Na, Mn, F und ein Ausgabe-Ausschnitt

13.2 Metals Crystallographic Data File CRYSTMET

Die Information über die Strukturen aller Metalle und Legierungen, aber auch von Halbleiter-Systemen und Verbindungen im Grenzbereich wie Metallphosphiden und sogar -sulfiden (mehr als 139 000 Einträge) findet man in der in Kanada von Toth Information Systems geführten CRYSTMET-Datenbank (www.tothcanada.com). Inzwischen sind viele dieser Strukturen auch in die ICSD- und die PCD-Datenbank aufgenommen worden.

13.3 Pearson's Crystal Data PCD

Diese neue anorganische Datenbank geht ursprünglich auf Pearsons Sammlung kristallographischer Daten von intermetallischen Phasen zurück. Sie enthält inzwischen fast alle der in der ICSD-Datenbank enthaltenen anorganischen Einkristalldaten (258 000 Datensätze für über 150 000 Phasen) und (außer den berechneten) zusätzlich 16 800 experimentelle Pulverdiffraktogramme. Über ‚links' zu anderen Datenbanken sind z. B. Phasendiagramme und andere Materialeigenschaften zugänglich. Die PCD-Datenbank wird in Zusammenarbeit von ASM International, Ohio (USA) und Material Phases Data System (MPDS), Vitznau (Schweiz) gepflegt und besticht durch eine moderne vielseitige Retrieval-Software und die Anbindung von DIAMOND (S. 191) für die graphische Darstellung. Sie wird von Crystal Impact vertrieben (www.crystalimpact.de/pcd/).

13.4 Cambridge Structural Database CSD

Alle Kristallstrukturen von organischen und metallorganischen Verbindungen (mit C–H-Bindungen), – derzeit über 750 000, sind in der CSD-Datenbank enthalten, die vom Cambridge Crystallographic Data Centre (CCDC) unterhalten wird (www.ccdc.cam.ac.uk). Ihre Benutzung erfordert eine Lizenz.

Recherchen darin sind mit der eigenen CSD-Software CCDC CONQUEST vorzunehmen, deren Hauptvorteil die Möglichkeit der Suche nach Strukturfragmenten ist (‚connectivity search'). Bei einer CSD-Recherche definiert man zuerst eine Kombination von Bedingungen (‚Queries') in bestimmten Feldern der Datenbank (z. B. Zusammensetzung, Elementauswahl, Raumgruppe, Jahrgang der Zeitschrift, Autorennamen, oder insbesondere die erwähnte selbst am Bildschirm erstellte topologische Verknüpfung, die auch dreidimensional definiert werden kann). Nach dem Starten der Datenbanksuche erhält man für jeden „Treffer" als Ausgabe ein schematisiertes Strukturdiagramm, meist auch ein sog. 3D-Diagramm, in dem man das Struktur-Modell mit der Maus drehen kann und natürlich Literaturzitat und die wichtigsten kristallographischen Daten in verschiedenen Formaten. Abbildungen 13.2 und 13.3 zeigen ein Beispiel für die Suche nach einem 2D-Strukturfragment und eine Auswahl von Ausgaben für einen der gefundenen Einträge.

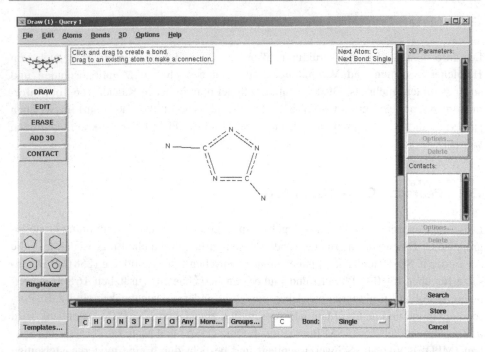

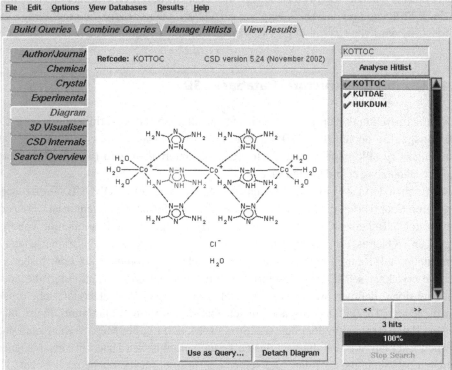

Abb. 13.2 „Conquest"-Suche in der CSD-Datenbank nach einem hetrocyclischen Fragment und Ausgabebeispiel für einen gefundenen Eintrag

Refcode: KOTTOC   CSD version 5.24 (November 2002)

Author(s): L.Antolini, A.C.Fabretti, D.Gatteschi,
           A.Giusti, R.Sessoli
Journal: Inorg.Chem.
Volume: 30
Page: 4858
Year: 1991
Notes:
Deposition Number:

Refcode: KOTTOC   CSD version 5.24 (November 2002)

Spacegroup
Name: R-3r   Number: 148

Cell Parameters
    a: 10.333(2)   b: 10.333(2)   c: 10.333(2)
    alpha: 98.33(1)   beta: 98.33(1)   gamma: 98.33(1)
Volume: 1064.494

Reduced Cell Parameters
    a: 10.333   b: 10.333   c: 10.333
    alpha: 98.33   beta: 98.33   gamma: 98.33
Volume: 1064.494

Other Parameters
Molecular Vol: 1064.494   Residues: 3
              Z: 1.0   Z': 0.17

Refcode: KOTTOC   CSD version 5.24 (November 2002)

Formula: $C_{12} H_{38} Co_3 N_{30} O_6^{3+}$, $3(Cl^-)$, $9(H_2 O)$

Name: bis((μ_2-3,5-Diamino-1,2,4-triazole)-bis(μ_2-3,5-
      diamino-1,2,4-triazolato)-tri-aqua-di-cobalt(ii,iii)
) trichloride nonahydrate

Synonym:

Source:

Melting Point:

Colour:

Extra
Information:

Abb. 13.3 Beispiele von weiteren Ausgaben für den gewählten Eintrag

13.5 Protein-Datenbank (PDB)

Die bisher bestimmten derzeit über 106 000 Proteinstrukturen sind in der ursprünglich vom Brookhaven National Lab., inzwischen vom Research Collaboratory for Structural Bioinformatics (RCSB) herausgegebenen Protein-Datenbank (PDB) öffentlich zugänglich (www.rcsb.org/pdb).

13.6 Crystallography Open Database COD

Diese öffentlich zugängliche noch im Ausbau begriffene Datenbank, die auf die Initiative einiger an Universitäten aktiver kristallographischer Arbeitsgruppen zurückgeht, vereinigt Strukturen aus allen Bereichen außer biologischen Makromolekülen und enthält inzwischen über 300 000 Einträge (www.crystallography.net).

13.7 Andere Datensammlungen zu Kristallstrukturen

Neben den mehrmals jährlich aktualisierten elektronischen Datenbanken gibt es natürlich auch Datensammlungen in Buchform, insbesondere die in einer anorganischen und einer organischen Ausgabe erschienenen, seit 1990 eingestellten „Structure Reports" [61]. Sie geben nach Verbindungsklassen geordnete sehr schöne, leider nicht mehr aktuelle Übersichten über die Strukturbestimmungen eines Jahres. Speziell Molekülstrukturen werden in den aus dem CSD-System abgeleiteten Bänden von „Molecular Structures and Dimensions" [62] zusammengefasst. Schließlich gibt es einige ältere z. T. immer noch wegen ihrer Übersichtlichkeit und Systematik nützliche Zusammenstellungen [63–65].

13.8 Deponierung von Strukturdaten in den Datenbanken

Bei der Publikation einer Kristallstruktur werden die Autoren normalerweise gebeten, die kompletten kristallographischen Daten, insbesondere die nicht abgedruckten, bei einer Datenbank zu hinterlegen (anorganische Strukturen meist beim FIZ Karlsruhe, metallorganische und organische beim Cambridge Crystallographic Data Center). Von dort können sie einerseits durch interessierte Leser angefordert werden, andererseits werden sie von dort zur Aufnahme in die zuständige kristallographische Datenbank (ICSD, CSD, PCD, CRYSTMET) weitergegeben.

CIF-files Zur internationalen Vereinheitlichung der Dokumentation kristallographischer Daten und Vermeidung von Übertragungsfehlern wurde von der *International Union of Crystallography* ein einheitlicher Standard für ein sog. *Crystallographic Information File (CIF)* aufgestellt (s. Int. Tables, Vol. G [8]). Moderne Programmsysteme enthalten eine

Ausgabemöglichkeit für ein solches CIF-file. Es kann, – nach eventueller Ergänzung – direkt an die Datenbank gesandt werden. Um ein eigenes CIF-file vorher auf Fehler zu testen, kann es über die Internetseite http://journals.iucr.org/c/services/authorservices.html geprüft werden. Das auch im PLATON-Programmsystem und in ENCIFER enthaltene CHECKCIF-Programm gibt großzügig Fehlermeldungen der Kategorien A bis D aus. Man sollte sie – vor allem in Kategorie A und B – sorgfältig überprüfen und ggf. die Fehler beheben. Da ein solches Programm natürlich nie für alle Spezialfälle ausgelegt sein kann, ist es in der Praxis allerdings kaum möglich, keine Meldungen zu erzeugen. Bei der Publikation einer Struktur sollte man im deponierten CIF-file, das noch Meldungen vom Typ A enthält, eine gute Begründung dafür hinterlegen.

Alle von der International Union of Crystallography (IUCr) herausgegebenen und seit 2014 nur noch online erscheinenden Zeitschriften, z. B. die *Acta Crystallographica A–D*, akzeptieren nur noch CIF-files zur Publikation von Kristallstrukturen.

13.9   Kristallographie im Internet

Eine inzwischen kaum zu überblickende Informationsfülle findet sich – auch zu kristallographischen Problemen – im Internet. Wichtige Zugangsseiten sind darunter z. B.

- www.iucr.org (International Union of Crystallography)
- www.iucr.ac.uk (Acta Crystallographica)
- it.iucr.org (International Tables of Crystallography)
- www.unige.ch/crystal/stxnews/stx/welcome.htm (News group)
- www.unige.ch/crystal/stxnews/stx/discuss/index.htm (Diskussionsforum)
- www.ccp14.ac.uk (Software etc.)
- www.cryst.ehu.es (Bilbao Crystallographic Server)

Gang einer Kristallstrukturbestimmung

14

Im Folgenden wird eine stichwortartige Gesamtübersicht über die einzelnen Schritte einer Röntgenstrukturanalyse gegeben mit Verweisen auf die Kapitel, in denen detailliertere Angaben zu den einzelnen Punkten nachzulesen sind.

1. Züchtung von Einkristallen (Abschn. 7.1).
2. Ggf. Vorbereitung der Kristallkühleinheit (Abschn. 7.1).
3. Kristallauswahl auf einem Polarisationsmikroskop, bei empfindlichen Verbindungen unter inertem Öl (Abschn. 7.1).
4. Montage in bzw. auf Kapillare, auf Glasfaden oder „Loop" auf einem Goniometer-kopf, Montieren und Zentrieren auf dem Diffraktometer (Abschn. 7.1).
5. *Messung auf einem Flächendetektorsystem* (Abschn. 7.4): Registrierung einiger orientierender Aufnahmen, Peaksuche, Bestimmung der Orientierungsmatrix und damit der Elementarzelle mit einem Indizierungsprogramm. Darauf basierend Wahl der endgültigen Messbedingungen: Detektorabstand, Winkelbereiche, Schrittweite, Belichtungszeit. Start der Messung (Dauer 0,5–48 h). Anschließend Untersuchung des Beugungsbildes auf Überstruktur, Verzwillingung, Satelliten, diffuse Streifen, Bestimmung des Reflexprofils. Integration und LP-Korrektur, genaue Gitterkonstanten-bestimmung.
6. Kristallvermessung und ggf. Flächenindizierung für eine Absorptionskorrektur (Abschn. 7.7).
7. Vorläufige Raumgruppenfestlegung (Abschn. 6.6).
8. Strukturlösung mit Patterson- (Abschn. 8.2) oder Direkten Methoden (8.3).
9. Verfeinerung des Strukturmodells (Abschn. 9.1) und Ergänzung durch Differenz-Fouriersynthesen (Abschn. 8.1). Bei Scheitern zurück zu 8., 7., 2. oder 1.
10. Einführung anisotroper Auslenkungsfaktoren (Abschn. 5.2) und Optimierung des Gewichtsschemas (Abschn. 9.2).
11. Ggf. Bestimmung oder Berechnung der H-Atomlagen (Abschn. 9.4.1).

© Springer Fachmedien Wiesbaden 2015

W. Massa, *Kristallstrukturbestimmung*, Studienbücher Chemie,

DOI 10.1007/978-3-658-09412-6_14

12. Prüfung und ggf. Korrektur von Extinktions- (10.5), evtl. auch Renninger- (Abschn. 10.6) und $\lambda/2$-Effekten (Abschn. 10.7).

13. Test evtl. alternativer Raumgruppen, bei nicht zentrosymmetrischen Raumgruppen Bestimmung der „absoluten Struktur" (Abschn. 10.4).

14. Kritische Beurteilung des „besten" Strukturmodells z. B. anhand einer Prüfliste wie der folgenden:

    (a) Sind die „besten" Gitterkonstanten verwendet worden?

    Nach der Datensammlung kann man aus dem Datensatz geeignete Reflexe aussuchen, deren 2θ-Winkel zur Grundlage einer abschließenden Gitterkonstanten-Verfeinerung dienen können. Auf Flächendetektorsystemen benutzt man sehr viele Reflexe, um systematische Fehler herauszumitteln. Auf einem Vierkreis-Diffraktometer wählt man starke Reflexe bei hohen Beugungswinkeln aus, an denen man die Beugungswinkel, – am besten durch Messung im positiven *und* im negativen Winkelbereich, – besonders exakt bestimmt. Die Verfeinerung muss die Restriktionen der endgültigen Kristallklasse berücksichtigen (z. B. *keine* Verfeinerung der 90°-Winkel im orthorhombischen System).

    (b) Sind die verwendeten Reflexdaten korrekt behandelt?
    - Wurden bei Verfeinerung gegen F^2-Werte *alle* Daten verwendet?
    - Ist (bei Verfeinerung gegen F-Daten) das verwendete σ-Limit nicht zu hoch?
    - Wurden die Reflexe korrekt gemittelt (auch unter Berücksichtigung der anomalen Dispersion in nicht zentrosymmetrischen Raumgruppen)?
    - Ist der Anteil der schwachen Reflexe (z. B. mit $F_o < 4\sigma(F_o)$) nicht zu hoch? Wenn doch (> ca. 30 %), gibt es eine gute Erklärung dafür oder ist ein Fehler möglich (s. Abschn. 11.3)?
    - Ist die Verteilung der gewichteten Fehler gleichmäßig im Datensatz? Gibt es bei hohen Beugungswinkeln nur noch schwache Reflexe mit hohen Fehlern, so kann es in seltenen Fällen vorteilhaft sein, nachträglich alle Reflexe oberhalb eines bestimmten θ-Limits zu eliminieren, wenn dabei das Reflex/Parameter-Verhältnis nicht zu schlecht wird (entscheiden sollten nicht bessere R-Werte sondern bessere Standardabweichungen). Evtl. muss das Gewichtsschema überprüft werden.
    - Ist die Absorption optimal korrigiert? Wurde mit dem richtigen Absorptionskoeffizienten μ gerechnet (stehen z. B. im SHELX-System die richtigen Atomzahlen in der UNIT-Anweisung)?

    (c) Ist das Reflex/Parameter-Verhältnis gut genug (> 10)?

    (d) Sind die Auslenkungsfaktoren alle vernünftig oder wurde vielleicht eine Fehlordnung übersehen?

    (e) Sind eventuelle H-Atomlagen geometrisch sinnvoll und optimal behandelt?

    (f) Zeigt die Struktur keine unmöglichen interatomaren Kontakte?

    (g) Ist die Restelektronendichte (aus einer abschließend gerechneten Differenz-Fouriersynthese) angemessen niedrig (stärkste Maxima dicht neben den schwersten Atomen)? Wurde kein fehlgeordnetes Lösungsmittelmolekül übersehen?

    (h) Sind die Korrelationen bei der Verfeinerung nicht zu hoch und erklärbar?

(i) Ist die Strukturgeometrie chemisch vernünftig?

(j) Sind die R-Werte und Standardabweichungen gut genug?

(k) Ist die Struktur „ausverfeinert", d. h. sind die Parameterverschiebungen klein ($< 1\,\%$) gegen ihre Standardabweichung?

Bei Zweifeln Prüfung auf mögliche Fehler wie übersehene Fehlordnung (Abschn. 10.1), Verzwillingung (Abschn. 11.2), falsche Zelle (Abschn. 11.3) oder falsche Raumgruppe (Abschn. 11.4). Evtl. zurück zu 5.

15. Berechnung der Bindungslängen und Winkel, ggf. intermolekularer Kontakte, evtl. Schwingungskorrektur an Bindungslängen (Abschn. 12.1); Berechnung ausgewählter Torsionswinkel, „bester" Ebenen (Abschn. 12.2); Erstellung von Tabellen für eine Publikation und Erstellung eines CIF-files für die Deponierung in einer Datenbank.

16. Untersuchung der Packung der Struktur (Abschn. 12.3) und Komposition von Strukturzeichnungen (Abschn. 12.4).

17. Verstehen der Struktur, Diskussion und kristallchemische Einordnung.

Beispiel einer Strukturbestimmung 15

Am Beispiel des Thioharnstoff-Addukts von N-Salicylidenglycinato-kupfer(II) $Cu(sg)SC(NH_2)_2$, („CUHABS", $C_{10}H_{11}N_3O_3SCu$, C. Friebel, Marburg; siehe Abbildung in Abschn. 12.4) sollen die wichtigsten Stationen einer Strukturbestimmung mit SHELXS und SHELXL dokumentiert und kommentiert werden (kursiv). Die dazu benötigten Dateien sind, wie auch weitere Strukturbeispiele, für eigene Rechnungen im Internet unter http://massa-structures.jimdo.com zugänglich.

1. Auswahl eines Kristalls (ca. $0.3 \times 0.2 \times 0.1$ mm) unter dem Polarisationsmikroskop, Aufnehmen mit etwas inertem Öl auf die Spitze einer Quarz-Kapillare, die auf einem Goniometerkopf vorzentriert wurde. Montieren auf einem Flächendetek-

Abb. 15.1 Erste Flächendetektor-Aufnahme ($\phi = 0$–$1.2°$, Ausschnitt)

© Springer Fachmedien Wiesbaden 2015
W. Massa, *Kristallstrukturbestimmung*, Studienbücher Chemie,
DOI 10.1007/978-3-658-09412-6_15

torsystem (hier IPDS „Image plate Diffractometer System" mit MoKα-Strahlung und Kristallkühleinheit bei 193 K), Zentrieren und Höhenjustierung. Registrieren von drei orientierenden Aufnahmen mit ϕ-Intervallen von 0–1.2° (Abb. 15.1), 1.2–2.4°, 2.4–3.6°.

2. Beurteilung der Reflexprofile und -intensitäten, Peaksuche und Indizierung ergibt eine monokline innenzentrierte Elementarzelle mit $a = 13.64(2)$, $b = 12.37(1)$, $c = 14.21(1)$ Å, $\beta = 91.3(1)°$. (Die „Standardaufstellung" mit C-Zentrierung ergäbe hier einen mit $\beta = 131.7°$ zu hohen Winkel). Basierend darauf Festlegung der Messbedingungen: Abstand Kristall zur Bildplatte: 60 mm (bei einem Plattendurchmesser von 180 mm ist dann ein θ-Bereich bis 28.2° zugänglich), Messzeit 5 min pro Aufnahme, 167 Aufnahmen von $\phi = 0°$ bis 200° in Intervallen von 1.2°.

3. Nach einer Messzeit von 1 Tag wird die Orientierungsmatrix aus den Peaks von 40 Aufnahmen genauer bestimmt:

```
Reciprocal axis matrix
                  0.017251   -0.030457   0.062903
                  0.047297    0.060659   0.009800
                 -0.053275    0.043998   0.030032
```

4. Bestimmung des 3-dim. Reflexprofils und Integration aller Reflexe, d. h. Auswertung der Intensitäten, Subtraktion des Untergrunds und Anbringen von Lorentz- und Polarisationskorrektur. Die resultierende Datei CUHABS.HKL (Ausschnitt unten) enthält insgesamt 11 554 Reflexe. Für jeden sind die hkl-Indices, der F_0^2-Wert und seine Standardabweichung angegeben, sowie die sechs Richtungscosinus (Richtung von einfallendem und ausfallendem Strahl zu den reziproken Achsen für diesen Reflex).

```
-14    2    2     645.12    11.60    2-0.55864-0.24445-0.39613 0.49938-0.737130.82406
-13    4    1     727.14    11.45    2-0.55864-0.18825-0.39613 0.59745-0.737130.77306
-13    8   -3      86.41     8.48    2-0.55864-0.19349-0.39613 0.79796-0.737130.56373
-12   10   -6       8.80     9.22    2-0.55864-0.14021-0.39613 0.89949-0.737130.40748
-10  -11    5      60.98     8.10    2-0.55864-0.01089-0.39613-0.14807-0.737130.98918
 -9  -15    4      63.37     9.00    2-0.55864 0.04643-0.39613-0.34798-0.737130.93881
 -7    9   -4     247.26     8.41    2-0.55864 0.14989-0.39613 0.84304-0.737130.51472
 -7   11   -8      26.56     8.08    2-0.55864 0.14516-0.39613 0.94030-0.737130.30488
 -6   11   -9     129.93     8.40    2-0.55864 0.20304-0.39613 0.94486-0.737130.25426
 -5   10   -7    1319.86    12.37    2-0.55864 0.26383-0.39613 0.89455-0.737130.35985
.....
```

5. Aus dem ganzen Datensatz werden nun alle stärkeren Reflexe ausgewählt, um die endgültigen genauen Zellparameter zu verfeinern:

```
Cell Parameters
           12.3543(12)   14.3081(14)   13.5164(12)    a,b,c [Å]
           90.0          91.352(12)    90.0           α,β,γ [°]
```

6. Alle sichtbaren Kristallflächen werden nun (mit Hilfe einer CCD-Kamera) nacheinander parallel zur Blickrichtung gedreht und mit Programmunterstützung die hkl-Indices

und die Abstände vom Kristallzentrum bestimmt. Sie dienen, zusammen mit den Richtungscosinus zur numerischen Absorptionskorrektur.

```
Crystal Faces
            N       H       K       L     D[mm]
            1    1.00   -1.00    1.00   0.1110
            2   -1.00   -1.00    2.00   0.1419
            3    1.00    1.00   -2.00   0.0952
            4   -1.00    1.00   -1.00   0.1148
            5    1.00    2.00    0.00   0.1350
            6    0.00    2.00    1.00   0.1256
            7    1.00   -1.00   -2.00   0.0960
            8   -1.00   -2.00    0.00   0.1299
            9    0.00   -2.00   -1.00   0.1160
           10   -2.00    0.00   -1.00   0.1613
```

7. Nach Anbringen der numerischen Absorptionskorrektur und Sortieren (hier mit Programm XPREP in SHELXTL) ergibt sich die endgültige Reflexliste für die Lösung und Verfeinerung der Struktur:

```
 h   k   l    Fo**2   sigma
........
-2   0   0   1846.40   30.47   0
 2   0   0   1826.90   30.16   0
-4   0   0    262.59    9.54   0
 4   0   0    264.68   10.67   0
-6   0   0    700.48   11.47   0
 6   0   0    685.38   12.42   0
 8   0   0   1787.91   17.01   0
-8   0   0   1838.32   16.57   0

........
-3   0  -1      2.00    6.33   0
 3   0   1      2.88    5.39   0
-5   0  -1      0.45    4.96   0
 5   0   1      1.82    9.27   0
-7   0  -1     -2.42    4.43   0

........
-4   0  -2   6527.41   31.42   0
 4   0   2   6679.64   32.72   0
-6   0  -2   6602.95   28.64   0
 6   0   2   6682.05   29.15   0
-8   0  -2    210.17    7.23   0
........
```

8. Suche nach systematischen Auslöschungen im Datensatz. Alle gemessenen Daten, die der allgemeinen Bedingung für I-Zentrierung (hkl: $h + k + l = 2n$) widersprechen, sind kleiner 4σ. Zusätzlich sind Daten für die rez. Ebene $h0l$ sehr schwach, wenn $h \neq 2n$ (siehe Reflexliste oben). Diese zonale Auslöschung zeigt eine a-Gleitspiegelebene senkrecht zur b-Achse an. Also liegt entweder die Raumgruppe $I2/a$ (15) oder Ia (9) vor. Am besten erkennt man dies, wenn man die vermessenen Daten in Form von Schnitten im reziproken Gitter darstellt (Abb. 15.2).

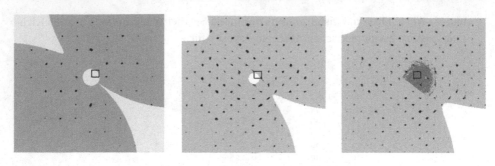

Abb. 15.2 Rez. Schichten $h0l$, $h1l$, $h2l$, reziproke Zelle eingezeichnet

$I\,1\,2/a\,1$

UNIQUE AXIS b, CELL CHOICE 3

Origin at $\bar{1}$ on glide plane a

Asymmetric unit $0\leq x\leq 1$; $0\leq y\leq\frac{1}{4}$; $0\leq z\leq\frac{1}{4}$

Generators selected   (1); $t(1,0,0)$; $t(0,1,0)$; $t(0,0,1)$; $t(\frac{1}{2},\frac{1}{2},\frac{1}{2})$; (2); (3)

Positions

Multiplicity,
Wyckoff letter,
Site symmetry

		Coordinates			Reflection conditions

$(0,0,0)+$ $(\frac{1}{2},\frac{1}{2},\frac{1}{2})+$

General:

8 f 1   (1) x,y,z (2) $\bar{x}+\frac{1}{2},y,\bar{z}$ (3) $\bar{x},\bar{y},\bar{z}$ (4) $x+\frac{1}{2},\bar{y},z$

$hkl: h+k+l=2n$ $0k0: k=2n$
$h0l: h,l=2n$ $h00: h=2n$
$0kl: k+l=2n$ $00l: l=2n$
$hk0: h+k=2n$

Special: as above, plus

4 e 2 $\frac{1}{4},y,0$ $\frac{3}{4},\bar{y},0$ no extra conditions

4 d $\bar{1}$ $\frac{1}{4},\frac{1}{4},\frac{3}{4}$ $\frac{3}{4},\frac{1}{4},\frac{1}{4}$ 4 c $\bar{1}$ $\frac{3}{4},\frac{1}{4},\frac{3}{4}$ $\frac{1}{4},\frac{1}{4},\frac{1}{4}$ $hkl: l=2n$

4 b $\bar{1}$ $0,\frac{1}{2},0$ $\frac{1}{2},\frac{1}{2},0$ 4 a $\bar{1}$ $0,0,0$ $\frac{1}{2},0,0$ $hkl: h=2n$

Abb. 15.3 Auszug aus den Intern. Tables A zur Raumgruppe $I\,2/a$

9. Abschätzung von Z, der Zahl der Formeleinheiten pro Zelle. Die Summenformel für den Komplex: $C_{10}H_{11}N_3O_3SCu$ enthält 18 Nicht-H-Atome, so dass das Formel-Volumen etwa $18\times 17=306\,\text{Å}^3$ betragen sollte (s. Abschn. 6.4.3). Das gefundene Elementarzell-Volumen von $2389\,\text{Å}^3$ ist also mit der Annahme von $Z=8$ vereinbar. Die allgemeine Lage in Raumgruppe $I\,2/a$ ist 8-zählig (in $I\,a$ nur 4-zählig), d. h. das Komplexmolekül kann in $I\,2/a$ selbst ohne Eigensymmetrie sein. Ein erster Versuch zur Strukturlösung wird deshalb in der zentrosymmetrischen Raumgruppe $I\,2/a$ unternommen. Für die zentrosymmetrische Raumgruppe spricht auch der E^2-1-Test (siehe unten).

10. Auswahl der Strukturlösungsmethode. Das schwerste Atom, Cu, hat 18 % der Elektronen in der Formeleinheit, daher sollte die Struktur sowohl mit Patterson- als auch mit Direkten Methoden zu lösen sein. Beide Möglichkeiten werden hier an Hand des SHELXS-97 Programms aufgezeigt. Beide Methoden brauchen die Reflexdatei CUHABS.HKL und eine Instruktionsdatei CUHABS.INS, wobei das folgende Beispiel für eine Lösung mit Direkten Methoden geeignet ist:

```
TITL CUHABS IN I2/A
CELL   0.71073   12.3543   14.3081   13.5164   90.00   91.352   90.00
                 Wellenlänge der Röntgenstrahlung und
                 Elementarzell-Parameter

ZERR   8         0.0012    0.0014    0.0012    0.0   0.012     0.0
                 Z (Formeleinheiten pro Zelle) und Standard-
                 abweichung der Zellparameter

LATT   2
                 Bravais-Typ I, zentrosymmetrische Raumgruppe
SYMM   0.5+X,-Y,Z
                 Symmetrieoperation der a-Gleitspiegelebene,
                 alle weiteren durch LATT 2 implizit

SFAC C     H     CU    O    N    S    Elementsymbole für zu verwendende
                                      Atomformfaktoren

UNIT 80   88    8    24   24   8    Zahl der Atome jeden Typs
                                      in der Elementarzelle

TREF                                  Lösung durch Direkte Methoden
                                      mit Voreinstellungen

HKLF 4                                Reflexdaten werden als h,k,l,F², σ
                                      zeilenweise eingelesen
```

11. Programmaufruf SHELXS CUHABS gibt folgende (gekürzte) Ausgabe in der Datei CUHABS.LST.

```
TITL CUHABS IN I2/A
CELL   0.71073   12.3543   14.3081   13.5164   90   91.352   90
ZERR   8         0.0012    0.0014    0.0014    0    0.012     0
LATT   2
SYMM 0.5+X,-Y,Z
SFAC     C    H    O    N    S    CU
UNIT     80   88   24   24   8    8
                 Berechnung verschiedener Werte
                 aus Eingabedaten
```

V = 2388.58 At vol = 16.6 F(000) = 1288.0 mu = 2.01 mm-1

Max single Patterson vector = 58.1 cell wt = 2534.54 rho = 1.742
TREF
HKLF 4
   11554 Reflections read, of which 179 rejected

11375 Reflexe verfügbar nach Eliminieren von 179 systematisch ausgelöschten

   Maximum h, k, l and 2-Theta = 16. 18. 17. 55.99
INCONSISTENT EQUIVALENTS

Mittelung symmetrieäquivalenter Reflexe, schlechter übereinstimmende aufgelistet

```
h    k    l    F*F          Sigma(F*F)      Esd of mean(F*F)
1    1    0    244.44       4.42            172.11
1    7    0    6708.11      12.09           83.27
7    7    0    3528.96      8.82            67.27
1    13   0    3743.91      7.62            79.39
**etc.**

2755 Unique reflections, of which 2381 observed
```

2755 „unabhängige Reflexe", davon 2381 mit $F^2 > 2\sigma$

```
R(int) = 0.0345        R(sigma) = 0.0243       Friedel opposites merged
```

R(int) zeigt die Konsistenz der gemittelten Daten an, R(sigma) basiert auf den relativen Standardabweichungen der Messung

```
Observed E .GT.  1.200 1.300 1.400 1.500 1.600 1.700 1.800 1.900 2.000 2.100
Number            758   673   589   513   437   369   314   252   200   163
```

Statistik zur Verteilung der starken E-Werte

```
                  Centric  Acentric 0kl      h0l      hk0      Rest
Mean Abs(E*E-1)   0.968    0.736    0.922    0.896    0.996    0.965
```

Test auf Zentrosymmetrie aus Intensitätsverteilung: konsistent mit der Wahl der zentrosymmetrischen Raumgruppe I2/a statt der nicht-zentrosymmetrischen Alternative Ia

```
SUMMARY OF PARAMETERS FOR CUHABS IN I2/A
```

Voreinstellungen, die von der Instruktion „TREF" ausgelöst wurden. Wichtig vor allem np = Zahl der Lösungsversuche mit „gewürfelten" Startphasen; nE = Zahl der für die Suche nach Tripletts benutzten starken E-Werte:

```
ESEL   Emin 1.200 Emax 5.000 DelU 0.005 renorm 0.700 axis 0
OMIT   s 4.00 2theta(lim) 180.0
INIT   nn 11 nf 16 s+ 0.800 s- 0.200 wr 0.200
PHAN   steps 10 cool 0.900 Boltz 0.400 ns 146 mtpr 40 mnqr 10
TREF   np 256. nE 232 kapscal 0.900 ntan 2 wn -0.950
FMAP   code 8
PLAN   npeaks -25 del1 0.500 del2 1.500
MORE   verbosity 1
TIME   t 9999999.
       146 Reflections and 1641. unique TPR for phase annealing
       232 Phases refined using 5524. unique TPR
       320 Reflections and 8741. unique TPR for R(alpha)
```

TPR sind die Triplettbeziehungen, ein reduzierter ‚Subset' dient der schnellen Prüfung einer Lösung während der Phasenbestimmung durch ein frühes ‚Filter'

```
892 Unique negative quartets found, 892 used for phase refinement
```

```
ONE-PHASE SEMINVARIANTS
```
Liste von Reflexen mit geradzahligen Indizes, deren Phasen evtl. über Σ_1-Beziehungen bestimmt werden können

```
 h    k    l    E      P+    Phi
 0    6    4    2.716
 2    6    0    2.446  0.39
-8    6    4    2.510
-2    6    4    2.375  0.39
 6    6    2    2.417
......

Expected value of Sigma-1 = 0.888
```

```
Following phases held constant with unit weights for the initial 4 weighted tangent
cycles (before phase annealing):
```

Reflexe für den Startsatz

h	k	l	E		Phase/Comment
0	5	1	2.222		random phase
4	0	2	1.728	180	sigma-1 = 0.118
4	0	6	1.801	0	sigma-1 = 0.871
5	2	1	2.094		random phase
0	5	5	2.108		random phase
1	5	0	2.059		random phase

......

```
All other phases random with initial weights of 0.200 replaced by 0.2*alpha (or 1 if
less) during first 4 cycles - unit weights for all phases thereafter
    124 Unique NQR employed in phase annealing
    128 Parallel refinements

STRUCTURE SOLUTION for CUHABS IN I2/A

Phase annealing cycle: 1 Beta = 0.04571
```

Anfänglicher Test weniger Phasen zur Vermeidung falscher Minima

```
Ralpha   1.438 0.623 0.327 1.360 0.605 0.032 3.064 0.051 0.392 0.3341.077 0.027.
Nqual    0.089−0.311−0.504−0.085−0.595−0.781−0.019−0.946−0.784−0.5510.091−0.951..
Mabs     0.443 0.585 0.701 0.452 0.591 1.181 0.338 1.047 0.673 0.6910.488 1.130..
```
......

> *Es folgt eine (gekürzte) Liste mit den „figures of merit" und Vorzeichen*
> *für die „random"-Startreflexe für jede der hier 256 Lösungsversuche.*
> *Unterscheiden sie sich, handelt es sich um unterschiedliche Lösungen.*
> *Die korrekte hat meist den niedrigsten CFOM-Wert*

Try	Ralpha	Nqual	Sigma-1	M(abs)	CFOM	Seminvariants
733881.	0.061	-0.169	0.707	1.317	0.671	+−+−− ++++− +−+++ +−−−+ +++++ −−+++ −−++−
384789.	0.061	-0.169	0.707	1.317	0.671	+−+−− ++++− +−+++ +−−−+ +++++ −−+++ −−++−
1109605.	0.060	-0.975	0.912	1.308	0.060*	−−+++ −+++− −+−−− +−+++ +−−−− −−+−+ +−−++
2055245.	0.060	-0.975	0.912	1.308	0.060	−−+++ −+++− −+−−− +−+++ +−−−− −−+−+ +−−++
1887617.	0.060	-0.975	0.912	1.308	0.060	−−+++ −+++− −+−−− +−+++ +−−−− −−+−+ +−−++
1161201.	0.087	-0.990	0.649	1.053	0.087	−−−+− ++−−+ +−+−− +++−− ++++− +−++− −++−−

......

CFOM	Range	Frequency
0.000	- 0.020	0
0.020	- 0.040	0
0.040	- 0.060	90
0.060	- 0.080	0
0.080	- 0.100	43
0.100	- 0.120	0
0.120	- 0.140	0
0.140	- 0.160	0

Zeigt, dass die Struktur wahrscheinlich problemlos gelöst wurde!

......

```
256. Phase sets refined - best is code 1109605. with CFOM = 0.0599

Tangent expanded to 758 out of 758 E greater than 1.200

FMAP and GRID set by program
FMAP 8 3 17
```
Eine Fouriersynthese mit E-Werten (mit jetzt bekannten Phasen!) wird gerechnet

```
GRID -1.786 -2 -1 1.786 2 1
```

```
E-Fourier for CUHABS IN I2/A

Maximum = 620.68, minimum = -132.67 highest memory used = 8780 / 13196
Heavy-atom assignments:
```

Interpretation der stärksten Peaks mit offenbar vernünftiger Zuordnung zu den Cu und S Atomen

```
            x         y         z        s.o.f.    Height
    CU1     0.3055    0.3267    0.1193   1.0000    620.7
    S2      0.3381    0.4802    0.1480   1.0000    315.4


Peak list optimization
        RE = 0.162 for 16 surviving atoms and 758 E-values
E-Fourier for CUHABS IN I2/A
        Maximum = 612.55, minimum = -142.04
Peak list optimization
        RE = 0.135 for 18 surviving atoms and 758 E-values
E-Fourier for CUHABS IN I2/A
        Maximum = 616.95, minimum = -106.18 0.4 seconds elapsed time
```

Nach weiteren Fouriersynthesen und Interpretation zusätzlicher Peaks entsteht ein Strukturmodell-Vorschlag, der gute Übereinstimmung von gefundenen und berechneten E-Werten ergibt, wie der RE-Wert von 13,5 % anzeigt.

In dem nun folgenden „Lineprinter" Plot der zugeordneten Atome und Peaks kann man den Strukturvorschlag erkennen, wenn man die Datei mit 12 pt Courier-Schrift ausdruckt. Heute schaut man sich das Ergebnis meist auf dem Bildschirm mit Hilfe von entsprechenden Graphikprogrammen z. B. XPW in SHELXTL oder SXGRAPH in WINGX an. Das in Abb. 15.4 gezeigte

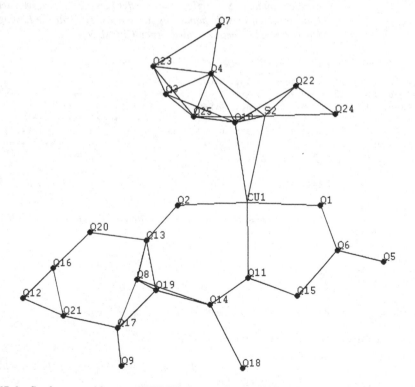

Abb. 15.4 Strukturvorschlag aus SHELXS dargestellt mit SXGRAPH aus WINGX

Bild ist mit letzterem Programm erzeugt. Es kann gedreht werden und per Mausklick können die Abstände und Winkel bestimmt sowie die Atomzuordnungen getroffen werden. Wie man sieht, wurden Cu und S bereits vom SHELXS-Programm zugeordnet (oft geschieht dies nicht so vernünftig wie hier). Der Rest der Peaks muss durch den Kristallographen auf Grund chemischer Kriterien zugeordnet werden. Man sieht z. B., dass hier die Peaks 8, 9, 10, 12, 18 sowie 22–25 keine plausiblen interatomaren Abstände und Winkel zeigen und eliminiert werden müssen. Die Zuordnung der restlichen Peaks zu den Atomtypen C, N, O geschieht auf Grund der chemischen Vorgaben. Sie muss natürlich im weiteren Verlauf überprüft werden.

Die Zuordnung chemisch sinnvoller Atomsorten zu den Peaks wird durch die nachfolgende tabellierte Liste von Bindungslängen und Winkeln erleichtert (hier wurden Peak 18 und alle weiteren ab Peak 21 zur besseren Übersichtlichkeit eliminiert).

Atom	Peak	x	y	z	SOF	Height	Distances and Angles				
CU1	0.	0.3055	0.3267	0.1193	1.000	3.08	0 S2	2.264			
								Abstand Cu1-S2			
							0 1	1.967	80.9		
								Abstand Cu1-Peak1 ("Q1") und Winkel S2-Cu1-Q1			
							0 2	1.911	103.0	174.1	
								Abstand Cu1-Q2 und Winkel S2-Cu1-Q2, Q1-Cu1-Q2			
							0 10	2.251	29.9	104.6	77.8
... etc.											
							0 11	2.017	159.8 84.2	93.0	170.1
S2	0.	0.3381	0.4802	0.1480	1.000	3.03	0 CU1	2.264			
							0 4	1.782	116.0		
							0 10	1.164	74.4	61.6	
1	192.	0.4622	0.3202	0.1483	1.000	2.95	0 CU1	1.967		**O2**	
							0 7	1.308	115.4		
2	189.	0.1562	0.3254	0.0794	1.000	3.33	0 CU1	1.911		**O1**	
							0 13	1.221	126.7		
3	105.	0.1278	0.5205	0.1189	1.000	3.14	0 4	1.337		**N2**	
							0 10	1.977	53.6		
4	100.	0.2219	0.5533	0.1557	1.000	2.91	0 S2	1.782		**C10**	
							0 3	1.337	117.8		
							0 6	1.292	115.7	126.4	
							0 10	1.600	39.8	84.1	142.0
5	96.	0.5993	0.2140	0.1817	1.000	2.62	0 7	1.275		**O3**	
6	87.	0.2385	0.6351	0.1935	1.000	2.64	0 4	1.292		**N3**	
7	87.	0.5008	0.2363	0.1640	1.000	2.72	0 1	1.308		**C9**	
							0 5	1.275	127.1		
							0 15	1.571	116.2	116.6	
8	86.	0.0792	0.1754	0.1471	1.000	2.32	0 13	1.478		–	
							0 14	1.995	91.2		
							0 17	1.376	122.2	93.3	
9	86.	0.0509	0.0214	0.1167	1.000	2.40	0 17	1.044		–	

```
10    84.   0.2742 0.4781 0.0834 1.000 3.63    0 CU1   2.251                        -
                                               0 S2    1.164  75.7
                                               0 3     1.977 113.4 114.8
                                               0 4     1.600 125.8  78.5  42.3
11    80.   0.3113 0.1867 0.1360 1.000 2.72    0 CU1   2.017                        N1
                                               0 14    1.202 123.1
                                               0 15    1.410 112.5 124.4
12    77.  -0.1597 0.1356 0.1511 1.000 1.95    0 16    1.627                        -
13    75.   0.0936 0.2597 0.0856 1.000 3.10    0 2     1.221                        C1
                                               0 8     1.478 138.7
                                               0 19    1.442 128.2  28.6
                                               0 20    1.477 121.3  91.3  110.3
14    74.   0.2327 0.1375 0.1280 1.000 2.65    0 8     1.995                        C7
                                               0 11    1.202 126.7
                                               0 19    1.480  17.0 129.3
15    72.   0.4171 0.1539 0.1563 1.000 2.59    0 7     1.571                        C8
                                               0 11    1.410 111.6
16    70.  -0.1012 0.2058 0.0741 1.000 2.92    0 12    1.627                        C3
                                               0 20    1.350 138.4
                                               0 21    1.355  53.0 121.1
17    64.   0.0386 0.0932 0.1086 1.000 2.57    0 8     1.376                        C5
                                               0 9     1.044 138.7
                                               0 19    1.408  30.1 127.2
                                               0 21    1.452 102.3 111.6 121.2
19    59.   0.1180 0.1638 0.1099 1.000 2.74    0 8     0.723                        C6
                                               0 13    1.442  78.5
                                               0 14    1.480 126.3 118.3
                                               0 17    1.408  72.5 122.5 119.0
20    55.  -0.0248 0.2733 0.0764 1.000 3.08    0 13    1.477                        C2
                                               0 16    1.350 126.7
21    54.  -0.0752 0.1154 0.0928 1.000 2.63    0 12    1.354                        C4
                                               0 16    1.355  73.8
                                               0 17    1.452 135.9 117.4
```

12. Alternativ kann die Lösung der Struktur durch eine Patterson-Synthese versucht werden. Dazu muss in der Instruktionsdatei CUHABS.INS nur statt der TREF-Instruktion PATT stehen:

```
TITL    CUHABS IN I2/A
CELL    0.71073 12.3543 14.3081 13.5164 90 91.352 90
UNIT    80 88 8 24 24 8
PATT                            Start der Patterson-Methoden
HKLF 4                          mit Voreinstellungen
```

13. Nach dem Start des SHELXS-Programms erhält man die folgende Ausgabedatei CUHABS.LST:

```
TITL    CUHABS IN I2/A
CELL    0.71073      12.3543   14.3081   13.5164   90   91.352   90
ZERR    8                      0.0012    0.0014    0.0014   0   0.012   0
LATT    2
SYMM    0.5+X, -Y, Z
SFAC    C   H   N   O   S  CU
UNIT    80  88  24  24  8   8
......
        SUMMARY OF PARAMETERS FOR CUHABS IN I2/A
```

Durch „PATT" ausgelöste Voreinstellungen für eine Pattersonsynthese und ihre Interpretation:

```
ESEL Emin 1.200 Emax 5.000 DelU 0.005 renorm 0.700 axis 0
OMIT s 4.00 2theta(lim) 180.0
PATT nv 1 dmin 1.80 resl 0.76 Nsup 206 Zmin 5.80 maxat 8
```

FMAP code 6   *nv = 1 bedeutet, dass nur eine „beste" Lösung ausgearbeitet und ausgegeben wird*

```
PLAN npeaks 80 dell 0.500 del2 1.500
......
FMAP and GRID set by program
FMAP 6 3 17
GRID -1.786 -2 -1 1.786 2 1
Super-sharp Patterson for CUHABS IN I2/A
```

Es folgt eine Liste der in der Patterson-Synthese erhaltenen Maxima mit den relativen Peakhöhen und der Vektorlänge (Abstand vom Nullpunkt)

```
Maximum = 999.10, minimum = -140.65 highest memory used = 9228 / 16556
```

	X	Y	Z	Weight	Peak	Sigma	Length	
1	0.0000	0.0000	0.0000	4.	999.	77.53	0.00	*Nullpunktspeak, auf 999 skaliert*
2	0.0000	0.8468	0.5000	2.	323.	25.04	7.10	*Peak auf „Harker-Geraden" $(0, 1\frac{1}{2} - 2y, \frac{1}{2})$ für Cu*
3	0.1142	0.0000	0.2349	2.	305.	23.65	3.44	*Peak auf „Harker-Ebene" $(-\frac{1}{2} + 2x, 0, 2z)$ für Cu*
4	0.1521	0.0000	0.0331	2.	176.	13.64	1.92	*Cu-N und Cu-O-Bindungsvektoren*
5	0.1139	0.8472	0.7349	1.	145.	11.27	4.45	*Allgemeiner Harker-Peak $(-\frac{1}{2} + 2x, 1\frac{1}{2} - 2y, \frac{1}{2} + 2z)$ für Cu*
6	0.8590	0.8472	0.7341	1.	139.	10.80	4.52	
7	0.5318	0.1926	0.0302	1.	137.	10.65	6.43	
8	0.8556	0.3075	0.2322	1.	135.	10.46	5.71	
9	0.0318	0.1558	0.0301	1.	112.	8.67	2.30	*Cu-S Bindungsvektor*

```
......
Patterson vector superposition minimum function for CUHABS IN I2/A
Patt. sup. on vector 1 0.0000 0.8468 0.5000 Height 323. Length 7.10
Maximum = 287.22, minimum = -127.35 highest memory used = 13037 / 32121
68 Superposition peaks employed, maximum height 39.4 and minimum height 2.5 on atomic
number scale

Heavy-Atom Location for CUHABS IN I2/A
2381 reflections used for structure factor sums
Solution 1 CFOM = 65.03 PATFOM = 99.9 Corr. Coeff. = 80.7 SYMFOM = 99.9
Shift to be added to superposition coordinates: 0.3069 0.2500 0.3675
```

Name	At.No.	x	y	z	s.o.f.	Minimum distances / PATSMF (self first)
CU1	31.0	0.3073	0.3269	0.1172	1.0000	3.44
						159.4

Lage des Kupfer-Atoms und Abstand zum nächsten symmetrieäquivalenten

S2	19.0	0.3372	0.4814	0.1487	1.0000	4.52 2.28
						28.4 137.3

Schwefel-Lage und Abstände zum nächsten S- und Cu-Atom

```
S3     11.3    0.4617  0.3182  0.1504  1.0000  6.25  1.95  2.80
                                               0.0   60.8  13.7
```

Hier muss es sich wegen der kurzen Abstände um O oder N handeln

```
O4     8.8     0.1515  0.3218  0.0827  1.0000  3.34  1.97  3.34  3.42
                                               0.0   69.5  12.0  3.0
O5     8.2     0.5963  0.2140  0.1818  1.0000  4.31  4.00  4.11  2.27  4.50
                                               0.0   42.1  16.1  1.9   1.1
O6     8.0     0.1309  0.5190  0.1171  1.0000  4.37  3.51  2.63  3.17  2.87  3.94
                                               0.0   36.5  31.5  0.0   1.7   7.8
```

. . . . Fehler in der Zuordnung von O,N,C betreffen nur 1,2 Elektronen und sind in diesem Stadium noch unerheblich

14. Dieses 6-atomige Strukturmodell könnte man bereits mit dem SHELXL-Programm verfeinern und fehlende Atome in einer Differenzfouriersynthese lokalisieren. Hier wird ein weiterer SHELXS-Lauf benutzt, um auf der Basis der gefundenen Atomlagen über die Tangensformel weitere Phasen zu berechnen, um eine bessere Basis für die Fouriersummation zu haben.

```
TITL CUHABS IN I2/A
........
UNIT  80   88   8   24   24   8
TEXP 200 6
```
Benutzt die Tangens-Formel mit der Information der 6 Atom-lagen im Modell und den 200 stärksten E-Werten. Empfohlen wird die Hälfte der über 1,5 liegenden E-Werte, hier 437 (s. o.)

```
CU1    3    0.30731    0.32691    0.11725    11.00000    0.04
```
Gefundene Schweratomlage. Besetzungsfaktor auf 1 fixiert, Auslenkungsparameter auf $0{,}04\,\text{Å}^2$ gesetzt.

```
S2     5    0.33721    0.48144    0.14867    11.00000    0.04
O3     4    0.46171    0.31822    0.15036    11.00000    0.04
O4     4    0.15149    0.32178    0.08273    11.00000    0.04
O5     4    0.59628    0.21403    0.18183    11.00000    0.04
O6     4    0.13089    0.51898    0.11706    11.00000    0.04
HKLF 4
```

Die Ausgabeliste zeigt nun Folgendes:

```
TITL CUHABS IN I2/A
CELL 1.54180 12.353 14.315 13.670 90.00 91.62 90.00
........
SUMMARY OF PARAMETERS FOR CUHA1 IN I2/A
ESEL Emin 1.200 Emax 5.000 DelU 0.005 renorm 0.700 axis 0
OMIT s 4.00 2theta(lim) 180.0
TEXP na 200 nh 6 Ek 1.500              na und nh wie eingegeben
FMAP code 9
PLAN npeaks -24 del1 0.500 del2 1.500
MORE verbosity 1
TIME t 9999999.                 Das Programm arbeitet mit drei Verfeinerungszyklen
```

```
RE = 0.252 for 6 atoms and 513 E greater than 1.500
```
Erste Strukturfaktor-Berechnung mit den eingegebenen Atomen
```
Tangent expanded to 758 out of 758 E greater than 1.200
FMAP and GRID set by program
FMAP 9 3 17
GRID -1.786 -2 -1 1.786 2 1
E-Fourier for CUHABS IN I2/A
```
Erste Fouriersummation nach „Tangens-Recycling"
```
Maximum = 620.68, minimum = -132.67
```
```
Peak list optimization
```
Fünf neue Peaks als C-Atome akzeptiert
```
RE = 0.194 for 11 surviving atoms and 758 E-values
E-Fourier for CUHABS IN I2/A
```
Zweite Fouriersynthese
```
Maximum = 619.06, minimum = -141.23
```
```
Peak list optimization
```
Sieben weitere Atome identifiziert
```
RE = 0.124 for 18 surviving atoms and 758 E-values
E-Fourier for CUHABS IN I2/A
```
Letzte Fouriersynthese und Peaksuche
```
Maximum = 621.46, minimum = -144.91
```

Die resultierende Liste möglicher Atome ist weitgehend identisch mit der, wie sie oben mit den Direkten Methoden gewonnen wurde.

15. Die mit den Patterson- oder den Direkten Methoden erhaltene Resultatsdatei CU-HABS.RES enthält nun die Lagen der gefundenen, als wahrscheinliche Atome zu betrachtenden Peaks. Diese wird nun von Hand oder mit Programmunterstützung zur neuen Instruktionsdatei CUHABS.INS für eine erste Verfeinerung mit dem Programm SHELXL aufbereitet. Dazu ist es nur noch nötig, noch fehlende Atomzuordnungen zu treffen, d. h. z. B. die Peaknamen Q1, Q2, etc. in Atomnamen O1, N3, etc. umzuändern und vor allem die ab Spalte 5 folgende richtige Atomformfaktornummer zu setzen. Sie muss der Position des Elements in der SFAC-Zeile entsprechen, die Voreinstellung ist 1, normal das C-Atom.

Datei CUHABS.RES:
```
TITL CUHABS IN I2/A
CELL  0.71073  12.3543  14.3081  13.5164  90  91.352  90
ZERR  8         0.0012   0.0014   0.0014   0   0.012   0
LATT  2
SYMM 0.5+X,  -Y, Z
SFAC   C    H    N    O    S   CU
UNIT  80   88   24   24    8    8
L.S. 4
FMAP 2
PLAN 20


CU1    6   0.3055 0.3267 0.1193  11.000000 0.05
```
1. Atomname,
2. Atomformfaktornummer,
3.–5. Atomkoordinaten,
6. Besetzungsfaktor, hier 1 + 10
zur Fixierung,
7. Startwert für isotropen
Auslenkungsparameter U

```
S2      5    0.3381  0.4802  0.1480  11.000000  0.05
Q1      1    0.4622  0.3202  0.1483  11.000000  0.05    192.41
Q2      1    0.1562  0.3254  0.0794  11.000000  0.05    188.67
Q3      1    0.1278  0.5205  0.1189  11.000000  0.05    104.54
Q4      1    0.2219  0.5533  0.1557  11.000000  0.05    100.48
5       1    0.5993  0.2140  0.1817  11.000000  0.05     96.17
Q6      1    0.2385  0.6351  0.1935  11.000000  0.05     87.39
.....
Q23     1    0.1020  0.5600  0.1783  11.000000  0.05     44.66
Q24     1    0.1864  0.4828  0.1133  11.000000  0.05     42.15
Q25     1   -0.2245  0.1334  0.0800  11.000000  0.05     41.04
HKLF    4
END
```

Peakhöhe aus der Fourier-
Map wird ignoriert,
kann gelöscht werden

16. Verfeinerung mit dem SHELXL-Programm. Die folgende Ausgabeliste CUHABS.LST
    zeigt am Anfang die bei der Erzeugung der Datei CUHABS.INS vorgenommenen
    Änderungen (hier wird das unter 11. aus den Direkten Methoden gewonnene Struk-
    turmodell verwendet)

```
TITL CUHABS IN I2/A
CELL  0.71073  12.3543   14.3081  13.5164   90   91.352   90
ZERR  8          0.0012    0.0014   0.0014    0    0.012    0
LATT  2
SYMM 0.5+X, -Y, Z
SFAC   C    H    N    O    S   CU
UNIT  80   88   24   24    8    8

V = 2388.58 F(000) = 1288.0 Mu = 2.01 mm-1 Cell Wt = 2534.54 Rho = 1.762
```

```
L.S.  8                        Kleinste-Fehlerquadrate-Verfeinerung in 8 Zyklen
FMAP  2                        Danach Berechnung einer Differenz-Fouriersynthese
PLAN  20                       Peaksuche und Ausgabe der 20 stärksten Maxima

FVAR       1.00000
CU1   6    0.30550  0.32670  0.11930  11.00000  0.05
S2    5    0.33810  0.48020  0.14800  11.00000  0.05
O2    4    0.46220  0.32020  0.14830  11.00000  0.05
O1    4    0.15620  0.32540  0.07940  11.00000  0.05
N2    3    0.12780  0.52050  0.11890  11.00000  0.05
C10   1    0.22190  0.55330  0.15570  11.00000  0.05
O3    4    0.59930  0.21400  0.18170  11.00000  0.05
N3    3    0.23850  0.63510  0.19350  11.00000  0.05
C9    1    0.50080  0.23630  0.16400  11.00000  0.05
N1    3    0.31130  0.18670  0.13600  11.00000  0.05
C1    1    0.09360  0.25970  0.08560  11.00000  0.05
C7    1    0.23270  0.13750  0.12800  11.00000  0.05
C8    1    0.41710  0.15390  0.15630  11.00000  0.05
C5    1   -0.10120  0.20580  0.07410  11.00000  0.05
C3    1    0.03860  0.09320  0.10860  11.00000  0.05
C2    1    0.11800  0.16380  0.10990  11.00000  0.05
C6    1   -0.02480  0.27330  0.07640  11.00000  0.05
C4    1   -0.07520  0.11540  0.09280  11.00000  0.05
```

```
HKLF  4
```
                                       Einlesen der Reflexe

Inconsistent equivalents etc.   *Mittelung. Der Reflex 1 1 0 wurde z. B. aus 2 Äquivalenten*
                                       mit schlechter Konsistenz gemittelt.

```
h    k    l       Fo^2   Sigma(Fo^2)  N   Esd of mean(Fo^2)
1    1    0    244.44         4.42    2   172.11
1    7    0   6708.11        12.09    5    83.27
7    7    0   3528.96         8.82    5    67.27
.....
```

Es folgen die 8 Verfeinerungszyklen, zu denen die gewogenen R-Werte und die stärksten Parameterverschiebungen angezeigt werden. Beide sind noch hoch, aber die Verfeinerung konvergiert gut.

```
Least-squares cycle 1 Maximum vector length = 511 Memory required = 1174 / 102492
wR2 = 0.5958 before cycle 1 for 2755 data and 73 / 73 parameters
GooF = S = 6.309; Restrained GooF = 6.309 for 0 restraints
Weight = 1/[sigma^2(Fo^2)+(0.1000*P )^2+0.00*P] where P = (Max(Fo^2,0)+2*Fc^2 )/3
Shifts scaled down to reduce maximum shift/esd from 37.76 to 15.00
N      value     esd      shift/esd  parameter
1     0.48456   0.00853    -19.905    OSF          Skalierungsfaktor
5     0.04002   0.00089    -11.250    U11 Cu1
9     0.04205   0.00107     -7.439    U11 S2
13    0.04163   0.00240     -3.482    U11 O2
17    0.04133   0.00242     -3.581    U11 O1
25    0.03984   0.00303     -3.356    U11 C10
41    0.04133   0.00279     -3.103    U11 N1
Mean shift/esd = 1.543 Maximum = -19.905 for OSF
Max. shift = 0.021 A for N1 Max. dU =-0.010 for C10

Least-squares cycle 2
wR2 = 0.4758 before cycle 2 for 2755 data and 73 / 73 parameters
GooF = S = 4.182; Restrained GooF = 4.182 for 0 restraints
Weight = 1/[sigma^2(Fo^2)+(0.1000*P )^2+0.00*P] where P = (Max(Fo^2,0)+2*Fc^2)/3
Shifts scaled down to reduce maximum shift/esd from 36.45 to 15.00
N      value     esd      shift/esd  parameter
1     0.41248   0.00529    -13.616    OSF
2     0.30628   0.00011      3.732    x Cu1
4     0.11864   0.00010     -3.642    z Cu1
5     0.03060   0.00063    -15.000    U11 Cu1
9     0.03441   0.00079     -9.670    U11 S2
13    0.03331   0.00179     -4.648    U11 O2
17    0.03329   0.00181     -4.452    U11 O1
21    0.03684   0.00210     -3.181    U11 N2
25    0.03045   0.00222     -4.235    U11 C10
29    0.03711   0.00177     -3.653    U11 O3
37    0.03187   0.00230     -3.920    U11 C9
41    0.03266   0.00208     -4.160    U11 N1
45    0.03262   0.00230     -3.810    U11 C1
49    0.03351   0.00232     -3.480    U11 C7
53    0.03382   0.00237     -3.341    U11 C8
65    0.03331   0.00244     -3.464    U11 C2
Mean shift/esd = 1.874 Maximum = -15.000 for U11 Cu1
Max. shift = 0.024 A for C1 Max. dU =-0.009 for Cu1
.....
```

   . . . weitere 5 Zyklen

```
Least-squares cycle 8
wR2 = 0.2392 before cycle 8 for 2755 data and 73 / 73 parameters
GooF = S = 1.968; Restrained GooF = 1.968 for 0 restraints
Weight = 1/[sigma^2(Fo^2)+(0.1000*P )^2+0.00*P] where P = (Max(Fo^2,0)+2*Fc^2)/3
 N     value     esd      shift/esd  parameter
 1    0.33483   0.00184      0.000    OSF
```

```
Mean shift/esd = 0.001 Maximum = 0.005 for z N3
Max. shift = 0.000 A for N3 Max. dU = 0.000 for C3
Largest correlation matrix elements
0.885 U11 Cu1 / OSF 0.702 U11 S2 / OSF 0.697 U11 S2 / U11 Cu1
```

Abschließende Liste der verfeinerten Atomparameter mit ihren Standardabweichungen jeweils darunter (der erste Wert gibt den mittleren Lagefehler in Å an). Die Auslenkungsparameter U sind alle vernünftig und zeigen wenig Streuung, die Elementzuordnungen waren offenbar alle richtig.

```
CUHABS IN I2/A
ATOM              x          y          z         sof        U11       .....

Cu             0.30688    0.32637    0.11806    1.00000    0.01744
      0.00095  0.00005    0.00004    0.00004    0.00000    0.00027
S              0.33794    0.48099    0.14862    1.00000    0.02330
      0.00217  0.00011    0.00009    0.00009    0.00000    0.00035
O2             0.46248    0.31556    0.14732    1.00000    0.02000
      0.00617  0.00032    0.00023    0.00027    0.00000    0.00073
O1             0.15631    0.32791    0.08026    1.00000    0.02162
      0.00627  0.00033    0.00023    0.00028    0.00000    0.00078
N2             0.12686    0.52317    0.12358    1.00000    0.02580
      0.00790  0.00039    0.00032    0.00034    0.00000    0.00095
C10            0.22392    0.55007    0.15536    1.00000    0.01816
      0.00795  0.00039    0.00032    0.00035    0.00000    0.00089
O3             0.59441    0.21325    0.18287    1.00000    0.02654
      0.00665  0.00032    0.00027    0.00029    0.00000    0.00083
N3             0.23698    0.63464    0.19492    1.00000    0.02907
      0.00861  0.00042    0.00035    0.00035    0.00000    0.00100
C9             0.49896    0.23248    0.16305    1.00000    0.01896
      0.00817  0.00041    0.00033    0.00035    0.00000    0.00093
N1             0.30944    0.19175    0.13359    1.00000    0.01852
      0.00732  0.00035    0.00031    0.00031    0.00000    0.00082
C1             0.08710    0.25797    0.08783    1.00000    0.01946
      0.00831  0.00042    0.00033    0.00036    0.00000    0.00093
C7             0.22797    0.13550    0.12811    1.00000    0.02126
      0.00853  0.00042    0.00035    0.00036    0.00000    0.00096
C8             0.41681    0.15378    0.15629    1.00000    0.02236
      0.00894  0.00045    0.00036    0.00038    0.00000    0.00100
C5            -0.10112    0.20732    0.07503    1.00000    0.03022
      0.01022  0.00051    0.00041    0.00044    0.00000    0.00118
C5            -0.10112    0.20732    0.07503    1.00000    0.03022
      0.00971  0.00048    0.00040    0.00043    0.00000    0.00114
C2             0.11843    0.16310    0.10830    1.00000    0.02042
      0.00852  0.00045    0.00033    0.00037    0.00000    0.00098
C6            -0.02442    0.27643    0.07285    1.00000    0.02512
      0.00920  0.00045    0.00037    0.00040    0.00000    0.00107
C4            -0.07011    0.11311    0.09342    1.00000    0.03089
      0.01009  0.00051    0.00041    0.00044    0.00000    0.00119
```

```
Final Structure Factor Calculation for CUHABS IN I2/A
Total number of l.s.parameters = 73
wR2 = 0.2392 before cycle 9 for 2755 data and 0 / 73 parameters
GooF = S = 1.968; Restrained GooF = 1.968 for 0 restraints
Weight = 1/[sigma^2(Fo^2)+(0.1000*P )^2+0.00*P] where P = (Max(Fo^2,0)+2*Fc^2)/3
R1 = 0.0856 for 2366 Fo > 4sig(Fo) and 0.0951 for all 2755 data
wR2 = 0.2392, GooF = S = 1.968, Restrained GooF = 1.968 for all data
```

Die Zuverlässigkeitsfaktoren wR2 und R1 sind bereits recht niedrig

```
Occupancy sum of asymmetric unit = 18.00 for non-hydrogen and 0.00 for hydrogen atoms
Recommended weighting scheme: WGHT 0.1822 11.6948
Note that in most cases convergence will be faster if fixed weights (e.g. the default
WGHT 0.1) are retained until the refinement is virtually complete, and only then
should the above recommended values be used.
```

In diesem Fall könnte der Gewichtsvorschlag nun übernommen werden, da die Verfeinerung weitgehend zu Ende geführt ist.

```
Most Disagreeable Reflections (* if suppressed or used for Rfree)
```

„Disagreeable" ist ein englischer Sprachscherz für abweichend. Wenige Reflexe mit Unterschieden zwischen beobachteten und berechneten F^2-Werten bis $\Delta F^2/\sigma = 6$ sind normal.

```
 h    k    l      Fo^2       Fc^2   Delta(F^2)/esd   Fc/Fc(max)   Resolution(A)
 1    1    0   2180.37   77468.24        7.10           0.966          9.35
 4    4    2   1272.44     466.00        5.13           0.075          2.20
 2    4    2   2004.37     775.80        5.06           0.097          2.80
 4    5    1    459.20    1236.24        3.92           0.122          2.07
-2    4   14    306.69     885.15        3.67           0.103          0.92
-4    2   16    593.48    1509.79        3.57           0.135          0.81
 2    4   16   1320.94    2871.05        3.34           0.186          0.81
```

```
FMAP and GRID set by programm FMAP 2 3
18
```
Basierend auf dem verfeinerten Modell wird nun eine Differenz-Fouriersynthese gerechnet

```
GRID -1.667 -2 -1 1.667 2 1
R1 = 0.0943 for 2755 unique reflections after merging for Fourier
Electron density synthesis with coefficients Fo-Fc
Highest peak 4.05 at 0.3012 0.3269 0.1525 [ 0.47 A from CU1 ]
Deepest hole -2.59 at 0.3073 0.2907 0.1170 [ 0.51 A from CU1 ]
Mean = 0.00, Rms deviation from mean = 0.28 e/A^3
```

Die höchsten Peaks mit 3–$4\,\text{Å}^{-3}$ liegen nahe bei den Schweratomen. Sie zeigen die Elektronendichte-Differenz zwischen Beschreibung mit tatsächlich anisotropem Auslenkungsfaktor und mit dem verfeinerten isotropen an.

```
Fourier peaks appended to .res file
         x      y      z     sof  U    Peak          Distances to nearest atoms
                                                   (including symmetry equivalents)
Q1 1  0.3012 0.3270 0.1525 1.0 0.05 4.05    0.47 CU1   1.95 N1   2.00 O2   2.02 O1
Q2 1  0.3112 0.3281 0.0824 1.0 0.05 3.52    0.49 CU1   1.91 O1   2.05 O2   2.07 N1
Q3 1  0.3410 0.4863 0.1138 1.0 0.05 3.40    0.48 S2    1.81 C10  2.33 CU1  2.70 N2
Q4 1  0.3358 0.4776 0.1846 1.0 0.05 3.34    0.49 S2    1.76 C10  2.37 CU1  2.56 N3
Q5 1  0.2412 0.6432 0.1618 1.0 0.05 1.55    0.47 N3    1.35 C10  2.28 N2   2.62 S2
........
```

17. Am Ende des Laufs werden die verfeinerten Parameter zusammen mit den verwendeten Instruktionen in eine neue Datei CUHABS.RES geschrieben, die nach evtl. Modifikation wieder in eine neue Instruktionsdatei CUHABS.INS überführt wird für

den nächsten Verfeinerungslauf. Hier wird dazu die Instruktion ANIS vor die Atomliste gesetzt, die für jedes folgende Atom Verfeinerung anisotroper Auslenkungsfaktoren auslöst. Zudem wird das empfohlene Gewichtsschema in die „WGHT"-Instruktion eingesetzt, das das Programm ans Ende der ausgegebenen Atomliste setzt. Nun ist auch eine sinnvolle Sortierung der Atome angebracht. Eine Inspektion der Ausgabedatei CUHABS.LST aus der nun durchgeführten Verfeinerung zeigt so gute R-Faktoren ($wR_2 = 13.1\,\%$, $R1 = 3.5\,\%$), dass nun die Lokalisation der H-Atome möglich ist. In der Peakliste der abschließend gerechneten Differenz-Fouriersynthese zeichnen sich tatsächlich alle H-Atome (unten mit > markiert) mit vernünftigen Abständen zu ihren Bindungspartnern ab. Eine graphische Darstellung ist in Kap. 8, Abb. 8.1b als Beispiel abgebildet.

```
.....
L.S. 6
FMAP 2
PLAN
20


WGHT      0.1822      11.6948
FVAR      0.33483
ANIS
CU1 6     0.306878   0.326369   0.118060   11.00000   0.01744
S2 5      0.337938   0.480992   0.148622   11.00000   0.02330
......
HKLF 4
```

Nach dem üblichen Protokoll über die Reflexaufbereitung und die 6 Verfeinerungszyklen erscheinen nun die anisotropen Auslenkungsparameter

```
CUHABS IN I2/A
ATOM      x        y        z        sof      U11      U22      U33      U23
Cu1       0.30684  0.32640  0.11812  1.00000  0.01430  0.01264  0.02581  -0.00047
0.00049   0.00002  0.00002  0.00002  0.00000  0.00021  0.00021  0.00022   0.00010
S2        0.33794  0.48096  0.14853  1.00000  0.01503  0.01444  0.04227  -0.00417

   U13       U12      U(eq)
 -0.00124  -0.00035  0.01773
  0.00009   0.00006  0.00009 ...
........
```

```
Final Structure Factor Calculation for CUHABS IN I2/A
Total number of l.s. parameters = 163 ...
wR2 = 0.1310 before cycle 7 for 2754 data and 0 / 163 parameters
GooF = S = 0.572; Restrained GooF = 0.572 for 0 restraints
Weight = 1/[sigma^2(Fo^2)+(0.1822*P)^2+11.69*P] where P=(Max(Fo^2,0)+2*Fc^2)/3
R1 = 0.0354 for 2366 Fo > 4sig(Fo) and 0.0416 for all 2754 data
wR2 = 0.1310, GooF = S = 0.572, Restrained GooF = 0.572 for all data
........
Electron density synthesis with coefficients Fo-Fc
Highest peak 0.82 at 0.0622 0.0266 0.1246 [ 1.01 A from C3 ]
Deepest hole -0.32 at 0.2036 0.2376 0.1320 [ 1.47 A from N1 ]
Mean = 0.00, Rms deviation from mean = 0.11 e/A^3
Fourier peaks appended to .res file
```

Die ersten 11 Peaks sind H-Atome (>)

	x	y	z	sof	U	Peak	Distances to nearest atoms (including symmetry equivalents)							
Q1 1	0.0622	0.0266	0.1246	1.00	0.05	0.82	>1.01	C3	2.09	C4	2.09	C2	2.57	C7
Q2 1	0.3000	0.6498	0.2186	1.00	0.05	0.80	>0.86	N3	1.90	C10	2.06	O3	2.64	S2
Q3 1	0.4199	0.1236	0.2158	1.00	0.05	0.79	>0.92	C8	1.98	C9	1.99	N1	2.56	O3
Q4 1	-0.1236	0.0672	0.0975	1.00	0.05	0.77	>0.93	C4	2.03	C3	2.04	C5	3.25	C6
Q5 1	0.0729	0.5589	0.1294	1.00	0.05	0.75	>0.84	N2	1.90	C10	2.27	O2	2.44	N3
Q6 1	0.1192	0.4724	0.0946	1.00	0.05	0.75	>0.83	N2	1.88	C10	2.13	O1	2.78	S2
Q7 1	0.4417	0.1137	0.1015	1.00	0.05	0.74	>0.98	C8	2.02	C9	2.03	N1	2.59	O3
Q8 1	-0.1716	0.2225	0.0687	1.00	0.05	0.72	>0.90	C5	1.97	C6	2.03	C4	2.91	N3
Q9 1	0.2360	0.0736	0.1367	1.00	0.05	0.67	>0.90	C7	1.92	N1	1.98	C2	2.48	C3
Q10 1	0.1886	0.6717	0.1942	1.00	0.05	0.66	>0.80	N3	1.87	C10	2.02	O3	2.45	N2
Q11 1	-0.0434	0.3342	0.0611	1.00	0.05	0.62	>0.87	C6	1.97	C1	1.97	C5	2.48	O1
Q12 1	0.1414	0.3299	0.1099	1.00	0.05	0.51	0.45	O1	1.26	C1	2.05	CU1	2.23	C6
Q13 1	0.0787	0.1199	0.1058	1.00	0.05	0.43	0.64	C3	0.79	C2	1.85	C4	1.87	C7
Q14 1	0.2634	0.1639	0.1388	1.00	0.05	0.41	0.62	C7	0.70	N1	1.84	C2	1.91	C8

....

Experimentelle C-H, N-H und O-H-Bindungslängen liegen bei 0,8–1,1 Å

18. Die H-Atomlagen werden nun in die neue Instruktionsdatei übernommen. Ein Versuch, sie mit individuellen isotropen Auslenkungsfaktoren zu verfeinern, verläuft nicht befriedigend, denn die erhaltenen Werte streuen stark und haben hohe Standardabweichungen. Deshalb werden die U-Werte auf das 1,2-fache des äquivalenten isotropen U-Werts des jeweiligen Bindungspartners gesetzt. Für den abschließenden Lauf wird der offenbar fehlerhaft gemessene Reflex 110 (schlecht gemittelt, große $F_o^2 - F_c^2$-Differenz) eliminiert, das Gewichtsschema nochmals aktualisiert sowie der Befehl ACTA eingebaut, der alle kristallographischen Daten in ein CIF-file schreibt. Die Instruktion BOND 0.5 \$H sorgt dafür, dass auch Abstände zu H-Atomen aufgenommen werden.

```
........
OMIT 1 1 0
L.S. 6
BOND 0.5 $H
ACTA
FMAP 2
PLAN 10

WGHT    0.0817      1.8906
FVAR    0.33553
CU 6    0.306841    0.326401    0.118116    11.00000    0.01430    0.01264=0.02581
        -0.00047    -0.00124    -0.00035
........
N2 3    0.126588    0.523021    0.123710    11.00000    0.01677    0.02248=0.04041
        -0.00938    -0.00536    0.00143
H21 2   0.0729      0.5589      0.1294      11.00000    -1.20
H22 2   0.1192      0.4724      0.0946      11.00000    -1.20
N3 3    0.237009    0.634420    0.194607    11.00000    0.02037    0.02029=0.04902
        -0.01410    -0.00349    0.00147
H31 2   0.3000      0.6498      0.2186      11.00000    -1.20
H32 2   0.1886      0.6717      0.1942      11.00000    -1.20
........
C10 1   0.224390    0.550082    0.155225    11.00000    0.01785    0.01583=0.02314
        -0.00024    -0.00092    -0.00020
HKLF 4
........
```

```
Least-squares cycle 6 Maximum vector length =
wR2 = 0.0733 before cycle 6 for 2754 data and 196 / 196 parameters
GooF = S = 0.675; Restrained GooF = 0.675 for 0 restraints
Weight = 1/[sigma^2(Fo^2)+(0.0817*P )^2+1.89*P] where P = (Max(Fo^2,0)+2*Fc^2)/3
N     value      esd      shift/esd  parameter
1    0.33716   0.00057     0.000      OSF
Mean shift/esd = 0.001 Maximum = -0.035 for y H22
Max. shift = 0.001 A for H22 Max. dU = 0.000 for N2
Largest correlation matrix elements
0.607 U22 Cu / OSF 0.607 U11 Cu / OSF 0.603 U33 Cu / OSF
CUHABS IN I2/A
```

Endgültige Liste der Atomparameter

ATOM	x	y	z	sof	U11	U22	U33
U23	U13	U12	Ueq				
Cu	0.30681	0.32640	0.11812	1.00000	0.01440	0.01273	0.02599
-0.00049	-0.00127	-0.00033	0.01773				
0.00032	0.00002	0.00001	0.00002	0.00000	0.00012	0.00012	0.00013
0.00007	0.00009	0.00006	0.00009				
.....							
N2	0.12733	0.52309	0.12389	1.00000	0.01694	0.02038	0.04427
-0.01102	-0.00515	0.00277	0.02729				
0.00264	0.00013	0.00011	0.00014	0.00000	0.00073	0.00071	0.00096
0.00066	0.00069	0.00056	0.00035				
H21	0.08306	0.56008	0.12726	1.00000	0.03274		
0.04261	0.00213	0.00188	0.00183	0.00000	0.00000		
H22	0.12064	0.46926	0.09797	1.00000	0.03274		
0.04533	0.00202	0.00181	0.00188	0.00000	0.00000		
......							

```
Final Structure Factor Calculation for CUHABS IN I2/A
Total number of l.s. parameters = 196
wR2 = 0.0733 before cycle 7 for 2754 data and 0 / 196 parameters
GooF = S = 0.676; Restrained GooF = 0.676 for 0 restraints
Weight = 1/[sigma^2(Fo^2)+(0.0817*P)^2+1.89*P] where P=(Max(Fo^2,0)+2*Fc^2)/3
R1 = 0.0244 for 2366 Fo > 4sig(Fo) and 0.0302 for all 2754 data
wR2 = 0.0733, GooF = S = 0.676, Restrained GooF = 0.676 for all data
```

R-Werte, Goodness-of-fit und Reflex/Parameter-Verhältnis in Ordnung

```
......
```

```
Principal mean square atomic displacements U
```

0.0263	0.0143	0.0126	Cu	*Die Auslenkungsellipsoide sind alle*
0.0434	0.0149	0.0139	S	*physikalisch sinnvoll und plausibel*
0.0380	0.0175	0.0140	O1	
0.0317	0.0165	0.0152	O2	

```
........
Most Disagreeable Reflections (* if suppressed or used for Rfree)
```

Keine „Ausreißer"

h	k	l	Fo^2	Fc^2	Delta(F^2)/esd	Fc/Fc(max)	Resolution(A)
3	5	2	2024.24	1469.86	5.67	0.140	2.21
4	5	1	452.86	698.27	5.60	0.096	2.07
13	9	6	981.37	1328.88	4.30	0.133	0.76
1	8	1	630.26	467.70	4.27	0.079	1.75

```
........
```

```
Bond lengths and angles          Werte plausibel und Standardabweichungen recht gut

Cu -            Distance           Angles
O1          1.9169 (0.0013)
N1          1.9450 (0.0015)     93.19 (0.05)
O2          1.9642 (0.0013)    174.63 (0.05)     83.46 (0.05)
7S          2.2800 (0.0005)    101.21 (0.04)    160.32 (0.05)     83.05 (0.04)
                 Cu -               O1               N1               O2
........
R1 = 0.0293 for 2754 unique reflections after merging for Fourier


Electron density synthesis with coefficients Fo-Fc


Highest peak 0.40 at 0.0808 0.1258 0.1014 [ 0.71 A from C2]
Deepest hole -0.28 at 0.2007 0.2384 0.1428 [ 1.51 A from N1 ]
Mean = 0.00, Rms deviation from mean = 0.07 e/A^3
          x        y        z      sof     U    Peak Distances to nearest atoms
                                               (including symmetry equivalents)
Q1 1   0.0808   0.1258   0.1014   1.00   0.05   0.40  0.71 C2   0.72 C3   1.43 H3   1.85 C7
Q2 1   0.1456   0.3287   0.1120   1.00   0.05   0.39  0.45 O1   1.28 C1   1.99 CU   2.04 H22
Q3 1   0.3171   0.3259   0.1783   1.00   0.05   0.38  0.82 CU   1.86 O2   2.02 N1   2.27 S
......
```

Maximale Restelektronendichte 0.40 e Å^{-3}

19. Damit ist die eigentliche Strukturbestimmung abgeschlossen und die Basis gelegt für
    die strukturchemische Interpretation der Ergebnisse und die Anfertigung von Struktur-
    zeichnungen. Beispiele für mögliche Darstellungen sind an der vorliegenden Struktur
    bereits in Kap. 12 vorgestellt worden. Sie zeigen, wie wichtig die Einbeziehung der
    Symmetrie ist, die hier zur Ausbildung von zweifach sauerstoff-verbrückten dimeren
    Einheiten führt (Abb. 15.5).

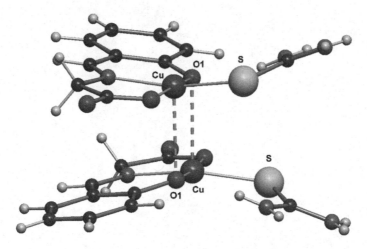

Abb. 15.5 Kugel-Stab-Zeichnung eines Dimers (DIAMOND)

Anhang:
Kristallographische Lehrbücher und Programme

Kristallographische Lehrbücher (Auswahl, alphabetisch)

A.J. Blake, W. Clegg, J.M. Cole, J.S.O. Evans, P. Main, S. Parsons, D. Watkin, *Crystal Structure Analysis: Principles and Practice*, 2. Aufl., Oxford University Press, 2009.

W. Borchardt-Ott, H. Sowa, *Kristallographie*, 8. Aufl., Springer, Berlin 2013.

W. Clegg, *Crystal Structure Determination*. Oxford University Press 1998.

J.D. Dunitz, *X-Ray Analysis and Structure of Organic Molecules*. Cornell University Press, Ithaca 1979, Neuaufl. 1995.

D. Schwarzenbach, *Kristallographie*, Springer, Berlin 2001.

C. Giacovazzo Ed., *Fundamentals of Crystallography*, 3. Aufl. Oxford University Press 2011.

M. Woolfson, *An Introduction to X-Ray Crystallography*, Cambridge Univ. Press, 1997.

J.P. Glusker, M. Lewis, M. Rossi, *Crystal Structure Analysis for Chemists and Biologists*, Verlag Chemie, Weinheim 1994.

J.P. Glusker, K.N. Trueblood, *Crystal Structure Analysis: A Primer*, 3. Aufl., Oxford University Press 2010.

W. Kleber, H.-J. Bautsch, J. Bohm, D. Klimm. *Einführung in die Kristallographie*, 19. Aufl., Oldenbourg, 2010.

M.F.C. Ladd and R.A. Palmer, *Structure Determination by X-Ray Crystallography*, 4. Aufl., Springer 2003.

P. Luger, *Modern X-Ray Analysis on Single Crystals*, 2. Aufl., W. de Gruyter, Berlin 2014.

G.H. Stout, L.H. Jensen, *X-Ray Structure Determination*, 2. Aufl., Wiley & Sons, New York 1989.

© Springer Fachmedien Wiesbaden 2015
W. Massa, *Kristallstrukturbestimmung*, Studienbücher Chemie,
DOI 10.1007/978-3-658-09412-6

Kristallographische Programme (Auswahl, alphabetisch)

Bei mehr als zwei Autoren ist jeweils nur der Haupt-Autor angegeben. Siehe auch im Internet z. B. unter www.ccp14.ac.uk oder www.chem.gla.ac.uk/~louis/software.

ATOMS: E. Dowty, Shape Software, 521 Hidden Valley Road Kingsport, TN 37663 USA. (E-mail: dowty@shapesoftware.com, website: www.shapesoftware.com)

CRUNCH, Integrated Direct Methods Program: R.A.G. de Graaff, Gorlaeus Lab., Univ. Leiden, Einsteinweg 55, 2300 RA Leiden, Niederlande. (E-mail: rag@chem. leidenuniv.nl, website: www.bfsc.leidenuniv.nl/software/crunch/)

CRYSTALS: General Crystallographic Software, Including Graphics: D.J. Watkins, Chemical Crystallography Laboratory, 9 Parks Road, Oxford OX1 3PD, U.K. (website: www.xtl.ox.ac.uk)

DIAMOND, Program for Exploration and Drawing of Crystal Structures: Crystal Impact GbR, Immenburgstr. 20, D-53121 Bonn. (E-mail: products@crystalimpact.de, website: www.crystalimpact.com)

DIFABS, Program for Automatic Absorption correction: N. Walker, D. Stuart, siehe [20], mit Modifikationen enthalten in CRYSTALS und XTAL.

DIRAX, Program for Indexing Twinned Crystals: A.J.M. van Duisenberg, Lab. voor Kristal- en Structuurchemie, Univ. Utrecht, Padualaan 8, 3584 CH Utrecht, Niederlande. (E-mail: duisenberg@chem.uu.nl)

DIRDIF, Structure Solution Using Difference Structure Factors: P.T. Beurskens, Lab. vor Kristallografie, Univ. Nijmegen, Toernooiveld 6525 ED Nijmegen, Niederlande. (E-mail: ptb@sci.kun.nl, website: www.xtal.sci.kun.nl)

ENCIFER, a program for viewing, editing and visualising CIFs. F.H. Allen, O. Johnson, G.P. Shields, B.R. Smith, M. Towler, J. Appl. Cryst., 37, 335–338, 2004. www. ccdc.cam.ac.uk/free_services/encifer

JANA, The Crystallographic Computing System: V. Petříček, M. Dušek, Inst. of Physics, Academy of Sciences of the Czech Republic, Cukrovarnika 10, 16253 Praha. (E-mail: petricek@fzu.cz, website: www-xray.fzu.cz/jana/jana.html)

LEPAGE, Program for Lattice Symmetry Determination. Y. Le Page, National Research Council of Canada, Ottawa, Canada K1A 0R6 (E-mail: yvon.le_page@nrc.ca). Enthalten in PLATON

maXus, Structure Analysis Software: Bruker-Nonius B.V., Delft, Niederlande. (E-mail: info@nonius.nl, website: www.bruker-axs.de)

MERCURY, Visualization and Analysis of Crystal Structures: C.F. Macrae et al., J. Appl. Cryst., 39, 453, 2006. (website: www.ccdc.cam.ac.uk/products/mercury/)

MISSYM (ADDSYM, NEWSYMM), A Computer Program for Recognizing and Correcting Space-Group Errors, Y. Le Page, siehe Acta Crystallogr. **A46** Sup. (1990) C454. (In erweiterter Form in PLATON).

MULTAN, Program for the Determination of Crystal Structures: P. Main, Dept. of Physics, University of York, York YO1 5DD, U.K. (E-mail: pml@vaxa.york.ac.uk) In verschiedenen Varianten auch in anderen Systemen verbreitet.

OLEX2, A complete structure solution, refinement and analysis program: O.V. Dolomanov et al., J. Appl. Cryst., 42, 339, 2009. (website: olex2.opencryst.net/)

ORTEPIII: A Fortran Thermal Ellipsoid Plot Program for Crystal Structures Illustrations: M.N. Burnett, C.K. Johnson, Oak Ridge National Laboratory, Oak Ridge, TN, 37831-6197, USA. (website: www.ornl.gov/ortep/ortep.html)

PATSEE: Zusatz zu SHELXS für Patterson–Bildsuch–Methoden, E. Egert, Inst. f. Organ. Chemie, Universität Frankfurt, Marie-Curie-Str. 11, D-60439 Frankfurt a. M. (Siehe E. Egert, G.M. Sheldrick, Acta Crystallogr. **A41** (1985) 262) (E-mail: egert@chemie.uni-frankfurt.de, website: web.uni-frankfurt.de/fb14/ak_egert/html/patsee.html).

PLATON, A Multipurpose Crystallographic Tool: A.L. Spek, Lab. voor Kristal- en Structuurchemie, Univ. Utrecht, Utrecht, Niederlande. (E-mail: a.l.spek@chem.uu.nl, website: www.cryst.chem.uu.nl/platon/)

PLUTO: W.D.S. Motherwell, Molecular Plotting Program, Cambridge, U.K., enthalten in PLATON.

RASMOL, Molecular Visualization Freeware (website: www.umass.edu/microbio/rasmol/)

REMOS, least squares program for the refinement of modulated structures for a single crystal: A. Yamamoto, Advanced Materials Laboratory, Tsukuba, 305-0044, Japan, (website: www.ccp14.ac.uk/ccp/web-mirrors/remos/~yamamoto/)

SCHAKAL, A Computer Program for the Graphic Representation of Molecular and Crystallographic Models, : E. Keller, Kristallogr. Inst. d. Univ. Freiburg, Hebelstr. 25, D-79104 Freiburg . (E-mail: kell@uni-freiburg.de, website: www.krist.uni-freiburg.de/ki/Mitarbeiter/Keller)

SIMPEL, Program for Structure Solution using Higher Invariants: H. Schenk, University of Amsterdam, Nieuwe Achtergracht 166, 1018 WV Amsterdam, Niederlande (E-mail: hs@crys.chem.uva.nl).

SHELXL, Program for the Refinement of Crystal Structures: SHELXS, Program for the Solution of Crystal Structures, G.M. Sheldrick, Acta Cryst. **A64** (2008) 112. Inst. f. Anorgan. Chemie der Universität Göttingen, Tammannstr. 4, D-37077 Göttingen. (E-mail: gsheldr@shelx.uni-ac.gwdg.de, website: shelx.uni-ac.gwdg.de/SHELX)

SHELXTL, Structure Determination Package: G.M. Sheldrick, Bruker-AXS GmbH, Östl. Rheinbrückenstr. 50, D-76187 Karlsruhe. (website: www.bruker-axs.de)

SIR, Integrated Program for Crystal Structure Solution: M.C. Burla et al., J. Appl. Cryst. **48** (2015) 306. Dipartimento Geomineralogico, Campus Universitario, Via Orabona 4, 70125 Bari, Italy. (E-mail: sirware@area.ba.cnr.it, website: www.ic.cnr.it)

SnB, A Direct Methods Procedure for Determining Crystal Structures: C.M. Weeks et al., Hauptman-Woodward Medical Research Institute, Inc., 73 High Street, Buffalo, NY 14203-1196, USA. (E-mail: snb-requests@hwi.buffalo.edu, website: www.hwi.buffalo.edu/SnB/Contact.htm)

STRUPLO: R.X. Fischer, Mainz, siehe J. Appl. Cryst. **18** (1985) 258.

TWINXL, Programm zur Aufbereitung von Datensätzen verzwillingter Kristalle: F. Hahn, W. Massa, Fachbereich Chemie, Philipps-Universität, D-35032 Marburg. (E-mail: massa@chemie.uni-marburg.de, website: www.uni-marburg.de/fb15/ag-massa)

VESTA, a three-dimensional visualization system for electronic and structural analysis: K. Momma, F. Izumi, J. Appl. Crystallogr., 41, 653, 2008. (website: www.geocities.jp/kmo_mma/crystal/en/vesta.html)

WINGX, A Integrated System of Windows Programs for the Solution, Refinement, and Analysis of Single Crystal Diffraction Data: L.J. Farrugia, Dept. of Chemistry, University of Glasgow, U.K. (E-mail: louis@chem.gla.ac.uk, website: www.chem.gla.ac.uk/~louis/software/wingx)

XFPA: General Patterson Approach to Structure Solution: F. Pavelcic, Comenius University, Bratislava, Slovak Republic (E-mail: pavelcic@fns.uniba.sk, website: www.fns.uniba.sk/fns/struc_fa/chem/kag/xfpa.htm)

XTAL, The X-tal System: S.R. Hall, Crystallography Centre, The University of Western Australia, Nedlands, 6907 Perth, Australia. (E-mail: xtal@crystal.uwa.edu.au, website: xtal.sourceforge.net)

Übersicht über Molecular Modelling- und andere Graphik-Programme siehe auch Intern. Tables B [3], Kap. 3.3.

Literatur

1. T. Hahn (Hrsg.), International Tables for Crystallography, Vol. A: „Space Group Symmetry", 5th Ed., Int. Union of Crystallogr., Wiley & Sons, Chichester 2005 (reprint).

2. H. Wondratschek, U. Müller (Hrsg.), Vol. A1: „Symmetry Relations Between Space Groups", 2nd Ed., Int. Union of Crystallogr., Wiley & Sons, Chichester 2010.

3. U. Shmueli (Hrsg.), Vol. B: „Reciprocal Space", 3rd Ed., Int. Union of Crystallogr., Wiley & Sons, Chichester 2008.

4. E. Prince (Hrsg.), Vol. C: „Mathematical, Physical, and Chemical Tables", 3rd Ed., Int. Union of Crystallogr., Wiley & Sons, Chichester 2004.

5. A. Authier (Hrsg.), Vol. D: „Physical Properties of Crystals", Int. Union of Crystallogr., Wiley & Sons, Chichester 2010 (reprint).

6. V. Kopsky (Hrsg.), Vol. E: „Subperiodic Groups", 2nd Ed., Int. Union of Crystallogr., Wiley & Sons, Chichester 2010.

7. M.G. Rossmann (Hrsg.), Vol. F: „Crystallography of Biological Macromolecules", Int. Union of Crystallogr., Wiley & Sons, Chichester 2001.

8. S. Hall, B. McMahon (Hrsg.), Vol. G: „Definition and Exchange of Crystallographic Data", Brief Teaching Edition of Vol. A: Space Group Symmetry, Corr. reprint of the 5th Ed., Int. Union of Crystallogr., Wiley & Sons, Chichester 2010 (reprint).

9. L. Spieß, R. Schwarzer, H. Behnken, G. Teichert, Moderne Röntgenbeugung. 2. Aufl., Vieweg + Teubner, Wiesbaden 2009.

10. A. Mosset, J. Galy, X-Ray Synchrotron Radiation and Inorganic Structural Chemistry. Topics in Current Chemistry, 145 (1988)

11. Special Issue: „Synchrotron Radiation in Structural Chemistry", Struct. Chem. 14(1) (2003) 1–132.

12. W.C. Hamilton, Acta Crystallogr. 12 (1959) 609.

13. P.M. De Wolff et al., Acta Crystallogr. A48 (1992) 727.

14. C.J.E. Kempster, H. Lipson, Acta Crystallogr. B28 (1972) 3674.

15. M. Molinier, W. Massa, J. Fluor. Chem., 57 (1992) 139.

16. H. Bärnighausen, Group-Subgroup Relations between Space Groups: a useful tool in Crystal Chemistry. MATCH, Commun. Math. Chem. 9 (1980) 139.

17. U. Müller, „Symmetry Relationships between Crystal Structures", IUCr Texts on Crystallography 18, Oxford University Press 2013.

233

234 Literatur

18. J. Hulliger, Angew. Chem. **106** (1994) 151.

19. H. Hope, Acta Crystallogr. **A27** (1971) 392.

20. N. Walker, D. Stuart, Acta Crystallogr. **A39** (1983) 158.

21. G.E. Bacon, „Neutron Scattering in Chemistry". Butterworths, London 1977.

22. W. Hoppe, Angew. Chem. **59** (1983) 465.

23. D.L. Dorset, S. Hovmöller, X.D. Zou Eds., Structural Electron Crystallography, Kluwer Acad. Publ., Dordrecht, 1997.

24. P. Coppens, I.I. Vorontsov, T. Graber, M. Gembicky, A.Y. Kovalevsky, Acta Crystallogr. **A61** (2005) 162.

25. T. Pfeifer, C. Spielmann, G. Gerber, „Femtosecond X-ray Science", Rep. Prog. Phys. **69** (2006) 443.

26. M. Bargheer, N. Zhavoronkov, M. Woerner, T. Elsaesser, „Recent Progress in Ultrafast X-ray Diffraction", Chem. Phys. Chem. **7** (2006) 783.

27. D. Shorokov, A. Zewail, „4D Electron Imaging: Principles and Perspectives", Phys. Chem. Chem. Phys. **20** (2008) 2869.

28. D.E. McRee, „Practical Protein Crystallography", 2nd Ed., Academic Press, San Diego 1999.

29. J. Drenth, „Principles of Protein Crystallography", 3rd Ed., Springer, New York 2009.

30. J. Karle, H. Hauptman, Acta Crystallogr. **3** (1950) 181.

31. W. Cochran, M.M. Woolfson, Acta Crystallogr. **8** (1955) 1.

32. W.H. Zachariasen, Acta Crystallogr. **5** (1952) 68.

33. R. Miller, G.T. De Titta, R. Jones, D.A. Langs, C.M. Weeks, H.A. Hauptmann, Science **259** (1993) 1430.

34. G. Oszlányi, A. Süto, Acta Crystallogr. **A64** (2008) 123.

35. W.H. Baur, D. Kassner, Acta Crystallogr. **B48** (1992) 356.

36. W.J. Peterse, J.H. Palm, Acta Crystallogr. **20** (1966) 147.

37. R.A. Young, „The Rietveld Method", Oxford University Press 1993.

38. R. Allmann, A. Kern, „Röntgenpulverdiffraktometrie: Rechnergestützte Auswertung, Phasenanalyse und Strukturbestimmung", Springer 2002.

39. R.E. Dinnebier, S.J.L. Billinge, Hrsg., Powder Diffraction, Theory and Practice, RSC Publishing, Cambridge 2008.

40. R. Guinebretière, „X-Ray Diffraction by Polycrystalline Materials", ISTE Publishing Company, London 2007.

41. D. Babel, Z. Anorg. Allg. Chem. **387** (1972) 161.

42. U. Müller, Angew. Chem. **93** (1981) 697.

43. C. Giacovazzo Ed., „Fundamentals of Crystallography". 3rd Edn. Oxford University Press 2011.

44. D. Shechtmann, I. Blech, D. Gratias, J.W. Cahn, Phys. Rev. Lett. **53** (1984), 1951.

45. H.D. Flack, Helv. Chim. Acta **86** (2003) 905.

46. A.M. Glazer, K. Stadnicka, Acta Crystallogr. **A45** (1989) 234.

47. W.C. Hamilton, Acta Crystallogr. **18** (1965) 502.

48. H.D. Flack, Acta Crystallogr. **A39** (1983) 876.

49. W.H. Zachariasen, Acta Crystallogr. **23** (1967) 558.

50. P. Becker, P. Coppens, Acta Crystallogr. **A30** (1974) 129 und 148.

51. P. Becker, Acta Crystallogr. **A33** (1977) 243.

52. M. Renninger, Z. Physik **106** (1937) 141.

53. E. Rossmanith, Acta Crystallogr. **A63** (2007) 251.

54. Y. Laligant, Y. Calage, G. Heger, J. Pannetier, G. Ferey, J. Solid State Chem. **78** (1989) 66.

55. R.E. Schmidt, W. Massa, D. Babel, Z. anorg. allg. Chem. **615** (1992) 11.

56. K. Kirschbaum, A. Martin, A.A. Pinkerton, J. Appl. Cryst. 30 (1997) 514.

57. A. Dudka, J. Appl. Crystallogr. **43** (2010) 27.

58. H.-G. v. Schnering, Dong Vu, Angew. Chem. **95** (1983) 421.

59. W. Massa, S. Wocadlo, S. Lotz und K. Dehnicke, Z. anorg. allg. Chem., **589** (1990) 79.

60. M. Molinier, W. Massa, Z. Naturforsch.; **47b** (1992) 783.

61. Strukturbericht **1–7**, Akad. Verlagsges., Leipzig 1931–1943; danach Structure Reports **A** Metals and Inorganic Section, Oosthoek, Utrecht, bis 1993; **B** Organic Section, Kluwer, Dordrecht, bis 1992.

62. O. Kennard et al., Eds., Molecular Structures and Dimensions, D. Reidel, Dordrecht 1970–1984.

63. R.W.G. Wyckoff, Crystal Structures, Vol 1–6. Wiley & Sons, Chichester 1962–1971.

64. Landolt-Börnstein, Zahlenwerte aus Naturwissenschaft und Technik, Neue Serie, III, **Bd. 7**. Springer-Verlag, Berlin 1973–1978.

65. J. Donohue, The Structures of the Elements, Wiley & Sons, Chichester 1974.

66. A.D. Rae, A.T. Baker, Acta Crystallogr. **A40** (1984) C428.

67. P. v. de Sluis, A.L. Spek, Acta Crystallogr. **A46** (1990) 194.

68. R. Herbst-Irmer, G.M. Sheldrick, Acta Crystallogr. **B54** (1998) 443.

Sachverzeichnis

Printed in the United States
By Bookmasters